AutoCAD 2014 中文版 教程与应用实例

王肖英　姜利华　主编

化学工业出版社

·北京·

本书以 AutoCAD 2014 为基础，针对机械类产品设计，系统介绍了 AutoCAD 2014 的基础知识，并结合基本知识讲解了如何使用 AutoCAD 绘制工程图纸。全书主要讲解了 AutoCAD 2014 的工作界面、绘图环境、平面图形的绘制与编辑、典型零件三视图的绘制、尺寸标注与文本标准、轴测图的绘制、典型零件图的绘制、装配图的绘制、典型零件的三维实体造型、图纸的打印输出等方面的内容。每一个教学单元均有大量的来自实际生产生活中案例图形，可使初学 AutoCAD 2014 的人员能较好地掌握本软件的绘图技巧。

本书适用于高职高专、五年一贯制层次的机电、汽车、制冷等专业的学生作为专业基础课程来学习。也可供相关初学者学习参考。

图书在版编目（CIP）数据

AutoCAD 2014 中文版教程与应用实例/王肖英，姜利华主编. —北京：化学工业出版社，2016.1

ISBN 978-7-122-25746-8

Ⅰ.①A… Ⅱ.①王… ②姜… Ⅲ.①AutoCAD 软件-教材 Ⅳ.①TP391.72

中国版本图书馆 CIP 数据核字（2015）第 305584 号

责任编辑：廉 静　　装帧设计：王晓宇

责任校对：王 静

出版发行：化学工业出版社（北京市东城区青年湖南街 13 号 邮政编码 100011）

印　刷：北京永鑫印刷有限责任公司

装　订：三河市宇新装订厂

787mm×1092mm 1/16 印张 11 字数 287 千字 2016 年 3 月北京第 1 版第 1 次印刷

购书咨询：010-64518888（传真：010-64519686） 售后服务：010-64518899

网　址：http://www.cip.com.cn

凡购买本书，如有缺损质量问题，本社销售中心负责调换。

定　价：**26.00** 元

FOREWORD 前言

AutoCAD 是由美国 Autodesk 公司于 20 世纪 80 年代初为微机上应用 CAD 技术而开发的一套通用的计算机辅助绘图与设计软件包，自其问世以来，经过不断的升级，现已成为国际上广为流行的绘图工具，其强大的功能和简洁易学的界面得到广大工程技术人员的欢迎。目前，AutoCAD 已被广泛应用于机械、建筑、纺织、轻工、电子、土木工程、航天、造船等领域，极大地提高了设计人员的工作效率。在国内，AutoCAD 已成为许多院校工程类专业必修的课程，也成为工程技术人员必备的技术。

本书在编写的过程中，始终本着职业教育特定的培养目标和培养模式，注重实用性、技能性的培养，力求简单实用，使学生易于理解、掌握和实践的原则。本教材编写有如下特点：

◆ 编者结合自己的教学经验，精心筛选了一些具有代表性的范例，深入浅出地讲解了这些范例的绘制过程，以保证读者能独立学习。

◆ 教材内容全面、新颖。本教材紧跟软件的更新步伐，以目前较新较经典版本为基础，涵盖了 AutoCAD 工程设计方面的大量应用方法和技巧。

◆ 采用 AutoCAD 2014 软件中真实的对话框、命令按钮等进行讲解，使初学者能够更加直观、准确地操作软件，从而大大提高了学习效率。

本书共分 8 个项目，分别为：初识 AutoCAD 2014；平面图形的绘制与编辑；典型零件三视图绘制；文本标注与尺寸标注；轴测图的绘制；零件图及装配图的绘制；简单零件的三维实体造型；图纸的打印。由王肖英、姜利华任主编，魏红梅、李锋任副主编。具体编写分工如下：王肖英编写项目 1、项目 2 和项目 3；李锋编写项目 4；姜利华编写项目 5、项目 6 和项目 7；魏红梅编写项目 8 及附录部分。

本书已经多次校对，但由于编者水平有限，书中难免有疏漏和不妥之处，恳请广大读者予以指正，并将意见及时反馈给我们，以便下次修订时完善。

所有意见和建议请发往：WXY28-10@163.com

编者

2015 年 9 月

CONTENTS 目录

项目1 初识 AutoCAD 2014

项目要点

本项目主要介绍中文版 AutoCAD 2014 的启动和退出等基本操作，并对比 AutoCAD 2013 介绍新版 CAD 的新增功能及其经典工作界面操作方式、图形文件管理及图层的创建与管理，以便用户初步了解 AutoCAD 2014。

任务 1.1 计算机绘图与 AutoCAD 简介

计算机绘图是指应用绘图软件及计算机主机、图形输入/输出设备，实现图形显示、辅助绘图与设计的一项技术。计算机辅助设计（Computer-Aided Design,CAD）是使用计算机硬件、软件系统辅助工程技术人员进行产品设计或工程设计、修改、显示和输出图样的一门多学科、综合应用性的新技术。目前，CAD 技术已经被广泛应用于设计、生产、制造等各个环节。

1.1.1 中文版 AutoCAD 2014 的启动与退出

1．AutoCAD 2014 的启动

在默认状态下，成功的安装 AutoCAD 2014 中文版以后，在桌面上会产生一个 AutoCAD 2014 中文版的快捷图标，如图 1.1 所示。并且在程序组里边也会产生一个 AutoCAD 2014 中文版的程序组。与其他基于 Windows 系统的应用程序一样，我们可以通过鼠标左键双击 AutoCAD 2014 中文版的快捷图标或从程序组中选择 AutoCAD 2014 中文版来启动 AutoCAD 2014 中文版程序。

图 1.1 快捷图标

2．AutoCAD 2014 的退出

在完成 AutoCAD 2014 应用程序的使用后，用户可使用如下几种常用方法退出 AutoCAD 2014 应用程序。

- 单击左上角程序图标，然后在弹出的菜单中选择【退出 AutoCAD 2014】命令，即可退出 AutoCAD 2014 应用程序，如图 1.2 所示。
- 单击 AutoCAD 2014 应用程序窗口右上角的【关闭】按钮，退出 AutoCAD 2014 应用程序，如图 1.3 所示。

- 在命令行输入快捷命令“close”或“Quit”，都可直接退出软件。
- 在键盘上按“Ctrl+Q”组合键，可直接退出软件。

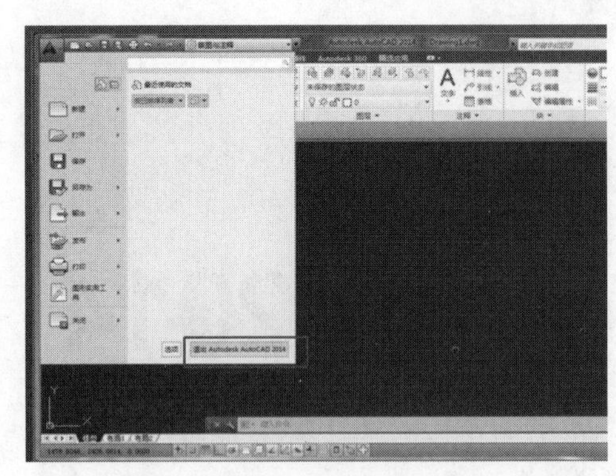

图 1.2 “运用应用程序窗口”退出

图 1.3 “关闭按钮”退出

1.1.2 AutoCAD 2014 新增功能简介

AutoCAD 2014 全面支持 Windows 8 操作系统，即全面支持触屏操作。启动 AutoCAD 程序，首先出现“欢迎”窗口，如图 1.4 所示。

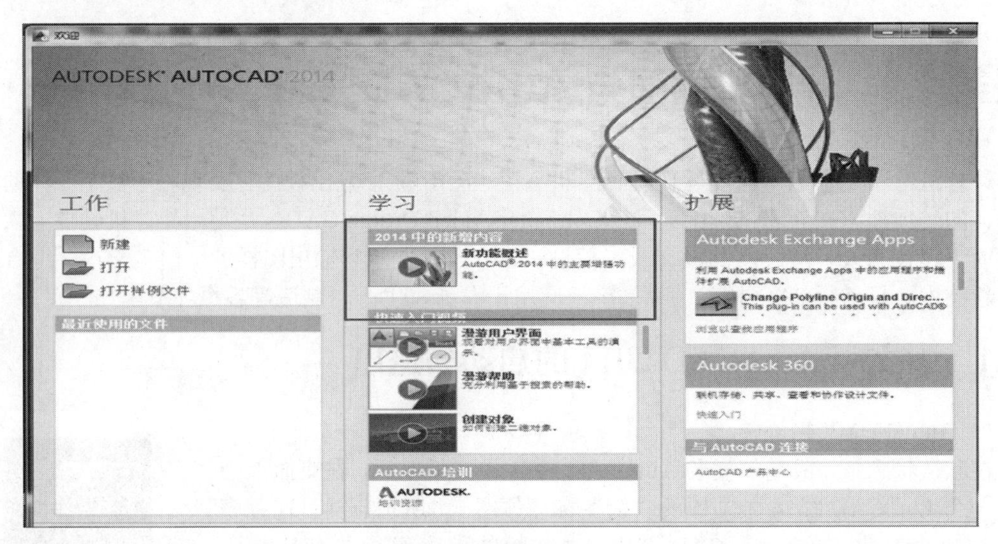

图 1.4 “欢迎”窗口

新增的 Autodesk360 云端服务，可将本地 Auto CAD 与 Auto CAD WS 实现密切协同；支持 GPS 等定位方式，将 DWG 图形与实景地图结合在一起。如图 1.5 所示。

新增的模块 Autodesk Recap 可以获取 3D 扫描仪中的点云数据，如图 1.6 所示，支持包括 Faro/Leica 和 Lidar 在内的大多数点云数据格式，导入到 AutoCAD 做各种操作；也可直接插入草图大师创建的 SKP 文件，并继承原有材质等特性，通过渲染可直接出效果图。

新增的图形（文件）选项卡，在打开的图形间切换或创建图形时非常方便。AutoCAD 2014 命令行得到了增强，可以提供更智能、更高效的访问命令和系统变量。而且，用户可以使用命令行来找到其他诸如阴影图案、可视化风格以及联网帮助等内容。命令行的颜色和透明度可以随意改变。它在不停靠的模式下很好使用，同时也做得更小。其半透明的提示历史可显示多达 50 行。

图 1.5　GPS 定位功能

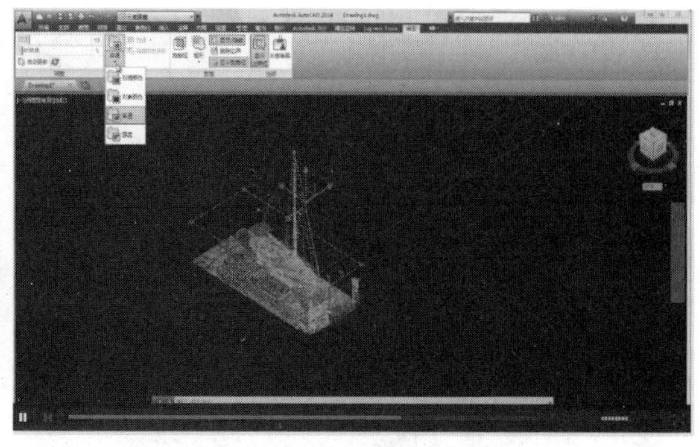

图 1.6　获取点云数据

此外，许多原有功能得到增强和优化，比如图层管理新增图层合并功能，可以把多个图层上的对象合并到另一个图层上；利用【Ctrl】键，实现顺时针和逆时针两个方向画圆弧；改进的多段线、文字、标注及图案填充的编辑功能等。

任务 1.2　AutoCAD 2014 工作界面

1.2.1　工作界面的切换

AutoCAD 2014 为用户提供了四种工作空间，即“草图与注释”、“三维基础”、“三维建模”和“AutoCAD 经典”。打开 AutoCAD 2014，直接进入【草图与注释】的工作界面，该界面显示了二维绘图特有的工具。

各工作空间可以相互切换，只需在快速访问工具栏上单击【工作空间】下拉列表，然后选择一个所需的工作空间；或在状态栏中单击⚙按钮，在弹出的菜单中选择相应的命令即可，如图 1.7 所示。切换之后各工作空间界面如图 1.8 所示。在“模型”空间选项卡绘图是不受二维或三维限制的，故 AutoCAD 2007 以前的版本没有对特定的工作任务区分工作空间，“AutoCAD 经典”界面保持着一贯的风格。即便 AutoCAD 2007 之后的版本做了区分，但在随意切换工作空间时，图形不受任何影响。用户可以有多种选择，也可以自由设置界面，然后选择“将当前工作空间另存为”选项保存设置即可。

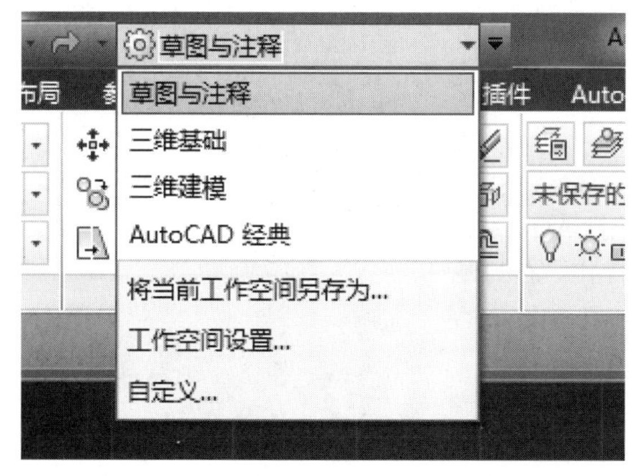

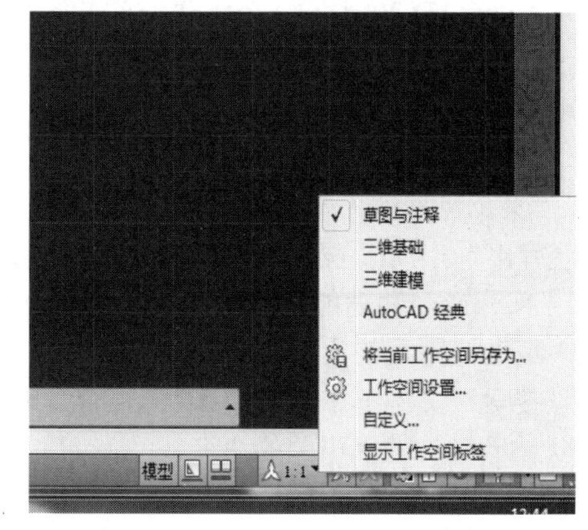

图 1.7　“工作空间”切换

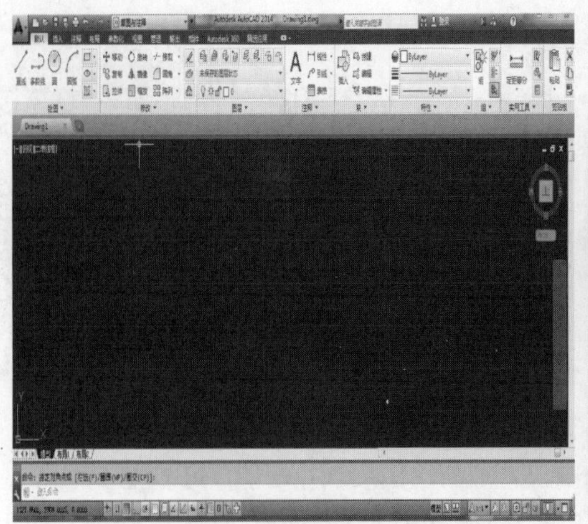

（a）“草图与注释”空间

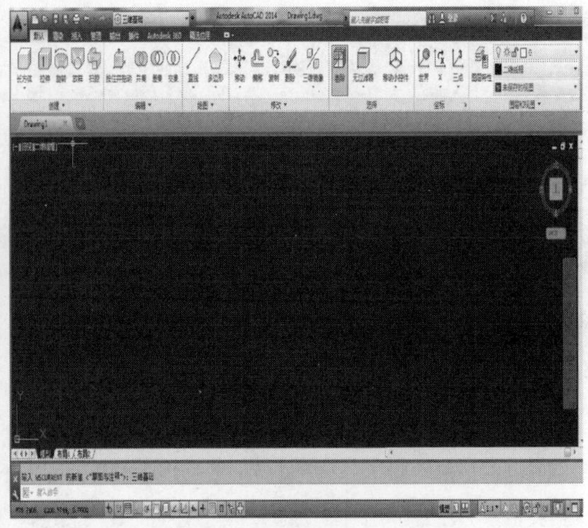

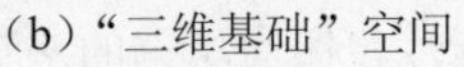

（b）“三维基础”空间

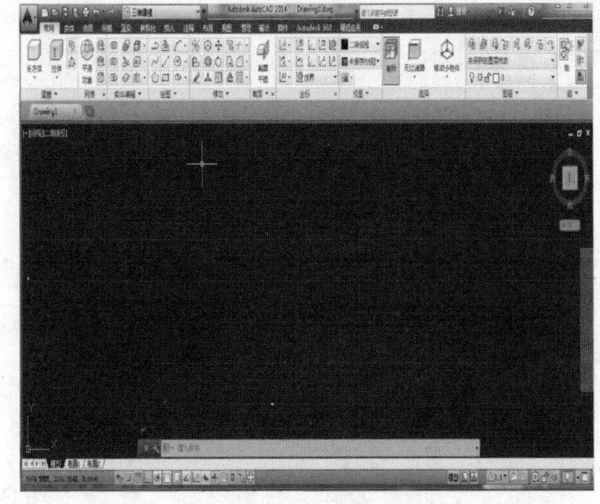

（c）“三维建模”空间

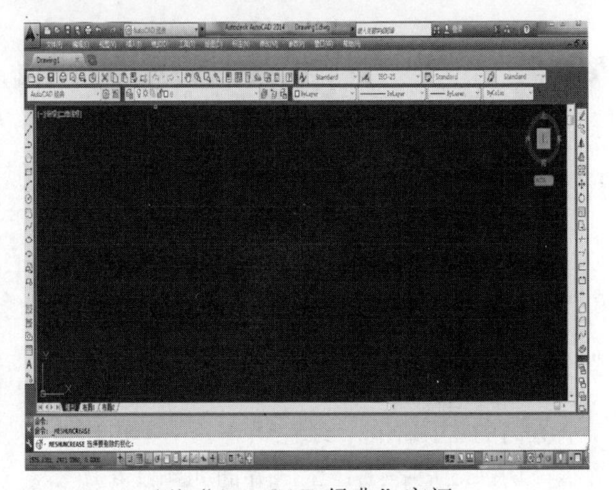

（d）“AutoCAD 经典”空间

图 1.8　四种工作空间界面

1.2.2　AutoCAD 2014 工作界面简介

AutoCAD 2014 的各个工作空间都包含“菜单栏浏览器”按钮、快速访问工具栏、标题栏、绘图窗口、命令行和工具选项面板等。

（1）“菜单浏览器”按钮

“菜单浏览器”按钮位于界面的左上角。单击该按钮，系统弹出“菜单浏览器”，如图 1.9 所示。该菜单包括 AutoCAD 2014 部分命令和功能，选择命令即可执行相应操作。右侧显示“最近使用过的文档”或“打开文档”名称。在弹出菜单的“搜索”文本框中输入关键字，然后单击“搜索”按钮，可以显示与关键字相关的命令。

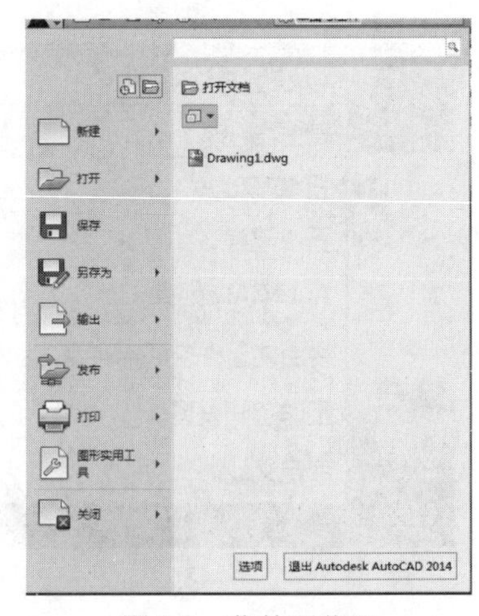

图 1.9　菜单浏览器

（2）快速访问工具栏

快速访问工具栏位于应用程序窗口顶部左侧，如图 1.10 所示。它提供了对定义的命令集的直接访问。用户可以添加、删除和重新定位命令和控件。默认状态下，快速访问工具栏包括新建、打开、保存、另存为、打印、放弃、重做命令和工作空间控件。

● 标题栏

如同 Windows 其他应用软件一样，在界面最上面中间位置是文件的标题栏，如图 1.11 所示，显示软件的名称和当前打开的文件名称。

图 1.10 快速访问工具栏　　图 1.11 标题栏

标题栏中的信息中心提供了多种信息来源，在文本框中输入需要帮助的问题，然后单击“搜索”按钮，就可获取相关帮助。单击登录按钮、Autodesk Exchange 应用程序按钮、保持连接按钮，就可登陆“Autodesk 360”，用于实现网络交流、Autodesk 360 云端服务等功能。

单击打开下拉菜单然后单击“帮助”按钮，也可打开帮助窗口。最右侧是标准 Windows 程序的“最小化”、“恢复窗口大小”和“关闭”按钮。

● 菜单栏

只有“AutoCAD 2014 经典”工作空间才会显示菜单栏，如图 1.12 所示。其中包括“文件”、“编辑”、“视图”、“插入”、“格式”、“工具”、“绘图”、“标注”、“修改”、“参数”、“窗口”和“帮助”12 个菜单项，几乎包含了 AutoCAD 2014 的所有绘图和编辑命令。在后面各项目中会详细介绍。

文件(F) 编辑(E) 视图(V) 插入(I) 格式(O) 工具(T) 绘图(D) 标注(N) 修改(M) 参数(P) 窗口(W) 帮助(H)

图 1.12 “AutoCAD 2014 经典”工作空间中菜单栏

● 工具栏/功能区

在“AutoCAD 2014 经典”工作空间会显示工具栏，如图 1.13 所示。单击工具栏上的图标可调用相应的命令，然后选择对话框中的各选项或相应命令行上的提示即可完成相应操作。

图 1.13 “AutoCAD 2014 经典”工作空间中工具栏

显示或隐藏工具栏的方法是在工具栏区域空白处鼠标右键单击，在弹出如图 1.14 所示的快捷菜单后，单击工具栏的名称即可，名称前打钩的代表工具栏中显示的工具，否则为隐藏。

在除了“AutoCAD 2014 经典”工作空间以外的其他界面中，命令显示在功能区。功能区由许多面板组成，它为与当前工作空间相关的命令提供了一个单一、简洁的放置区域。

功能区包含了设计绘图的绝大多数命令，用户只要单击面板上的按钮就可以激活相应命令。切换功能区选项卡上不同的标签，AutoCAD 就会显示不同的面板。

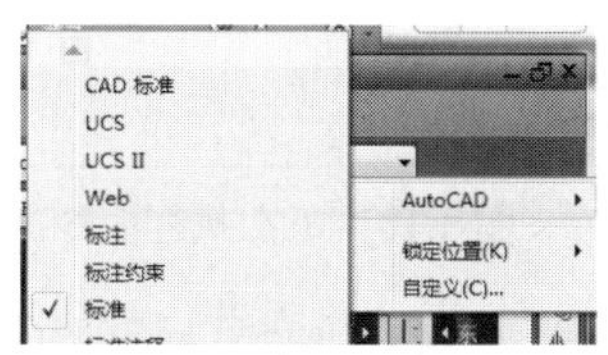

图 1.14 显示或隐藏工具栏

“草图和注释”空间的功能区共有“默认”、“插入”“注释”、“布局”、“参数化”、“视图”、“管理”、“输出”、“插件”、“Autodesk 360”、“精选应用”等 11 个选项卡，每个选项卡又包括若干种面板，如默认选项卡中有“绘图”、“修改”、“图层”、“注释”、“块”、“特性”、“组”、“实用工具”、“剪切板”等 9 个选项卡，如图 1.15 所示。

图 1.15 “草图和注释”工作空间功能区选项面板

“三维基础”空间的功能区共有 8 个选项卡，如图 1.16 所示。

图 1.16 “三维基础”空间功能区选项面板

“三维建模”空间的功能区共有 17 个选项卡，如图 1.17 所示。

图 1.17 “三维建模”空间功能区选项面板

- 绘图窗口

软件窗口中最大的区域为绘图窗口。它是图形观察器，类似于照相机的取景器，从中可以直观地看到设计的效果。绘图窗口是绘图、编辑对象的工作区域，绘图区域可以随意扩展，在屏幕上显示的可能是图形的一部分或全部区域，用户可以通过缩放、平移等命令来控制图形的显示。

绘图窗口左下角是 AutoCAD 的直角坐标系显示标志，用于指示图形设计的平面。在 AutoCAD 窗口底部有两个工作空间，“模型”代表模型空间，“布局”代表图纸空间，单击标签可在这两个空间中切换。

- 命令窗口

在图形窗口下面是一个输入命令和反馈命令参数提示的区域，称之为命令窗口，默认设置显示三行命令。

AutoCAD 里所有的命令都可以在命令行实现，比如需要画直线，单击功能区“默认”标签中的“绘图”面板“直线”按钮，可以激活画直线命令：直接在命令行输入 line 或者直线命令的简化命令 L，一样可以激活，如图 1.18 所示。

- 应用程序状态栏

命令行下面有一个反映操作状态的应用程序状态栏，如图 1.19 所示。

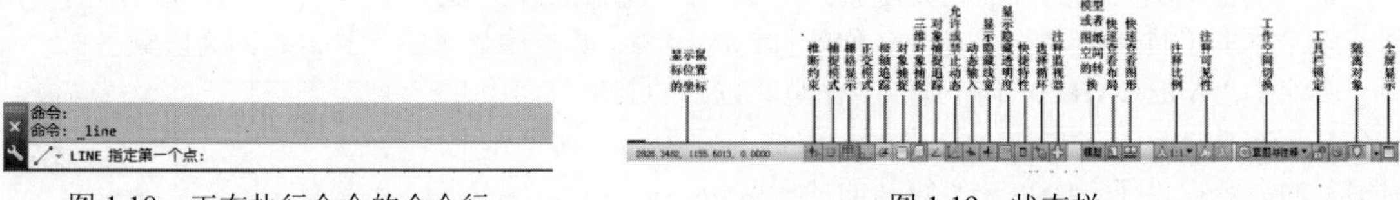

图 1.18　正在执行命令的命令行　　　　图 1.19　状态栏

左侧的数字显示为当前光标的 X、Y、Z 坐标值；绘图辅助工具是用来帮助快速、精确地作图；模型与布局用来控制当前图形设计是在模型空间还是布局空间；注释工具可以显示注释比例及可见性；工作空间菜单方便用户切换不同的工作空间；锁定的作用是可以锁定或解锁浮动工具栏、固定工具栏、浮动窗口或固定窗口在图形中位置，锁定的工具栏和窗口不可以被拖动，但按住【Ctrl】键，可以临时解锁，从而拖动锁定的工具栏和窗口；隔离对象是控制对象在当前图形上显示与否；最右侧是全屏显示按钮。

任务 1.3　AutoCAD 命令

1.3.1　执行 AutoCAD 命令的方式

在 AutoCAD 2014 中，命令可以有多种方式激活：

➢ 在功能区的面板上单击相应的命令按钮。
➢ 利用右键快捷菜单中的选项选择相应的命令。
➢ 在命令行中直接键入命令。

在这些激活方式中，使用功能区面板和快捷菜单对于初学者来说既容易又直观。其实在命令行直接键入命令是最基本的输入方式，也是最快捷的输入方式。无论使用何种方式激活命令，在命令行都会有命令出现，实际上无论使用哪种方式，都等同于从键盘键入命令。

很多熟练的 AutoCAD 用户可以不使用工具面板和菜单，直接在命令行中键入命令。大多数常用的命令都有一个 1～2 字符的简化命令（命令别名），只要熟记一些常用的简化命令，对命令行的掌握便会得心应手。单击功能区“管理”标签“自定义设置”面板“编辑别名”按钮 ，用户可以在打开的 acad.pgp 文件中自己定制简化命令。

使用 AutoCAD 的命令还需注意以下几点：

✧ 如果已激活某一个命令，在绘图窗口中单击鼠标右键，AutoCAD 弹出快捷菜单，用户在快捷菜单上进行相应的选择，对于不同的命令，快捷菜单显示的内容有所不同。
✧ 除了在绘图区域单击鼠标右键可以弹出快捷菜单外，在状态栏、命令行、工具栏、模型和布局标签上单击鼠标右键，也都会激活相应的快捷菜单。
✧ 如果要中止命令的执行，一般可以按键盘左上角的“Esc”键，有时需要多按几次才能完全从某个命令中退出来。
✧ 如果要重复执行刚执行过的命令，按回车键或空格键均可。
✧ 快捷菜单是考虑到 Windows 用户的习惯而设计的，早期版本的 AutoCAD 用户可能习惯将鼠标右键定义成和回车键或空格键等效，对于右键快捷菜单反而不太习惯，可以在“选项”对话框的“用户系统配置”选项卡的“Windows 标准”选项区域内去掉“绘图区域中使用快捷菜单”复选框的勾选，单击“自定义右键单击”按钮可以对右键快捷菜单进行详细设置。

1.3.2　透明命令

在 AutoCAD 中，透明命令指的是在执行其他命令的过程中可以同步执行的命令。常用的透明命令多为修改图形设置、绘制辅助工具的命令，比如“SNAP”、“GRID”、“ZOOM”等。还有些计算命令，如“cal”是在绘图过程中利用计算的透明命令来代替输入值的方式，以避免比较复杂的计算出现错误。

在使用透明命令时，应在输入命令前输入单引号“'”，再输入命令后按空格即可执行。透明命令的提示信息前将会显示一个双尖括号“》”，表示该命令正在透明地使用，完成透明命令后，将继续执行原命令，如图 1.20 所示。

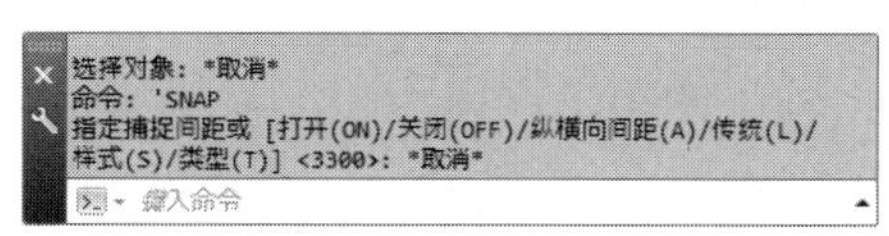

图 1.20　使用透明命令

任务 1.4 图形文件管理

在使用 AutoCAD 2014 进行绘图之前，用户有必要先了解文件的基本操作，如新建图形文件、打开图形、保存图形文件以及关闭图形文件。这些操作基本与其他的 Windows 应用程序相似，用户可以通过菜单执行操作，也可以单击工具栏上的相应按钮，还可以使用快捷键，或者在命令行中输入相应的命令来执行相应的操作。

1.4.1 创建新图形

新建图形文件的方法有如下 5 种：

- 在菜单栏中单击“文件”中“新建”命令。
- 单击“菜单浏览器”中“新建”命令。
- 单击快速访问工具栏中的“新建”按钮。
- 在命令行中执行“new”命令。
- 在键盘上按 Ctrl+N 组合键。

在菜单栏单击“文件”中“新建”命令，会打开“选择样板”对话框，如图 1.21 所示。在该对话框中，用户可以在样板列表框中选中某一样板文件，同时在右侧的“预览”框中可看到选中的样板的预览效果，最后单击“打开”按钮就可根据该样板来创建新的图形文件。在样板文件中，通常包含与绘图相关的一些通用设置，如图层、线型、文字样式等。利用样板创建新图形文件不仅可以提高绘图的效率，而且还能保证图形的一致性。

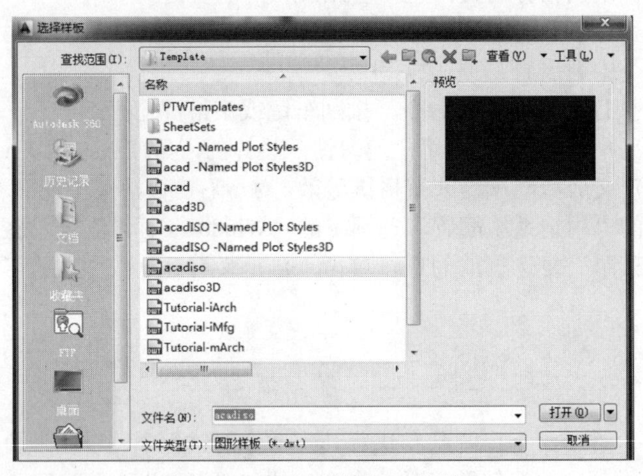

图 1.21 “选择样板”对话框

1.4.2 打开图形

打开图形文件的方法有如下 5 种：

- 在菜单栏中单击“文件”中“打开”命令。
- 单击“菜单浏览器”中“打开”命令。
- 单击快速访问工具栏中的“打开”按钮。
- 在命令行中执行“open”命令。
- 在键盘上按 Ctrl+O 组合键。

在菜单栏中单击“文件”|“打开”命令，打开“选择文件”对话框，如图 1.22 所示。用户可以在文件列表框中选择某一图形文件，同时右侧“预览”框中将显示该图形文件的预览图像。利用“打开”命令，可以打开计算机中采用 DWG、DWS、DXF 和 DWT 格式保存的文件。在“选择文件”对话框中单击“打开”按钮右侧的三角符号，会弹出快捷菜单，可从中选择“打开”、“以只读方式打开”、“局部打开”或“以只读方式局部打开”方式来打开选中的图形文件。

图 1.22　“选择文件”对话框

1.4.3　保存图形

图形绘制完成后，都需要将其保存到指定位置。保存图形文件的方法有如下 5 种：

➢ 在菜单栏中单击“文件”中“保存”命令。
➢ 单击“菜单浏览器”中“保存”命令。
➢ 单击快速访问工具栏中的“保存”按钮。
➢ 在命令行中执行“save”命令。
➢ 在键盘上按 Ctrl+S 组合键。

单击菜单栏“文件”中的“保存”命令后，如果用户是第一次保存创建的图形时，系统将会弹出“图形另存为”对话框，如图 1.23 所示。默认情况下，文件以“AutoCAD 2014 图形（*.dwg）”格式保存，用户也可以在“文件类型”下拉列表框中选择其他格式。

在菜单栏中单击“文件”中“另存为”命令，可将当前图形以新的名字或在其他位置保存。而“保存”命令是将编辑后的图形在原图形的基础上进行保存，并覆盖原文件。

在退出 AutoCAD 2014 时，如果还有修改过的图形文件没有保存，系统将会弹出提示信息对话框，询问用户是否需要保存改动，如图 1.24 所示。单击“是”按钮将保存文件然后退出 AutoCAD 2014；单击“否”按钮则不保存文件直接退出；单击“取消”按钮将撤销这次的关闭操作。

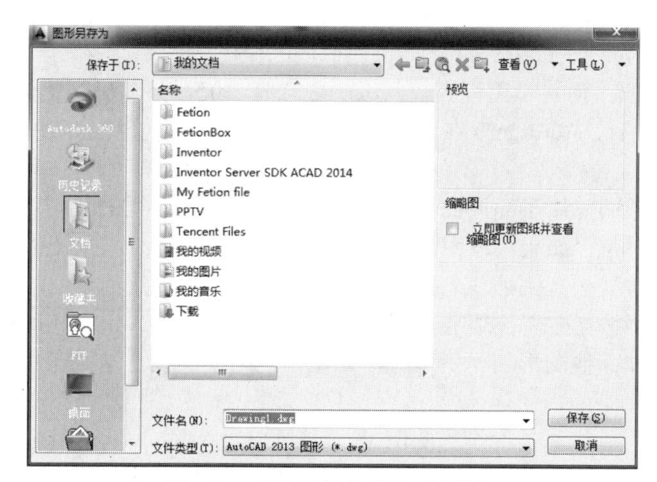

图 1.23　“图形另存为”对话框

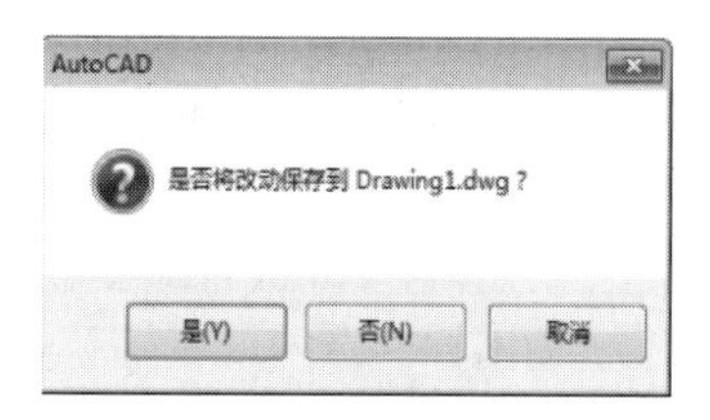

图 1.24　系统提示信息

任务 1.5 设置 AutoCAD 2014 绘图环境

使用 AutoCAD 进行设计之前，与传统的设计方式一样，需要对一些必要的条件进行定义，例如图形单位、设计比例、图形界限、设计样板、布局、图层、图块、标注样式和文字样式等，这个过程称为设置绘图环境。将设置好绘图环境的图纸保存为样板图，即模板，新建图形时采用已经定制的样板图，这样可以规范设计部门内部的图纸，减少重复性的劳动，提高设计绘图的效率。本小节主要讲述以下内容：设置绘图单位及绘图区域；将设置好的图形保存为样板图。

1.5.1 设置绘图单位

开始绘图前，必须基于要绘制的图形确定一个图形单位代表的实际大小。通过缩放可以在度量衡系统之间转换图形。

调用设置图形单位的方法如下：

➢ 单击“应用程序”按钮，在下拉菜单中选择“图形实用工具”里的“单位”命令。

➢ 命令行：units↙。

弹出“图形单位”对话框，如图 1.25 所示。在“图形单位”对话框中包含长度单位、角度单位、精度，以及坐标方向等选项。

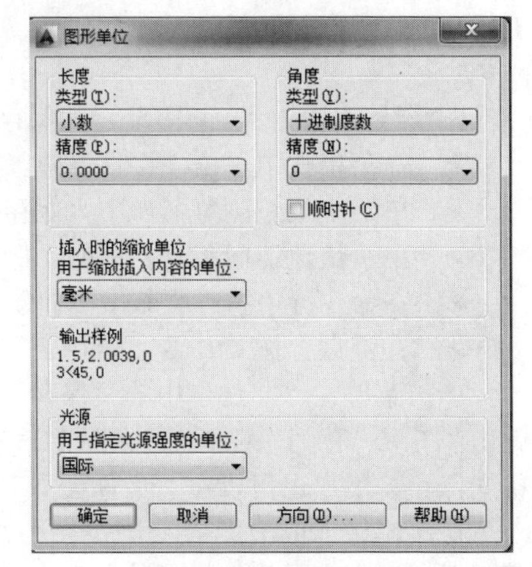

图 1.25 “图形单位”对话框

1．长度单位

AutoCAD 提供 5 种长度单位类型供用户选择。在“长度”选项区域的“类型”下拉列表框中可以看到“分数”、“工程”、“建筑”、“科学”、“小数”5 个列表项。

图形单位是设置了一种数据的计量格式，AutoCAD 的绘图单位本身是无量纲的，用户在绘图的时候可以自己将单位视为绘制图形的实际单位，如毫米、米、千米等，通常公制图形将这个单位视为毫米（mm）。

在“长度”选项区域的“精度”下拉列表框中可以选择长度单位的精度，对于机械设计专业，通常选择“0.00”，精确到小数点后 2 位。而对于工程类的图纸一般选择“0”，只精确到整数位。

确定了长度的“类型”和“精度”后，AutoCAD 在状态栏的左下角将按此种类型和精度显示鼠标所在位置的点坐标。

在“插入时的缩放单位”选项区域的“用于缩放插入内容的单位”下拉列表框中，可以控制插入到当前图形中的块和图形的测量单位。如果块或图形创建时使用的单位与该选项指定的单位不同，则在插入这些块或图形时，将对其按比例缩放。插入比例是源块或图形使用的单位与目标图形使用的单位之比。如果插入块时不按指定单位缩放，则选择“无单位”。虽然 AutoCAD 的绘图单位本身是无量纲的，但是涉及到和其他图形相互引用时，必须指定一个单位，这样在和其他图形相互引用时，AutoCAD 会自动地在两种图形单位间进行换算。

在“输出样例”区域中显示用当前单位和角度设置的例子。

在“光源”选项区域中，指定用于控制当前图形中光源强度的测量单位。

2．角度单位

对于角度单位，AutoCAD 同样提供了 5 种类型，即在“角度”选项区域的“类型”下拉列表框中可以看到“百分度”、“度/分/秒”、“弧度”、“勘测单位”、“十进制度数”5个列表项。

在“角度”选项区域的“精度”下拉列表框中可以选择角度单位的精度，通常选择“0”。

“顺时针”复选框指定角度的测量正方向，默认情况下采用逆时针方式为正方向。

在这里设置的单位精度仅表示测量值的显示精度，并非 AutoCAD 内部计算使用的精度，AutoCAD 使用了更高精度的运算值以保证精确制图。

3. 方向设置

在“图形单位”对话框中单击“方向”按钮，弹出“方向控制”对话框，如图 1.26 所示。在对话框中定义起始角（0°角）的方位，通常将“东”作为 0°角的方向，也可以选择其他方向（如：北、西、南）或任一角度（选择其他，然后在角度文本框中输入值）作为 0°角的方向，单击“确定”按钮，退出“方向控制”对话框。

单击“图形单位”对话框中的“确定”按钮，完成对 AutoCAD 绘图单位的修改。

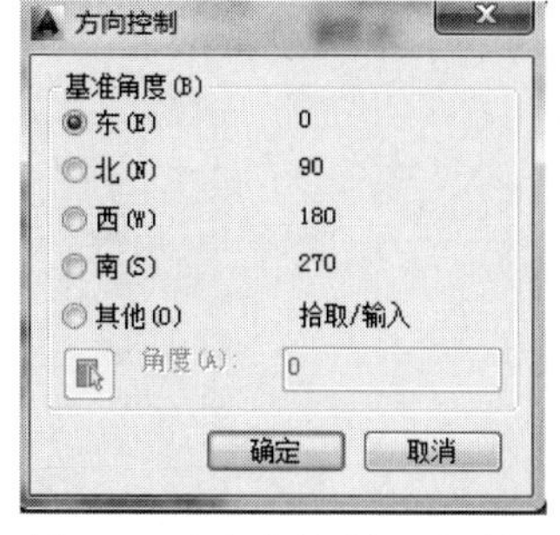

图 1.26 “方向控制”对话框

1.5.2 设置图形界限

在 AutoCAD 中进行设计和绘图的工作环境是一个无限大的空间，即模型空间，它是一个绘图的窗口。在模型空间中进行设计，可以不受图纸大小的约束。通常采用 1∶1 的比例进行设计，这样可以在工程项目的设计中保证各个专业之间的协同。

调用设置图形界限的方法如下：

- 选择“格式”中的“图形界限”命令。
- 命令行输入：limits。

设置图形界限是将所绘制的图形布置在这个区域之内。图形界限可以根据实际情况随时进行调整，在命令行输入 limits，此时 AutoCAD 命令行提示如下：

```
命令：limits
重新设置模型空间界限：
指定左下角点或 [开(ON)/关(OFF)] <0.0000,0.0000>：
指定右上角点 <420.0000,297.0000>：
```

由左下角点和右上角点所确定的矩形区域为图形界限。通常不改变图形界限左下角点的位置，只需给出右上角点的坐标，即区域的宽度和高度值。默认的绘图区域为 420mm× 297mm，这是国标 A3 图幅。

当图形界限设置完毕后，需要单击导航栏“全部缩放”按钮才能观察整个图形。该界限和打印图纸时的“图形界限”选项是相同的，只要关闭绘图界限检查，AutoCAD 并不限制将图线绘制到图形界限外。

1.5.3 保存样板图

在完成上述绘图环境的设置后，就可以开始正式绘图了。如果每一次绘图前都需要重复这些设置，仍然是一项烦琐的工作。如果在一个设计部门内部，每个设计人员都自己来做这项工作，这将导致图纸规范的不统一。

在 AutoCAD 2014 中，提供了一些具有统一格式和图纸幅面的样板文件。用户可以直接选用系统提供的样板，也可以按照行业规范的不同，设置符合自己行业或企业设计习惯的样板图。将按规范设置的图形保存为样板图，只需在保存时选择保存类型为“*.dwt”即可。

保存样板图的过程为：单击“应用程序”按钮，在弹出的应用程序菜单中的“另存为”按钮上悬停，此时应用程序菜单右侧弹出“保存图形的副本”选择项。选择“AutoCAD 图形样板”，此时会弹出“图形另存为”对话框，如图 1.27 所示，在“文件名”中输入“A3”，单击“保存”按钮，此时弹出“样板选项”对话框，在此可以对这个样板图做一些说明，单击“确定”按钮保存样板图。

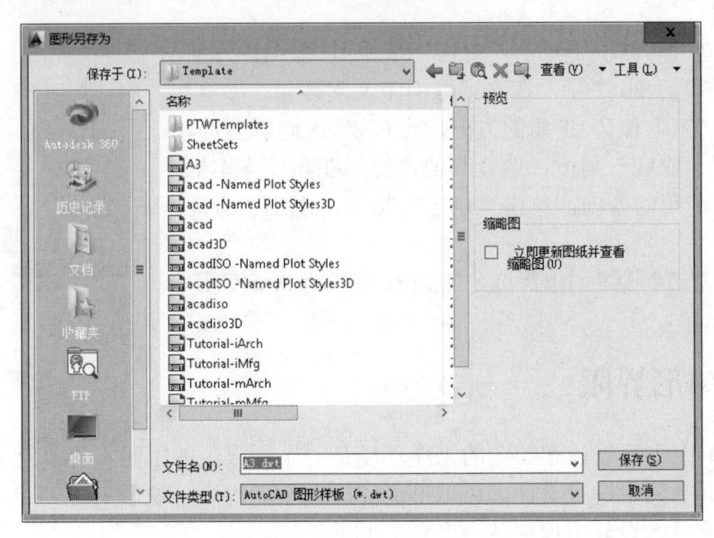

图 1.27 “图形另存为”对话框

任务 1.6 AutoCAD 2014 基本操作

1.6.1 绘制基本的几何图形

AutoCAD 中将所有的图形元素称之为“对象”，一张工程图就是由多个对象构成的。本节将介绍如何绘制简单的直线对象。

试用直线命令绘制图 1.28，绘图过程如下。

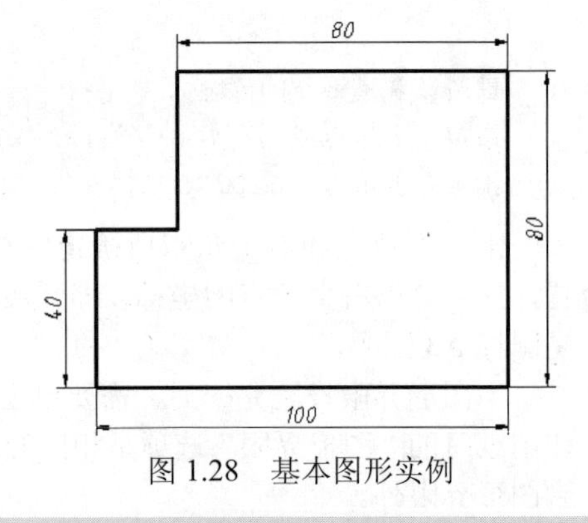

图 1.28 基本图形实例

① 单击“快速访问”工具栏中“新建”按钮，创建一个新的图形文件。当提示选择样板时，用默认的“acadiso.dwt”直接新建文件。

② 打开正交模式，然后单击功能区“默认”标签“绘图”面板中的“直线”按钮，此时命令行提示：

```
命令: _line
指定第一个点:        【在绘图区域任选一点】
指定下一点或 [放弃(U)]:  <正交 开> 80    【回车】
指定下一点或 [放弃(U)]: 80               【回车】
指定下一点或 [闭合(C)/放弃(U)]: 100       【回车】
指定下一点或 [闭合(C)/放弃(U)]: 40        【回车】
指定下一点或 [闭合(C)/放弃(U)]: 20        【回车】
指定下一点或 [闭合(C)/放弃(U)]: c        【回车】
```

1.6.2　动态输入

在 AutoCAD 中，单击状态栏中的“动态输入”按钮，即可启用动态输入功能。这样，便会在指针位置处显示出标注输入和命令提示等信息，以帮助用户专注于绘图区域，从而极大地提高设计效率。提示信息会随着光标移动而更新动态，如图 1.29 所示。

右键单击“动态输入”按钮，在弹出的快捷菜单中选择“设置”命令，将打开“草图设置”对话框。在该对话框中可对与动态输入相关的选项进行设置，如图 1.30 所示。

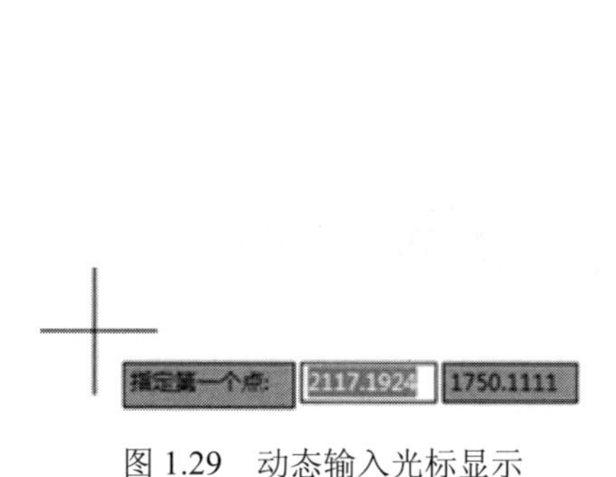

图 1.29　动态输入光标显示

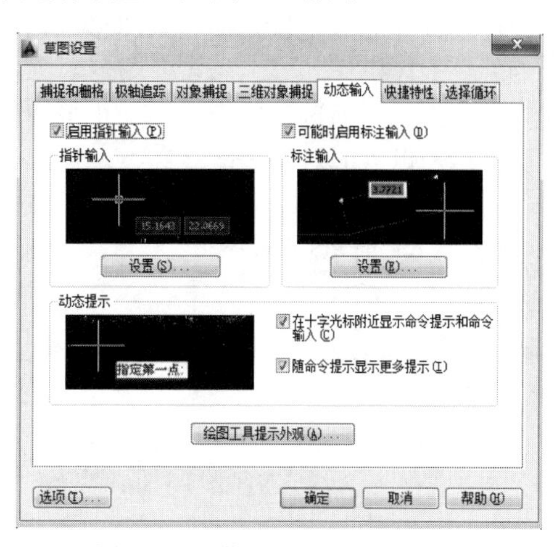

图 1.30　“草图设置”对话框

在动态输入选项卡中，包括对指针输入、标注输入和动态提示 3 种功能的设置选项，下面对其进行详细介绍。

1．指针输入

选择此项时系统默认为使用相对坐标，如图 1.31 所示，即输入坐标时不必再输入“@”，但在输入绝对坐标时需要输入“#”。指针输入时有两个数据框，直接输入的数值出现在第一个框中，再按“，”键或“<”键会进入到第二个框中，按 TAB 键可在两个框之间切换。

2．标注输入

选择此项时将显示长度及角度两个框。按 TAB 键可在两个框之间移动光标。如图 1.32 所示，需要注意的是，使用此项时，在多数情况下不能使用对象追踪，故一般不选此项。

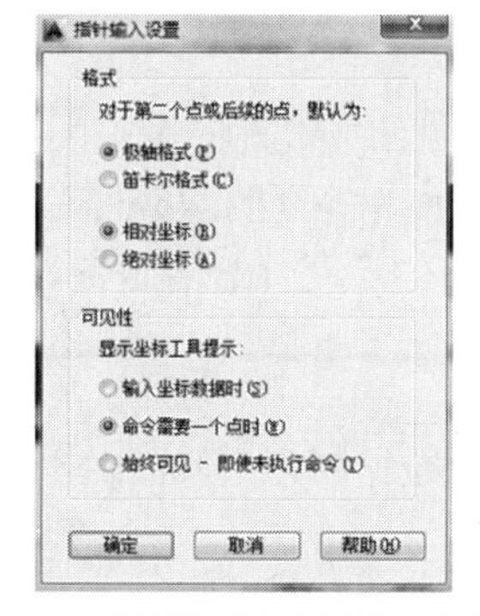

图 1.31　“指针输入设置”对话框

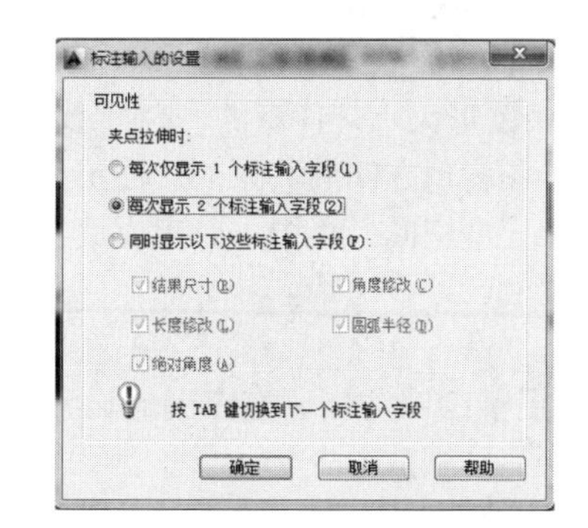

图 1.32　“标注输入的设置”对话框

3．动态提示

启用动态输入时，选项提示会显示在光标附近的提示框中，用户可以在提示框中输入以响应。

1.6.3 图形对象的选择与删除

1．图形对象的选择

在对图形进行编辑操作时首先要确定编辑的对象，即在图形中选择若干图形对象构成选择集。输入一个图形编辑命令后，命令窗口出现“选择对象”提示，这时可根据需要反复多次进行选择，直至回车结束选择，转入下一步操作。为提高选择的速度和准确性，AutoCAD 提供了多种不同的选择方法，常用的选择方法有以下两种。

- 直接选择对象　将光标移至图形上，这时图形加粗突出显示，单击鼠标左键选中对象，重复上述操作，可选择多个图形对象。
- 窗口方式　通过光标给定一个矩形窗口，从左上角向右下角拉动矩形时，所有部分均位于矩形以内的对象才能被选中，且内部背景为蓝色，如图 1.33（a）所示；从右下角向左上角拖动矩形时，只要部分图形对象在矩形内，就会被选中，且内部背景为绿色，如图 1.33（b）所示。

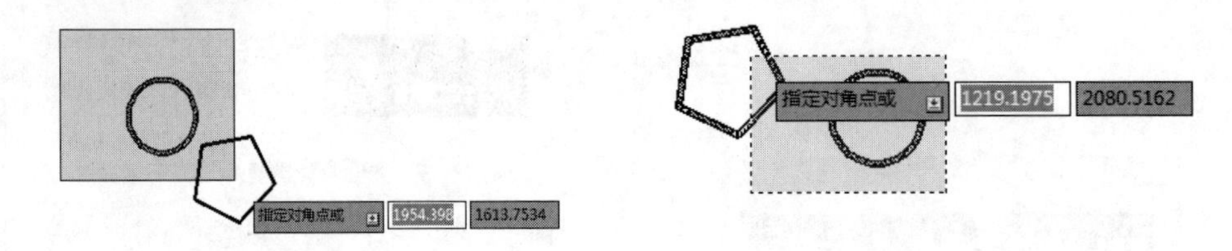

（a）自左向右拉动窗口　　（b）　自右向左拉动窗口

图 1.33　窗口方式选择对象

2．图形对象的删除

图形的删除常用的有如下几种方式：

- 用上述图形的选择方法选中要删除的对象，然后点击键盘上的删除键（Delete 键）即可删除选中的对象。
- 选中要删除的对象后，点击工具栏中的删除按钮，即可删除选中对象。
- 选中对象后点击鼠标右键，在菜单中选择删除命令。
- 选中要删除的对象，点击菜单栏单击编辑菜单，在编辑菜单的子菜单中选择删除命令。

1.6.4 缩放与平移视图

AutoCAD 中图形大小是任意的，然而绘图窗口却有一定的尺寸限制，图形的显示控制就是用来协调图形与绘图窗口之间的关系的。图形显示的缩放与平移为等变换，不改变图形实际尺寸的大小，因此在“模型空间”绘图不必考虑比例问题，一般按“1∶1”绘制，转换到图纸空间布局时才考虑缩放比例。

1．缩放

“缩放”是用于绘图窗口调整图形的显示比例，是绘图操作中使用频率非常高的命令。系统提供多种方式来启动缩放命令。

（1）缩放的启动方式

- 选择【视图】菜单，选择【缩放】按钮，打开下拉菜单弹出各缩放按钮，点击相应按钮实现图形的缩放，如图 1.34 所示。
- 在“标准”工具栏中单击相关“缩放”按钮，如图 1.35 所示。

➢ 在命令行输入 ZOOM（Z）实现缩放。
➢ 快捷键操作：鼠标滑轮向上滑动实现图形放大，滑轮向下滑动实现图形的缩小。

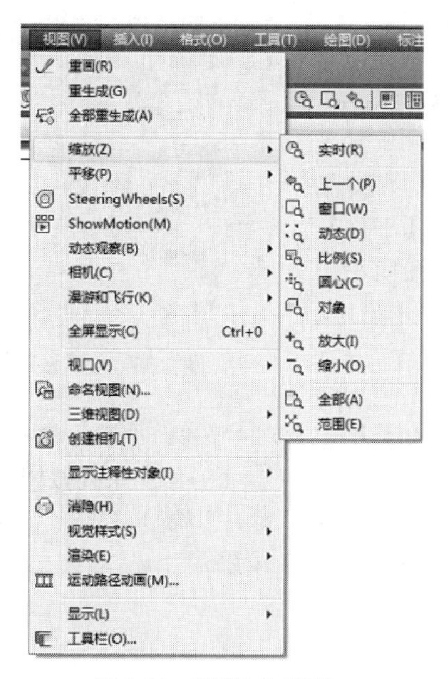

图 1.34 “缩放”菜单

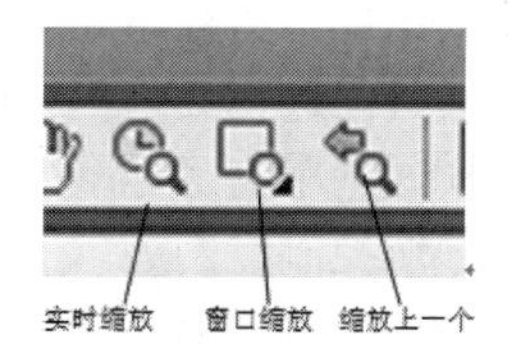

图 1.35 “缩放”工具栏

（2）缩放类型

➢ 范围缩放：以现有图形所占空间为范围，按照绘图窗口的长宽比，最大可能显示所有图形对象，这是最常用的命令选项，可以通过双击滑轮实现此功能。
➢ 窗口缩放：通过指定两对角点，确定矩形窗口大小，所选矩形区域最大程度显示。
➢ 动态缩放：单击该选项，显示如图 1.36 所示，两个虚线框给出整张图纸和窗口之间的关系；实线框为显示框，长宽比和窗口对应，随光标一起移动；光标显示为“×”，处于中心，移动可改变位置。单击后，光标变为只向右侧边框的箭头，移动可以调整显示框大小；再次单击可以切换光标样式，满意后按回车键，即可将框内图形显示在窗口。

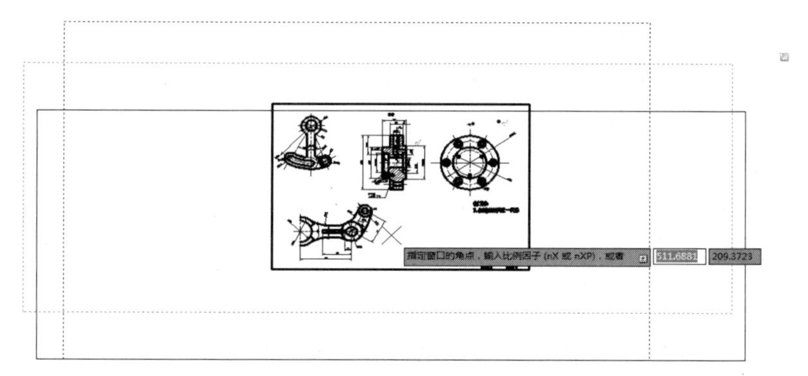

图 1.36 动态缩放模式

➢ 上一个：缩放显示上一个图形，且最多恢复此前的 10 个图形。
➢ 全部缩放：用户定义的图形界限显示整个图形。
➢ 对象缩放：在图形中选择对象，将所选对象最大限度地显示在窗口。操作上，可先选择对象，然后单击“对象缩放”按钮。

- 实时缩放：上下拖动光标连续缩放图形，松开停止。
- 中心缩放：确定放大图形的中心位置和放大比例（或高度）。一般用输入两点来确定高度，该高度和窗口高度的比例就是放大的比例。

2．平移

视图的平移是指在当前视口中移动视图。对视图的平移操作不会改变对象在图纸中的值。

AutoCAD 2014 的平移操作可以通过菜单栏中的【视图】选择【平移】子菜单实现，如图 1.37 所示。在【平移】子菜单中，“左”、“右”、“上”、“下”分别表示将视图向左、右、上、下 4 个方向移动。接下来简单介绍“实时”和“定点”平移两种命令。

图 1.37 “平移”子菜单

（1）实时平移

实时平移是指利用鼠标拖曳移动视图。AutoCAD 中执行实时平移命令的方法有 5 种：

- 功能区：单击“视图”选项卡→“二维导航”面板→（平移）系列按钮。
- 经典模式：选择菜单栏中的“视图”→“平移”→“实时”命令。
- 经典模式：单击“标准”工具栏中的（实时平移）按钮。
- 单击导航控制盘的（平移）按钮。
- 运行命令：输入 PAN。
- 快捷操作：按住鼠标中键拖动实现平移（最常用）。

执行实时平移命令后，鼠标指针变成一个手掌形状，此时按住鼠标不放，拖曳鼠标，视图会随着鼠标的移动而移动；按 Enter 键或者 Esc 键，可退出实时平移。

（2）定点平移

定点平移是指通过基点和位移来移动视图。

AutoCAD 2014 中执行定点平移命令的方法有两种：

- 经典模式：选择菜单栏中的“视图”→“平移”→“点”命令。
- 运行命令：-PAN。

1.6.5 重画与重生成视图

在绘制和编辑图形时，绘图区域会留下对象的选取标志，使图形画面显得凌乱，这时可以使用 AutoCAD 2014 提供的“重画”和“重生成”命令清除这些标记。“重画”和“重生成”功能都是重新显示图形，但两者的操作有本质的不同。

1．重画图形

图形的重画是在显示内存中更新屏幕，它不需要重新计算图形，因此显示速度较快。“重画”将删除用于标记指定点的点标记或临时标记，还可以更新当前窗口。“重画”的命令为“Redraw”，若选择“视图”菜单中“全部重画”命令，则可以同时更新多个视口。

2．重生成图形

如果一直用某个命令编辑图形，但该图形看上去似乎变化不大，此时可以使用“重生成”命令更新屏幕显示。另外，当视图被放大之后，图形的分辨率将降低，许多弧线都变成了多段的直线，这就需要用视图的“重生成”功能来显示新的图形。

选择“视图”中“重生成”命令可以更新当前视区。若选择“视图”中“全部重生成”菜单命令，则可以重新更新多重视口。

任务 1.7　图层的创建与管理

在使用 AutoCAD 制图时，图形的线型、线宽的设置很重要。不同的线型、线宽绘制出来的线段，其表达意义不同，这在机械制图中足以体现。在 AutoCAD 中，经常用到图层命令及对象特性，这样可将复杂的图形进行分层统一管理，使图形易于观察。

1.7.1　图层的概念与特性

1．概念

绘制不同的对象，需要不同的线型，从而需要频繁的“换笔”，能否将特定的“笔”打包，方便设置呢？AutoCAD 引进了“图层”这一概念。“图层”被假想为可在上面画线条的透明面，许多图层叠在一起则可以表达出完整的图形效果。只要事先为每个图层设置好所有所用线条的线型、粗细、颜色，以后用时只要选择图层的一个参数即可。

2．图层的特性

① 用户在使用 AutoCAD 绘图时，可以根据需要在一幅图中使用任意数量的图层。

② 每个图层都应有一个名字命名以示区别。如当绘制一幅图时若需要用粗实线、细实线、中心线、虚线等，为了使用图层时方便辨认，我们可以以线型的名称来命名图层的名称。如图 1.38 所示。

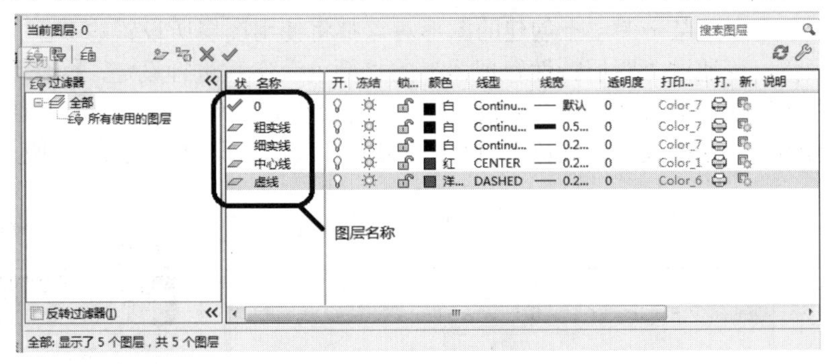

图 1.38　图层特性管理器

③ 一个图层只能是一种线型、一种颜色、一定的线宽，用户可以改变各图层的线型、颜色、线宽。

④ 在绘制图形时，用户只能在当前图层上绘图，需要更换图层时可以通过图层操作命令改变当前的图层。

⑤ 各图层具有相同的坐标系、绘图界限、显示时的缩放倍数。

⑥ 用户可以对各图层进行打开、关闭、冻结、锁定与解锁等操作。

1.7.2　图层的创建与设置

在 AutoCAD 2014 中，通过“图层特性管理器”可以显示图形中图层的列表及其特性。

打开图形特性管理器的主要有以下几种：

- 单击“图层”工具栏中的“图层特性管理器”按钮。
- 选择“格式”菜单下拉菜单中的“图层”命令。
- 在“草图与注释”工作空间中选择“默认”选项卡，选择“图层”面板中的【图层特性】按钮。

➢ 命令行输入“layer（la）”。

运用以上方法打开“图层特性管理器”对话框，即可看到该对话框中的各种命令及参数，如图 1.39 所示。

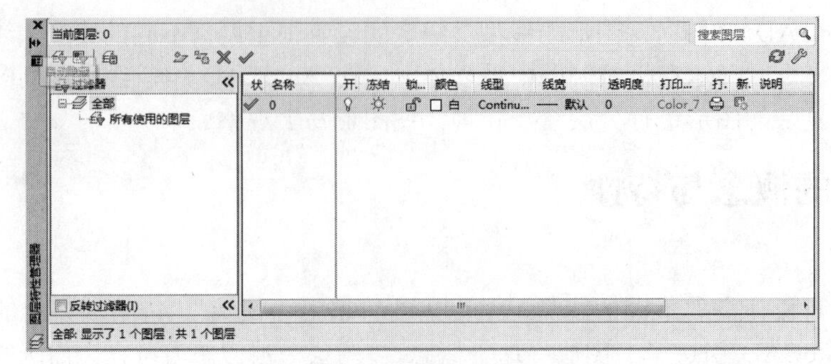

图 1.39　图层特性管理器

1．创建图层

打开“图层特性管理器”对话框，单击“新建图层”按钮，会在图层列表中显示出一个处于编辑状态的图层——“图层 1”，如图 1.40 所示，对新建的图层重命名即可。

2．图层的设置

（1）设置图层颜色

默认情况下，用户在某一图层上创建的图形对象都将使用图层所设置的颜色。用户若想改变图层中预设的颜色，可通过“图层特性管理器”的“颜色”参数进行设定，操作步骤如下。

单击“中心线”图层中的“颜色”标题，打开“选择颜色”对话框，如图 1.41 所示。在对话框中选择适合的颜色，这里选择“红色”；单击“确定”按钮，即可更改图层颜色。

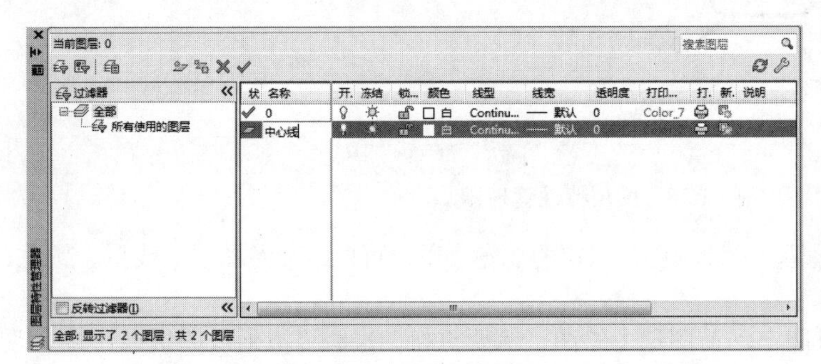

图 1.40　命名图层名称

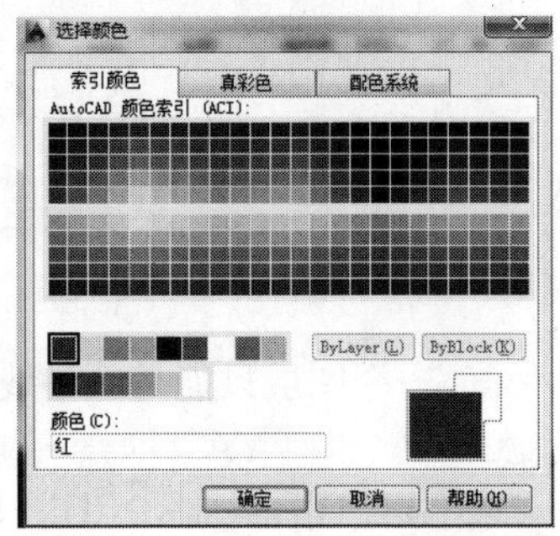

图 1.41　“选择颜色”对话框

（2）设置图层线型

用户在某一图层上创建的图形，其线型将使用图层默认设置的线型。如需改变图层所设置的线型，可通过“图层特性管理器”的“线型”参数进行设定，操作步骤如下。

单击“中心线”图层中的“线型”，打开“选择线型”对话框，如图 1.42 所示。单击“加载”按钮，弹出“加载或重载线型”对话框，如图 1.43 所示。选择需要的线型样式，点击“确定”按钮，然后在“选择线型”对话框中选择该线型再点击“确定”按钮。

（3）设置图层线宽

用户在某一图层上创建的图形，其线宽将使用图层设置的默认线宽。如需改变图层设置的线宽，可通过“图层特性管理器”的“线宽”参数进行设定，操作步骤如下。

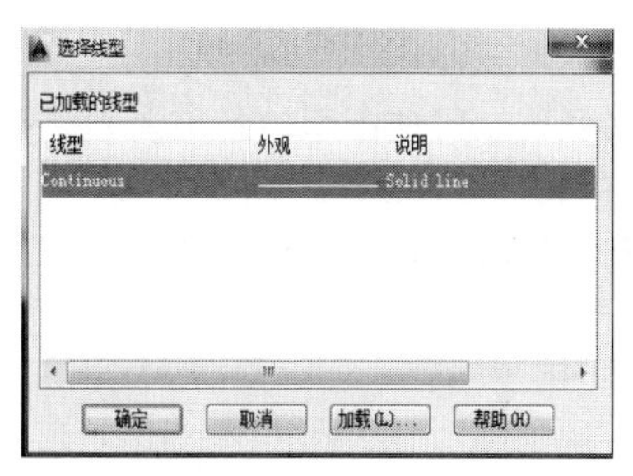

图 1.42　“选择线型”对话框

图 1.43　“加载或重载线型”对话框

单击“中心线”图层中的“线宽”标题，打开“线宽”对话框，如图 1.44 所示。在对话框中选择所需的线宽值。这里选择“0.25mm”，单击“确定”按钮，即可更改该图层的线宽属性，如图 1.45 所示。

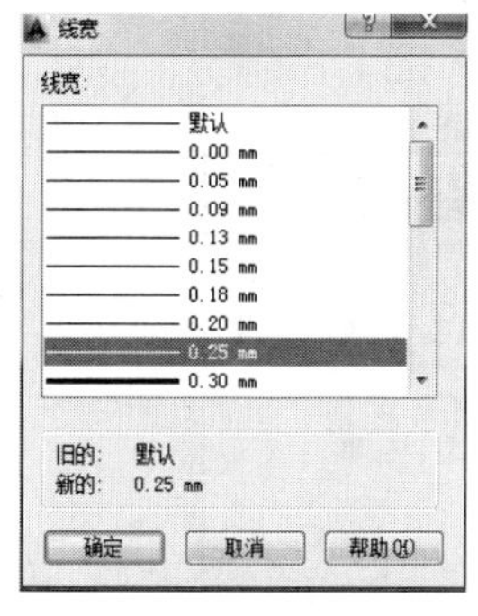

图 1.44　“线宽”对话框

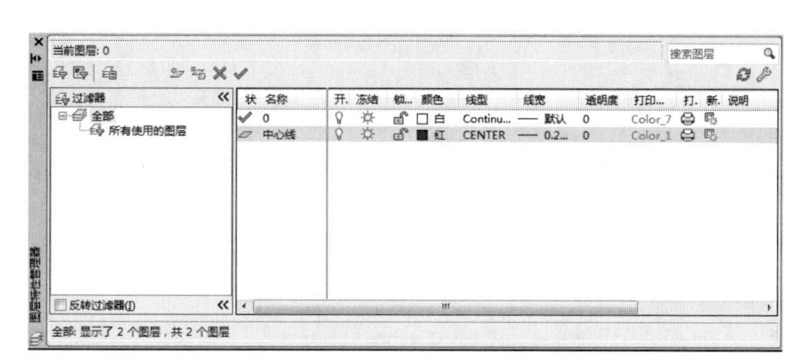

图 1.45　更改后的图层线宽

1.7.3　图层的管理

在 AutoCAD 中，使用“图层特性管理器”话框不仅可以创建图层，设置图层的颜色、线型和线宽，还可以对图层进行更多的设置与管理，如图层的切换、重命名、删除及图层的显示控制等。

1．设置图层特性

使用图层绘制图形时，新对象的各种特性将默认为随层，由当前图层的默认设置决定。也可以单独设置对象的特性，新设置的特性将覆盖原来随层的特性。在“图层特性管理器”对话框中，每个图层都包含状态、名称、打开/关闭、冻结/解冻、锁定/解锁、线型、颜色、线宽和打印样式等特性。

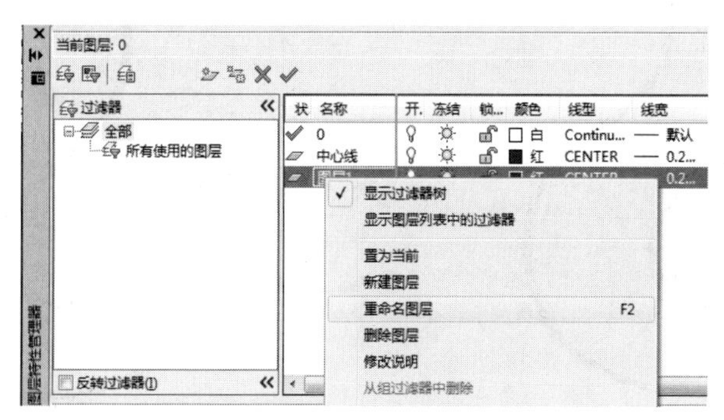

图 1.46　修改图层名称

（1）编辑图层名称

为将复杂的图形进行分层统一管理，采用合理的图层名称，可使图形信息更清晰、有序，为以后的修改、观察及打印图样带来很大的便利。编辑图层名称的操作步骤如下。

鼠标右键单击图层，在弹出的菜单中选择“重命名图层”命令，也可以直接双击图层名称，如图 1.46 所示。

图层的名称即处于编辑状态，用户输入新的图层名即可。

（2）打开与关闭图层

在 AutoCAD 2014 中，可以将需要隐藏的对象移动到某一图层中，然后关闭该图层即可将对象隐藏。图层上的对象只是暂时被隐藏，呈不可见状态，但是实际上是存在的。

“打开”与“关闭”图层的相关操作，具体步骤如下。

打开“图层特性管理器”对话框。选择“尺寸线”图层，单击图层中的“开/关图层”按钮💡，使其图标变为灰色，如图 1.47 所示，即可关闭该图层。

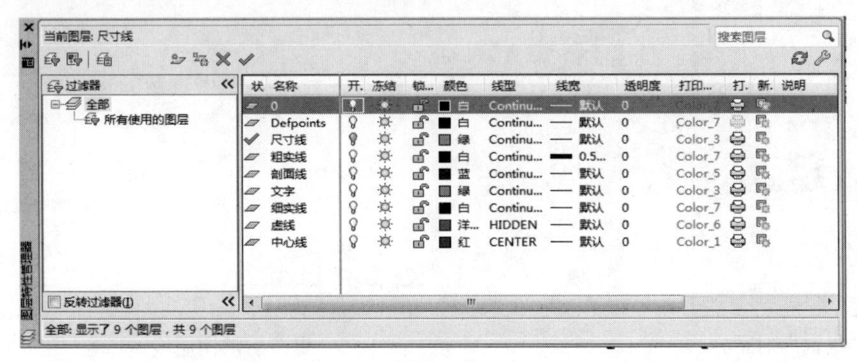

图 1.47　关闭“尺寸线”层

关闭“尺寸线”图层后，此时在绘图窗口中，位于“尺寸线”图层的图形将不再显示，如图 1.48 所示。

再次单击“尺寸线”图层中的“💡”按钮 ，即可打开相对应的图层，如图 1.49 所示。

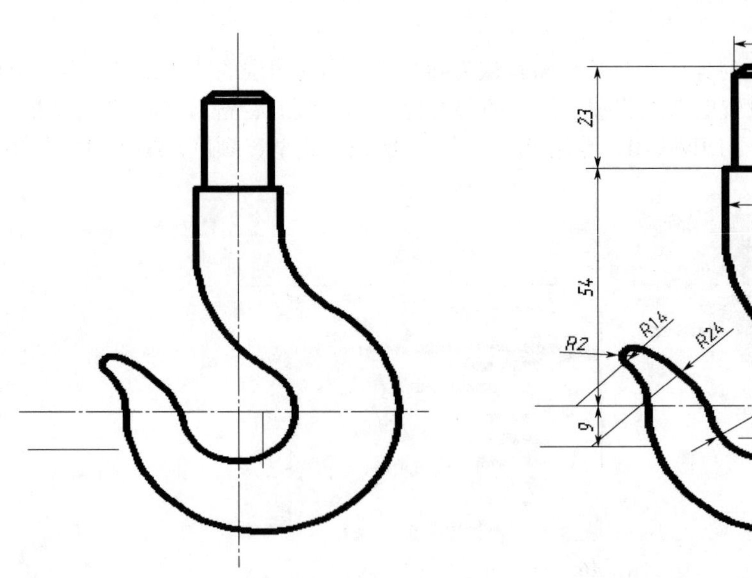

图 1.48　关闭“尺寸线”层图形显示

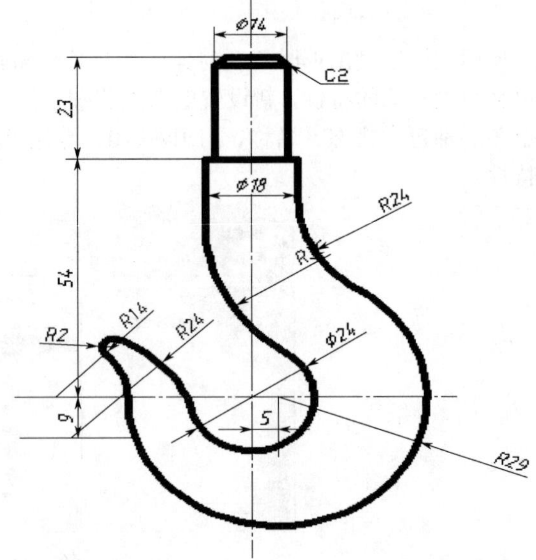

图 1.49　打开“尺寸线”层图形显示

（3）冻结与解冻图层

冻结图层有利于减少系统重新生成图形的时间，在冻结图层中的图形对象不显示在绘图窗口中。打开图形特性管理器，选择所需图层，单击“冻结”按钮，当图标变成“雪花”图样时即完成图层的冻结。

说明：

解冻一个图层将会引起整个图形重新生成，而打开一个图层则不会产生这种工作（只是重画这个图层上的对象）。因此，如果需要频繁地改变图层的可见性，应选择“关闭”图层而不是“解冻”图层。

（4）锁定与解锁图层

将图层锁定后，就无法修改该图层上的所有对象。锁定图层可以降低意外修改对象的可能性。具体步骤为打开图形特性管理器，选择所需锁定的图层（例如“尺寸线”图层）。单击“锁定”按钮，当图标变成时，表示该图层已经被锁定，其图形颜色会比没有锁定之前要浅。这样，被锁定的图形对象就不能被选中，也不能被编辑了。

（5）合并与删除图层

合并图层是将选定的图层合并到目标图层中，并将以前的图层从图形中删除。图层的合并操作具体如下。

在菜单栏中单击“格式”中“图层工具”中“图层合并”命令。当鼠标指针变成捕捉符号时，在绘图窗口中选择需要合并的图层对象，按 Enter 键确定。再选择要合并的图层对象，随后在光标右下角会显示出一个菜单，单击“是”选项，即可完成操作。

2．图层的管理

（1）切换当前层

在“图层特性管理器”对话框的图层列表中，选择某一图层后，鼠标右键单击弹出快捷菜单选择“置为当前”命令，即可将该层设置为当前层。

在实际绘图时，为了便于操作，主要通过“图层”工具栏来实现图层切换，这时只需点击图层工具栏中的下拉箭头选择要置为当前层的图层名称即可，如图 1.50 所示。

（2）使用“图层过滤器特性”对话框过滤图层

在 AutoCAD 中，图层过滤功能大大简化了在图层方面的操作。图形中包含大量图层时，在“图层特性管理器”对话框中单击“新建特性过滤器”按钮，可以使用打开的“图层过滤器特性”对话框来过滤图层。

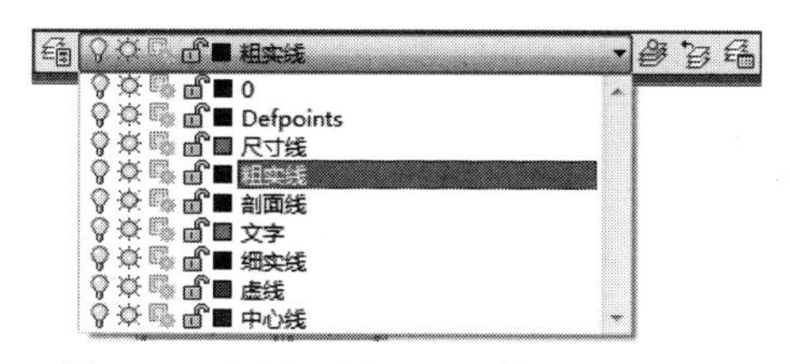

图 1.50　运用“图层工具栏”选择图层

在 AutoCAD 2014 中，还可以通过点击“新建组过滤器”过滤图层。在“图层特性管理器”对话框中单击“新建组过滤器”按钮，并在对话框左侧过滤器树列表中添加一个“组过滤器 1”（也可以根据需要命名组过滤器）。在过滤器树中单击“所有使用的图层”节点或其他过滤器，显示对应的图层信息，然后将需要分组过滤的图层拖动到创建的“组过滤器 1”上即可。如图 1.51 所示，将“所有使用的图层”中的“尺寸线层”移入“组过滤器 1”中。

（3）保存与恢复图层状态

图层设置包括图层状态和图层特性。图层状态包括图层是否打开、冻结、锁定、打印和在新视口中自动冻结。图层特性包括颜色、线型、线宽和打印样式。可以选择要保存的图层状态和图层特性。例如，可以选择只保存图形中图层的“冻结/解冻”设置，忽略所有其他设置。恢复图层状态时，除了每个图层的冻结或解冻设置以外，其他设置仍保持当前设置。

（4）改变对象所在图层

在实际绘图中，如果绘制完某一图形元素后，发现该元素并没有绘制在预先设置的图层上，可选中该图形元素，并在“对象特性”工具栏的图层控制下拉列表框中选择预设层名，然后按下 Esc 键来改变对象所在图层。

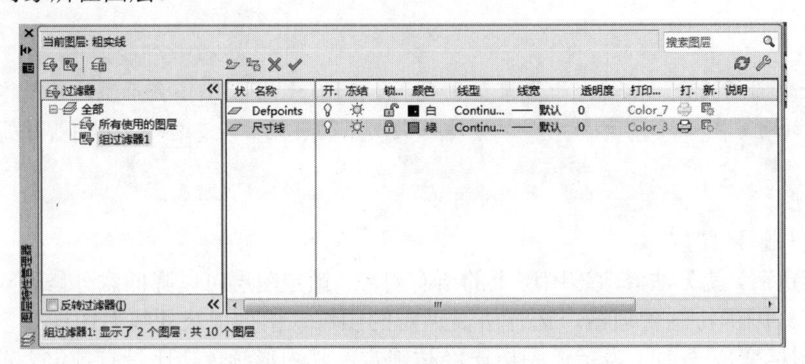

图 1.51 “组过滤器 1”显示

1.7.4 技能训练

根据要求绘制图 1.52 所示的“练习 1”，其具体要求是：

① 新建一个 DWG 文件，并将其“另存为”名为“练习 1”的文件于 E 盘。

② 根据图层参照表 1.1 的要求创建所需要的图层。

表 1.1 图层参照表

层　名	颜　色	线　型	线宽/mm	用　途	打　印
粗实线	黑/白	Continuous	0.5	粗实线	打开
细实线	黑/白	Continuous	0.25	细实线	打开
虚　线	品红	DASHED	0.25	虚线	打开
中心线	红	CENTER	0.25	中心线	打开
双点画线	篮	DIVIDE	0.25	尺寸、文字	打开

③ 运用所创建的图层绘制图 1.52 所示的“练习 1”。

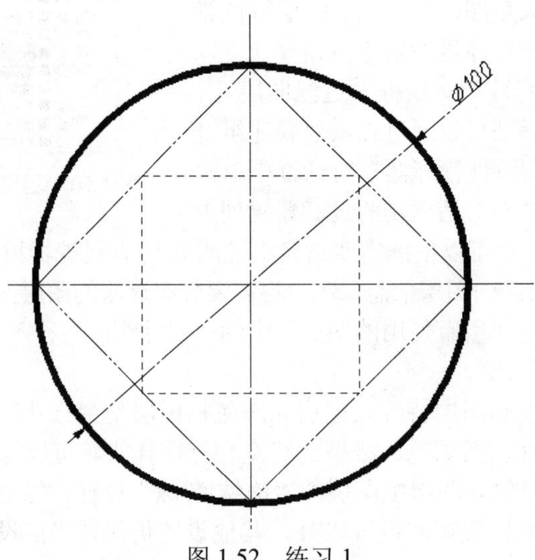

图 1.52 练习 1

任务1.8 AutoCAD 2014 帮助功能

在用户今后学习和使用 AutoCAD 2014 的过程中，肯定会遇到一系列的问题和困难，AutoCAD 2014 中文版提供了详细的中文在线帮助，运用这些帮助可以快速地解决设计中遇到的各种问题。

在 AutoCAD 2014 中激活在线帮助系统的方法如下：

- 在【信息中心】中单击【帮助】按钮，即可启动在线帮助窗口。
- 直接按下键盘上的功能键“F1”也可激活在线帮助窗口。
- 在命令行中键入命令“help”或者“?”号，然后按回车键也可以激活。

激活后的在线帮助窗口，如图 1.53 所示。

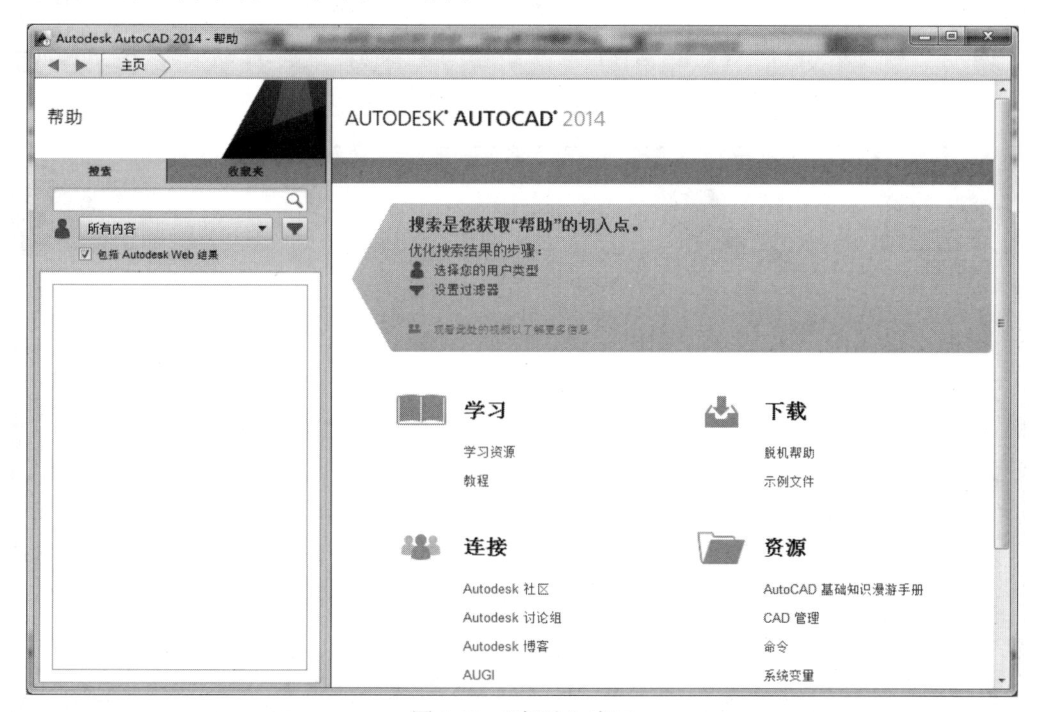

图 1.53 “帮助”窗口

在此窗口中通过选择“教程”或“命令”等，逐级进入并查到相关命令的定义、操作方法等详细解释；在搜索中输入要查询的命令或相关词语的中文、英文，Autodesk 将显示检索到的相关命令的说明；还可以通过链接进入 Autodesk 社区或讨论组，得到相关的技术帮助。

以上激活在线帮助系统的方法虽然可以方便快捷地启动帮助界面，但是不能定位问题所在，对于某一个具体命令，还要通过“命令”或“搜索”手动定位到该命令的解释部分才行。利用下面的方法可以方便地对具体命令进行定位查找。

- 将鼠标在某个命令按钮上悬停一会，弹出关于该命令的帮助提示。例如要查看“多边形”命令帮助，将鼠标移至“多边形”按钮处即可，如图 1.54 所示。
- 首先激活需要获取帮助的命令，例如画“多边形”命令，在此状态下直接按快捷键“F1”，则激活在线帮助，而且直接定位在“多边形”命令的解释位置，以方便用户查看，如图 1.55 所示。

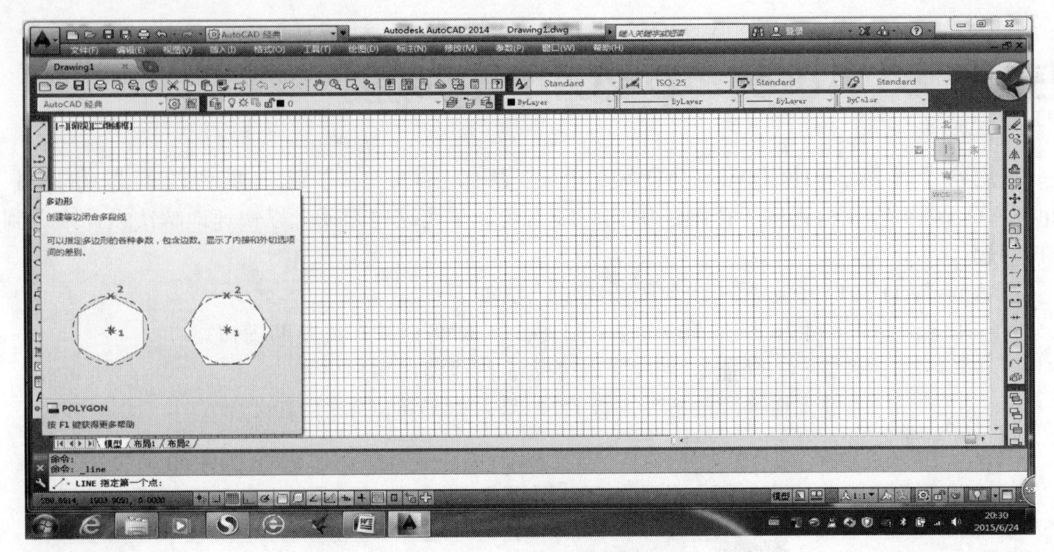

图 1.54 定位帮助提示

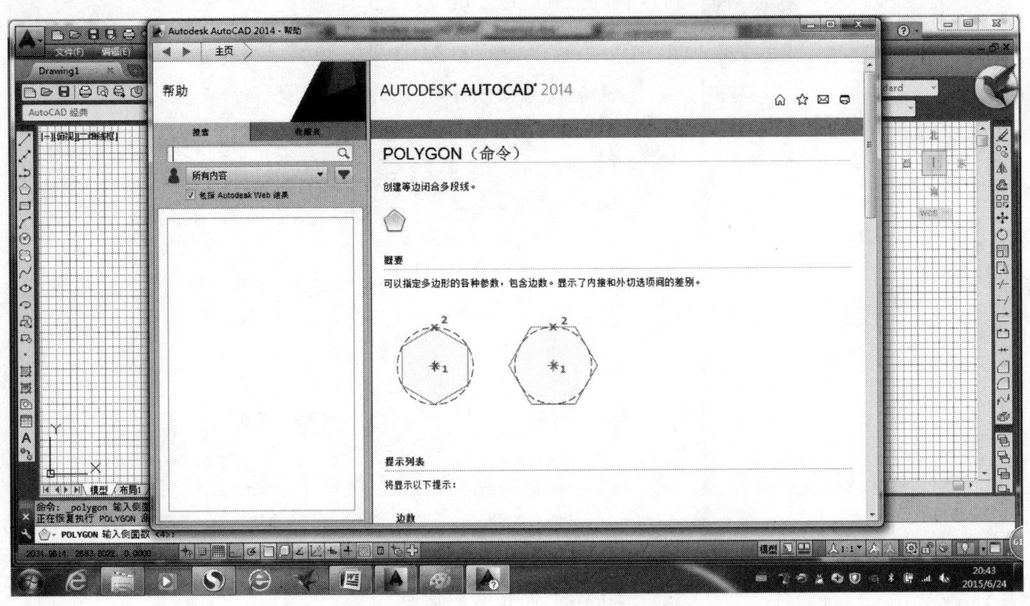

图 1.55 定位“帮助”信息

项目2 平面图形的绘制与编辑

项目要点

通过绘制一些基本平面图形，介绍 AutoCAD 常用的基本绘图命令与修改命令、绘制平面图形的一般方法步骤及 AutoCAD 辅助功能的具体应用，使用户能尽快掌握 AutoCAD 的基本作图方法。

教学提示

在工程制图过程中，零件的形状虽然是多种多样的，但是对应的视图基本上都是由直线、圆（圆弧）、曲线等基本元素组成的。绘制图形的过程就是根据已知的尺寸大小、连接关系、相对位置等条件绘制出各个组成部分，经过必要的编辑修改，形成一个完整的图形。在此过程中，组成图形的基本元素如何绘制、如何编辑修改以及如何提高绘图效率，是绘制图形的核心内容。

任务 2.1 绘制平面图形实例——绘制直线、修剪

任务	绘制如图 2.1 所示的直线图形
目的	掌握直线的各种绘制方式及修剪命令的应用
知识的储备	对象捕捉、正交模式的使用

2.1.1 案例导入

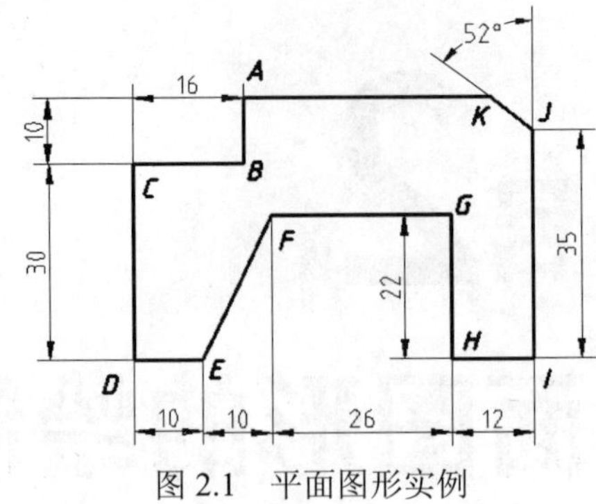

图 2.1 平面图形实例

2.1.2 案例分析

从图 2.1 可以看出，图形主要是由直线段连接而成的，多数线段长度和方向均已给出，有的线段虽然没有直接给出具体数值，但是可以根据线段相互之间的连接关系来确定（故画图时应充分分析尺寸的性质，以明确各线段间的位置关系）。

2.1.3 知识链接

命令 1 直线

绘制直线时，必须知道直线的位置和长度，只要指定了起点和终点，即可绘制一条直线。

1. 通过坐标确定点的位置

（1）绝对坐标

点的绝对坐标是指相对于当前坐标系原点的坐标，有直角坐标、极坐标、球坐标和柱坐标 4 种形式。下面主要介绍常用的直角坐标和极坐标绘制直线的方法。

a. 绝对直角坐标

直角坐标用点的 X、Y、Z 坐标值表示该点，且各坐标值之间用西文逗号隔开。其输入格式为：X 坐标值,Y 坐标值。

例如："平面某一点 A"的绝对直角坐标为（136,148），则应输入"136,148"。各参数的含义如图 2.2（a）所示。

b. 绝对极坐标

极坐标包括长度和角度两个值，它只能表达二维点的坐标，其输入格式为：距离<角度。例如：空间点 B 的绝对极坐标可表示为"185<39"，各参数的含义如图 2.2（b）所示。

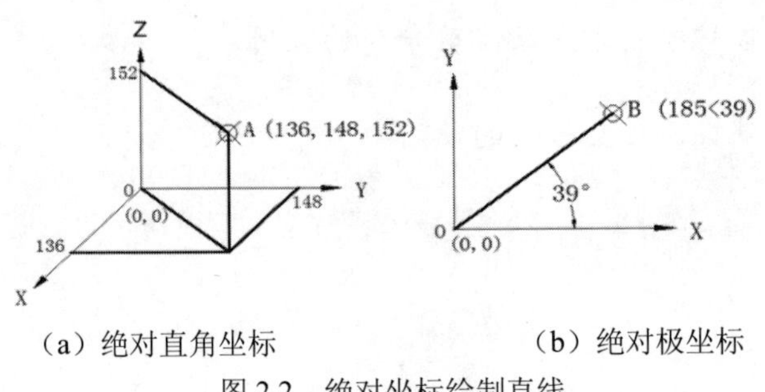

（a）绝对直角坐标　　（b）绝对极坐标

图 2.2 绝对坐标绘制直线

（2）相对坐标

相对坐标是指相对于前一点的坐标，而非坐标系的原点。

相对坐标也有直角坐标、极坐标、球坐标和柱坐标 4 种形式，其输入格式与绝对坐标相似，但要在输入的坐标前加上前缀“@”。

下面仅就以平面绘图中最常用的相对直角坐标和相对极坐标做讲解。

a．相对直角坐标

相对直角坐标是指某点相对于前一点在 X 轴和 Y 轴上的位移量，其表示方法是在绝对直角坐标表达方式前加上“@”，即“@X,Y”。

例如：图 2.3（a）中的点 B 相对于点 A 的相对直角坐标值为“@30,20”，而点 A 相对于点 B 的相对直角坐标值为“@-30,-20”。

b．相对极坐标

相对极坐标是以某一点为极点，通过相对的极长距离和角度来确定所绘制点的位置。需说明的是，相对极坐标是以上一个操作点为极点，而不是以原点为极点，通常用“@L<α”的形式表示相对极坐标。例如图 2.3（b）中的点 B 相对于点 A 的相对极坐标值为“@50<60”，而点 A 相对于点 B 的相对直角坐标值为“@50<-120”。

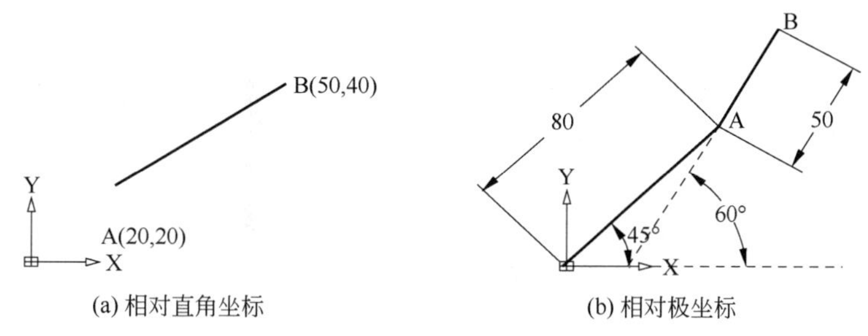

(a) 相对直角坐标　　(b) 相对极坐标

图 2.3　相对坐标绘制直线

2．用 LINE（或 L）命令画直线

（1）命令执行方式

- 工具栏：单击“绘图”工具栏中的“直线”命令按钮。
- 菜单：单击“绘图”菜单中的“直线”命令。
- 命令行：输入 LINE（L）。

（2）操作过程及说明

执行命令后，命令行提示如下信息：

```
LINE 指定第一点:
```

指定所绘制直线的起始点，可以移动鼠标直接在屏幕上所需位置拾取，也可通过键盘输入点的坐标来确定，确定后命令行接着提示：

```
指定下一点或 [闭合(C)/放弃(U)]:
```

各选项说明：

指定下一点：指定所绘制直线的另一个端点，两点确定一条直线，然后接着提示指定下一点，连续指定多个点绘制多条直线，若要结束命令，按 Enter 键或 Space 键即可退出。

放弃（U）：放弃当前输入的点，每执行一次该选项，就会撤销最后一次绘制的直线，可连续撤销。

闭合（C）：在指定三点后，命令行增加一个“闭合”命令选项，选择此项，会将最后一段直线的终点与第一段直线的起点连接，形成封闭图形。

命令2 修剪

修剪对象是指利用指定的边界修剪指定对象，修剪对象为删除图形对象的一部分，可以是直线、圆、圆弧等。

1. 命令执行方式

➢ 工具栏：单击“修改”工具栏中的“修剪”命令。

➢ 菜单：单击“修剪”菜单中的“修剪”命令。

➢ 命令行：输入 TRIM（TR）。

执行命令后，命令行提示如下信息：

```
命令: _trim   当前设置:投影=UCS，边=无
选择剪切边...     选择对象或 <全部选择>:                    【选择修剪边界】
```

选择要修剪对象的边界边，按回车键，然后命令执行如下：

```
选择要修剪的对象，或按住 Shift 键选择要延伸的对象，或
[栏选(F)/窗交(C)/投影(P)/边(E)/删除(R)/放弃(U)]:          【 选择需要剪掉的部分】
```

2. 修剪命令的主要选项及功能如下：

按住“Shift”键选择要修剪的对象：按下“Shift”键后单击图形对象可使其延伸到修剪边界。

栏选（F）或窗交（C）：按照栏选或窗交选择对象。

投影（P）：主要用于三维空间中两个对象的修剪。

边（E）：用于确定修剪方式，包括延伸（E）、不延伸（N）两项。

删除（R）：选择该项后，再选择一次对象，该对象被删除。

> ***说明：***
>
> 剪切命令分两步走，首先选择剪切边，然后选择剪切对象。
>
> 选择剪切边界时，初学者对边界边不好理解，所以为提高绘图效率，边界边选取时可选择所有的边，然后执行剪切对象命令。

2.1.4 绘图步骤

以左上角的点“A”为绘图的起点来绘制图形，绘制此图形可用正交模式下 line 命令和坐标输入两种方式来绘制，下面讲解一下正交模式下绘制图形的过程。

具体的操作过程如下：

① 先设置状态工具栏上的“正交”按钮 处于打开状态。

② 再以左上角的点“A”为绘图的起点，开始绘制图形，命令行提示如下：

```
命令:L
LINE 指定第一点:                 【在屏幕上任意选定一点作为起始点 A】
指定下一点或 [放弃(U)]: 10   【用鼠标向下导向，直接输入直线的长度 10，用直接指
                                  定距离的方式确定点 B】
指定下一点或 [放弃(U)]: 16    【用鼠标向左导向，直接输入直线的长度 16，用直接指
                                  定距离的方式确定点 C】
指定下一点或 [闭合(C)/放弃(U)]: 30      【用鼠标导向，输入长度 30，确定点 D】
指定下一点或 [闭合(C)/放弃(U)]: 10      【用鼠标导向，输入长度 10，确定点 E】
指定下一点或 [闭合(C)/放弃(U)]: @10,22   【不管鼠标的位置，用相对直角坐标的方式
```

```
                                        确定点 F】
指定下一点或 [闭合(C)/放弃(U)]: 26         【用鼠标导向，输入长度 26，确定点 G】
指定下一点或 [闭合(C)/放弃(U)]: 22         【用鼠标导向，输入长度 22，确定点 H】
指定下一点或 [闭合(C)/放弃(U)]: 12         【用鼠标导向，输入长度 12，确定点 I】
指定下一点或 [闭合(C)/放弃(U)]: 35         【用鼠标导向，输入长度 35，确定点 J】
指定下一点或 [闭合(C)/放弃(U)]: @15<142  【不管鼠标的位置，用相对极坐标的方
                                        式确定直线 JK 的方向,尺寸 15 任意确定后，
                                        需修剪直线 JK，按回车键】
命令:L     LINE 指定第一点:                【在屏幕上选定起始点 A】
指定下一点或 [放弃(U)]: 40    【用鼠标向右导向，输入 40（任意长度），该线与直线 JK
                              交于 k 点】
```

③ 此时，绘制的图形如 2.4 所示。然后执行剪切命令剪掉多余部分，过程如下：

```
命令: _trim     当前设置:投影=UCS，边=无
选择剪切边...
选择对象或 <全部选择>: 找到 1 个          【选择 AK 线】
选择对象: 找到 1 个，总计 2 个            【选择 JK 线,按回车键】
选择要修剪的对象，或按住 Shift 键选择要延伸的对象，或
[栏选(F)/窗交(C)/投影(P)/边(E)/删除(R)/放弃(U)]: 【点击需要剪掉的线段】
```

剪切之后的图形如图 2.5 所示。

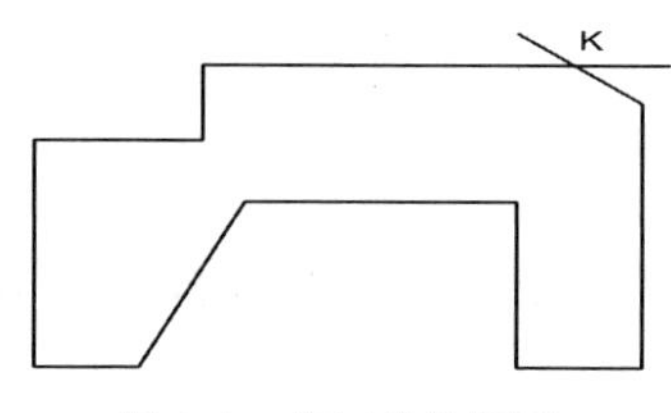

图 2.4　剪切前的图形

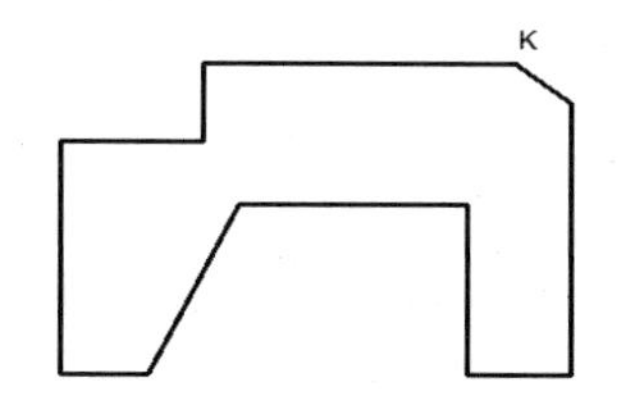

图 2.5　剪切后的图形

2.1.5　技能训练

【课堂实训一】利用正交模式绘制如图 2.6 所示的图形。

【课堂实训二】利用相对直角坐标和相对极坐标方式及剪切命令绘制图 2.7。

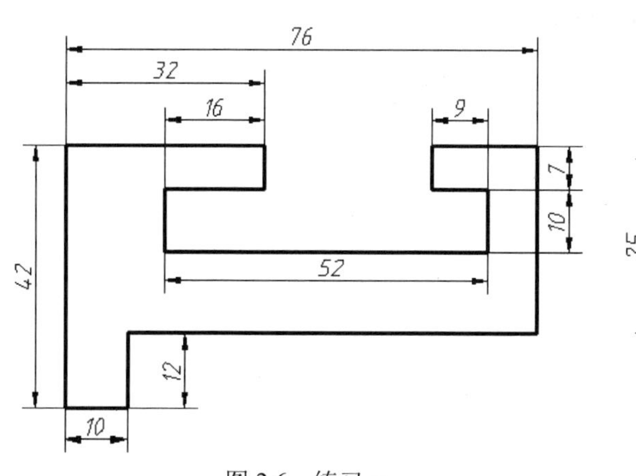

图 2.6　练习一

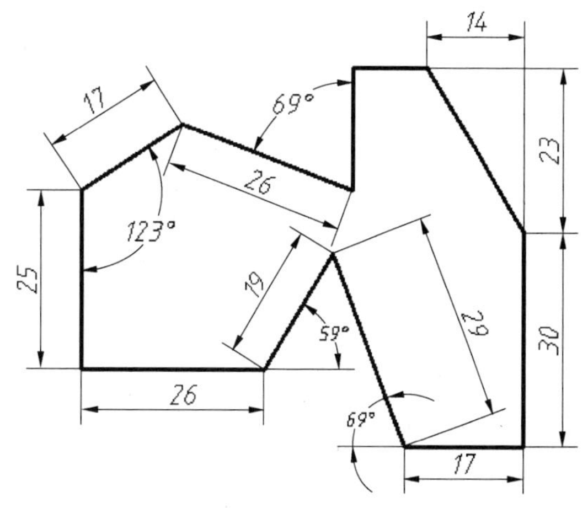

图 2.7　练习二

【课堂实训三】 综合利用所学命令绘制图 2.8。
【课堂实训四】 综合利用所学命令绘制图 2.9。

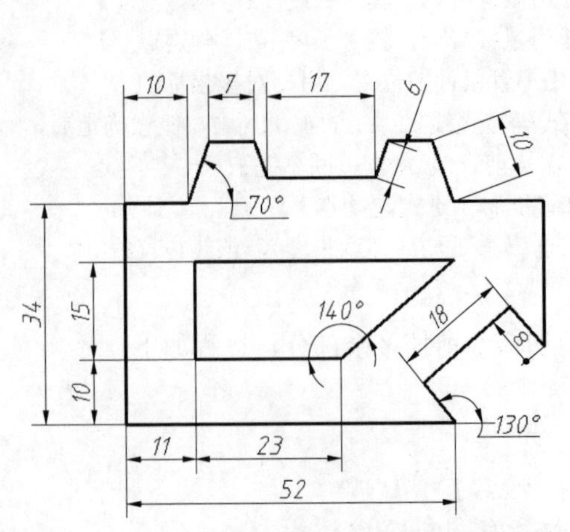

图 2.8 练习三（图形上面两凸台部分尺寸对称）

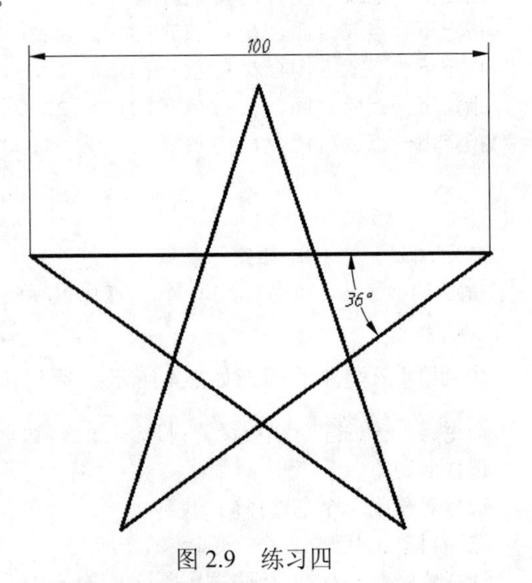

图 2.9 练习四

任务 2.2 绘制平面图形实例——绘制圆、圆弧、偏移

任务 绘制如图 2.10 所示的圆类平面图形

目的 掌握用 CIRCLE 命令画圆、ARC 画圆弧的各种方式及偏移命令的应用

知识的储备 直线绘制、修剪命令、图层的使用

2.2.1 案例导入

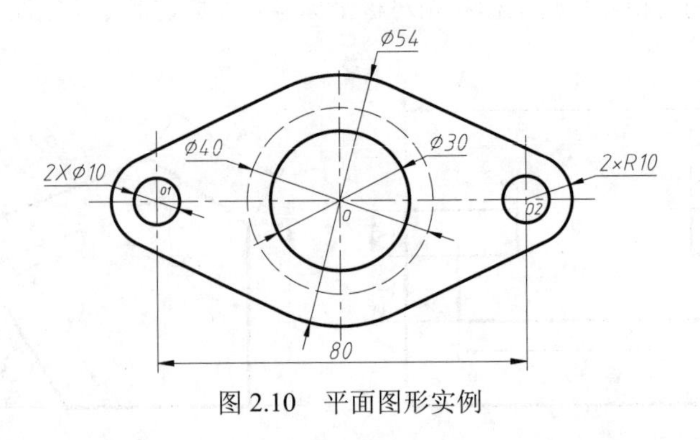

图 2.10 平面图形实例

2.2.2 案例分析

从图 2.10 可以看出，该图形包括三种线型，即粗实线、点画线、虚线，根据前面所学知识创

建这三个图层。图形的主要组成部分是由直线、圆、圆弧连接而成的，直线均为点画线，其中三条垂直直线间隔为 40mm；圆ϕ30、ϕ40、ϕ54 的圆心均为 O 点，可用圆命令直接绘制；2×ϕ10 和 2×R10 的圆形均为 O1、O2，可用圆命令直接绘制；2×R10 与ϕ54 的四段公切线用直线命令捕捉切点的方法绘制。最后用剪切命令剪掉多余的线段和圆弧即可完成该图形的绘制。

2.2.3　知识链接

命令 1　圆

1．命令执行方式

- 工具栏：单击“圆”命令按钮。
- 菜单：单击“绘图”菜单中的“圆”命令。
- 命令行：输入 Circle（C）。

2．操作过程及说明

绘制圆共有六种方式：如图 2.11 所示。

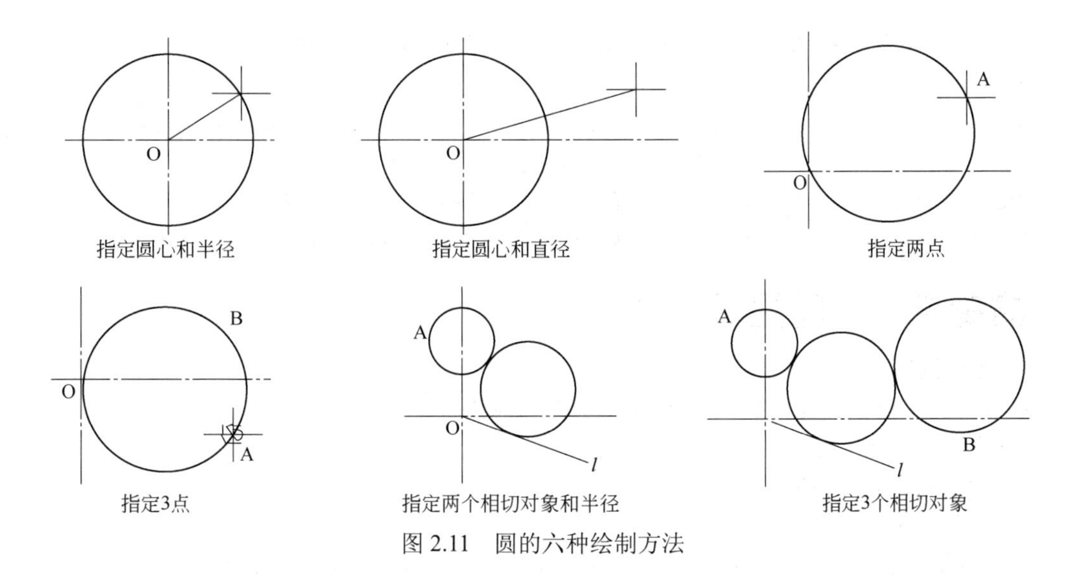

图 2.11　圆的六种绘制方法

① 圆心、半径（R）　通过指定圆心，输入圆的半径来绘制圆。命令行提示如下：

```
命令: _circle
指定圆的圆心或 [三点(3P)/两点(2P)/切点、切点、半径(T)]   【指定圆心 O】
指定圆的半径或 [直径(D)]:                              【输入圆的半径值】
```

② 圆心、直径（D）　通过指定圆心，输入圆的直径来绘制圆。

```
命令: _circle
指定圆的圆心或 [三点(3P)/两点(2P)/切点、切点、半径(T)]: 【指定圆心 O】
指定圆的半径或 [直径(D)] <10.0000>: _d 指定圆的直径 <20.0000>: 【输入圆的直径值】
```

③ 两点（2P）　通过指定一个直径的两个端点来确定一个圆，即两点为圆上两个特殊点，不是任意两点。

```
命令: _circle
```

```
指定圆的圆心或 [三点(3P)/两点(2P)/切点、切点、半径(T)]: _2p 指定圆直径的第一个端点:
【指定圆的直径的第一个端点 O】
指定圆直径的第二个端点:        【确定第二点 A】
```

④ 三点（3P） 通过指定圆上不在同一直线上的三点来绘制一个圆。

```
命令: _circle
指定圆的圆心或 [三点(3P)/两点(2P)/切点、切点、半径(T)]: _3p 指定圆上的第一个点:
                          【确定第一点 O】
指定圆上的第二个点:        【确定第二点 A】
指定圆上的第三个点:        【确定第三点 B】
```

⑤ 相切、相切、半径（T） 通过已知的两个相切条件和给定半径值，可确定一个圆。

```
命令: _circle
指定圆的圆心或 [三点(3P)/两点(2P)/切点、切点、半径(T)]: _ttr
指定对象与圆的第一个切点:      【指定与线 L 第一个切点】
指定对象与圆的第二个切点:      【指定与圆 A 第二个切点】
指定圆的半径 <8.9705>:          【输入圆的半径值】
```

⑥ 相切、相切、相切（A） 通过已知的三个相切条件确定一个圆。

```
命令: _circle
指定圆的圆心或 [三点(3P)/两点(2P)/切点、切点、半径(T)]: _3p 指定圆上的第一个点: _tan
到                          【指定与圆 A 的第一个相切点】
指定圆上的第二个点: _tan 到        【指定与直线 L 的第二个相切点】
指定圆上的第三个点: _tan 到        【指定与圆 B 的第三个相切点】
```

命令 2 圆弧

1．命令执行方式

- 工具栏：单击“绘图”工具栏中“圆弧”按钮。
- 菜单：单击“绘图”菜单中的“圆弧”命令。
- 命令行：输入 ARC（A）。

2．操作过程及说明

在“圆弧”子菜单中共有 11 种绘制圆弧的方法，如图 2.12 所示。其中有些是类似，只是指定已知点的顺序不同，绘制方法图示如图 2.13 所示。

（1）三点（P） 按提示依次指定圆弧的起点、第二点和端点，绘制出一段圆弧。

（2）起点、圆心、端点（S） 通过指定圆弧的起点、圆心、端点来绘制圆弧。

（3）起点、圆心、角度（T） 通过指定圆弧的起点、圆心、角度来绘制圆弧，这里的角度是指圆弧包含角即圆弧对应的圆心角。

（4）起点、圆心、长度（A） 通过指定起点、圆心、长度来绘制圆弧。用户可以在“指定弦长”的提示下输入相应的数值。

（5）起点、端点、角度（N） 指定起点、端点、角度绘制圆弧。

（6）起点、端点、方向（D） 指定起点、端点、方向绘制圆弧。在“指定圆弧的起点切向”的提示下，用户可通过拖动鼠标的方式确定起点切向与水平方向的夹角。

（7）起点、端点、半径（R） 指定起点、端点、半径绘制圆弧。

（8）圆心、起点、端点（C） 指定圆心、起点、端点绘制圆弧。

（9）圆心、起点、角度（E） 指定圆心、起点、角度绘制圆弧。

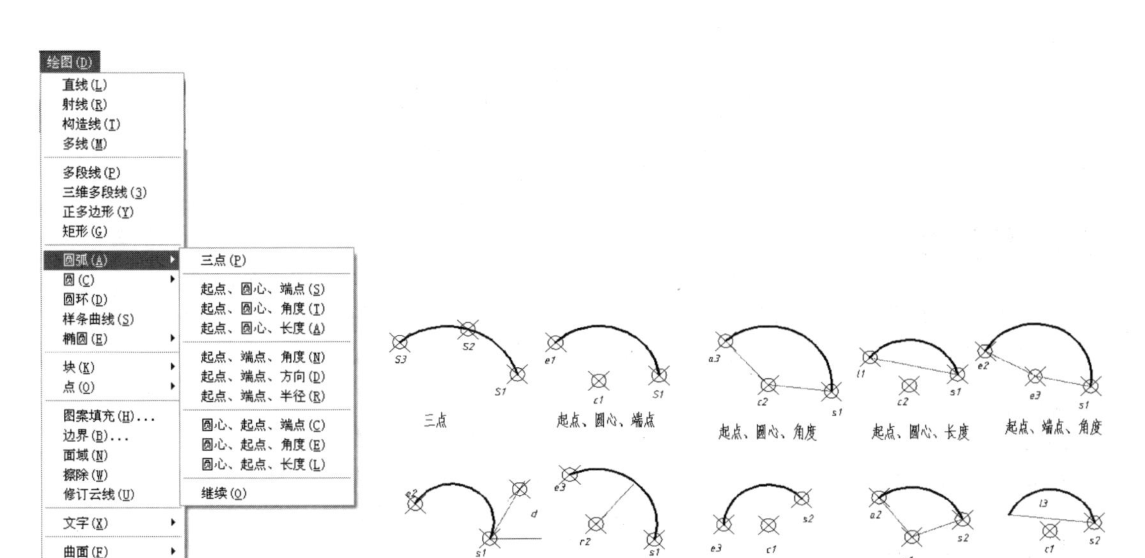

图 2.12　圆弧的绘制方法　　　　图 2.13　圆弧的 10 种绘制方法

（10）圆心、起点、长度（L）　指定圆心、起点、长度绘制圆弧。

（11）继续（O）　在“指定圆弧的起点[圆心（C）]”的提示下按回车键，系统将以最后绘制的线段或圆弧的最后一点为新圆弧的起点，将最后绘制的圆弧终点处的切线方向为新圆弧的起始点切线方向，然后再指定一点，就可绘制一个圆弧。

说明：

圆弧是有方向的，除三点法外，其他方法都是从起点到端点默认逆时针方向绘制圆弧，所以绘制圆弧时，要注意各点的输入顺序。

在提示包含角度时，输入正值，弧从起点绕圆心逆时针方向绘出，如为负值，则顺时针方向绘出。

命令 3　偏移

1．命令执行方式

➢ 工具栏：单击“偏移”命令按钮。

➢ 菜单：单击“修改”菜单中的“偏移”命令。

➢ 命令行：输入 OFFSET（O）。

2．操作过程及说明

执行命令后，命令行提示下列信息：

```
指定偏移距离或 [通过(T)] <通过>:
```

（1）指定偏移距离　可以通过键盘直接输入偏移距离值，也可用鼠标拾取两点，此两点间的距离作为偏移距离。

（2）通过（T）　可以把选择的对象通过指定点来偏移，此点可以由鼠标在屏幕上拾取，也可输入坐标。

说明：

偏移命令可以创建与选定对象平行或同心，而且形状相似的新对象，可使用偏移命令的对象包括直线、圆（弧）、椭圆（弧）、多段线、构造线和样条曲线等。如图 2.14 所示。

图 2.14　不同对象偏移后的效果

2.2.4　绘图步骤

① 运用前面所学图层的相关知识创建粗实线、中心线、虚线图层。

② 将中心线层置为当前，绘制水平、垂直中心线。命令执行如下：

```
命令: _line
指定第一个点: <正交 开>                    【指定水平中心线的起点】
指定下一点或 [放弃(U)]:                    【指定水平中心线的端点】
命令: LINE    指定第一个点:                【指定垂直中心线的起点】
指定下一点或 [放弃(U)]:                    【指定垂直中心线的起点】
命令: _offset      当前设置: 删除源=否  图层=源  OFFSETGAPTYPE=0
指定偏移距离或 [通过(T)/删除(E)/图层(L)] <通过>: 40        【指定偏移距离 40】
选择要偏移的对象，或 [退出(E)/放弃(U)] <退出>:            【选择中间的垂直中心线】
指定要偏移的那一侧上的点，或 [退出(E)/多个(M)/放弃(U)] <退出>:【在垂直中心线左
                                                          侧空白按下鼠标左键】
选择要偏移的对象，或 [退出(E)/放弃(U)] <退出>:        【选择中间的垂直中心线】
指定要偏移的那一侧上的点，或 [退出(E)/多个(M)/放弃(U)] <退出>: 【在垂直中心线
                                                          右侧空白按下鼠标左键】
选择要偏移的对象，或 [退出(E)/放弃(U)] <退出>:        【按下回车键完成】
```

③ 以 O 点为圆心绘制直径为ϕ30、ϕ40、ϕ54 的圆，命令执行如下：

```
命令: _circle
指定圆的圆心或 [三点(3P)/两点(2P)/切点、切点、半径(T)]:        【选择 O 点】
指定圆的半径或 [直径(D)] <70.8707>: 15                      【输入半径值】
命令: CIRCLE
指定圆的圆心或 [三点(3P)/两点(2P)/切点、切点、半径(T)]:        【选择 O 点】
指定圆的半径或 [直径(D)] <15.0000>: 20                      【输入半径值】
命令: CIRCLE
指定圆的圆心或 [三点(3P)/两点(2P)/切点、切点、半径(T)]:        【选择 O 点】
指定圆的半径或 [直径(D)] <20.0000>: 27                      【输入半径值】
```

④ 分别以 O1、O2 为圆心绘制 R10、ϕ10 的圆，以左边结构为例，命令行提示如下：

```
命令: _circle
指定圆的圆心或 [三点(3P)/两点(2P)/切点、切点、半径(T)]:   【选择 O1 点】
指定圆的半径或 [直径(D)] <27.0000>: 5
命令:CIRCLE
指定圆的圆心或 [三点(3P)/两点(2P)/切点、切点、半径(T)]:   【选择 O1 点】
指定圆的半径或 [直径(D)] <5.0000>: 10
```

右侧结构绘制过程类似。

⑤ 用“直线”命令绘制 4 条切线，命令行提示如下：

```
命令: _line
指定第一个点: _tan 到               【同时按住 shift 键点击鼠标右键，在弹出的菜单
```

```
                        中选择切点，然后点击φ54 的圆】
指定下一点或 [放弃(U)]: _tan 到  【同时按住 shift 键点击鼠标右键，在弹出的菜单
                        中选择切点，然后点击 R10 的圆】
指定下一点或 [放弃(U)]:            【按下回车键完成】
```

⑥ 运用“剪切”命令剪掉φ54、R10 的圆中多余的部分，命令行提示如下：

```
命令: _trim
当前设置:投影=UCS，边=无
选择剪切边...
选择对象或 <全部选择>: 指定对角点:                【选择四条切线】
选择要修剪的对象，或按住 Shift 键选择要延伸的对象，或
[栏选(F)/窗交(C)/投影(P)/边(E)/删除(R)/放弃(U)]:   【点击需要剪掉的圆弧】
```

2.2.5 技能训练

【课堂实训一】运用圆、偏移、剪切命令绘制图 2.15。

【课堂实训二】运用圆、圆弧、偏移、剪切命令绘制图 2.16。（提示：R50、R30、R15 可用相切、相切、半径画圆然后剪切。）

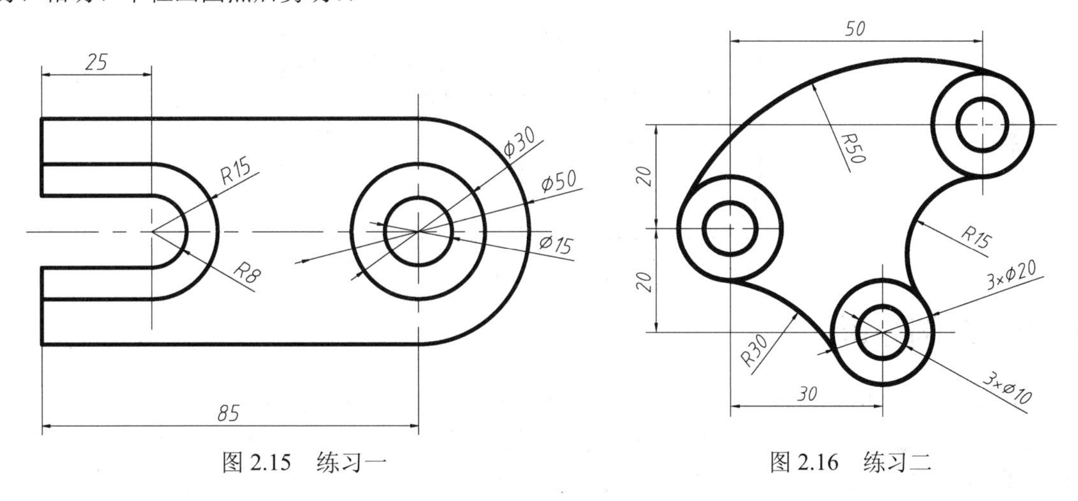

图 2.15　练习一　　　　图 2.16　练习二

【课堂实训三】运用圆、圆弧、偏移、剪切命令绘制图 2.17。

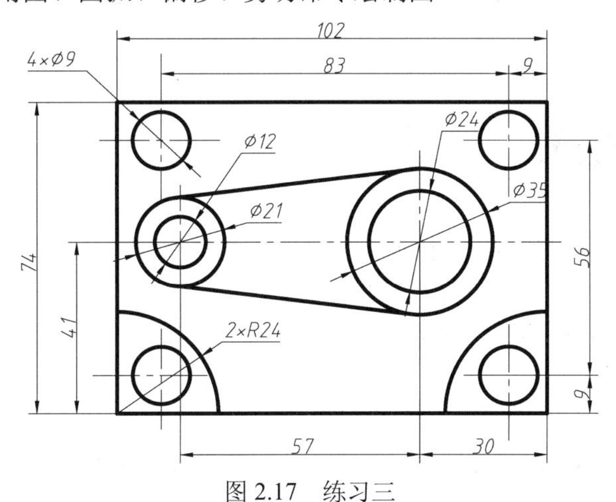

图 2.17　练习三

任务 2.3 绘制平面图形实例——绘制矩形和椭圆

任务 绘制如图 2.18 所示的图形

目的 掌握绘制矩形、椭圆的方法及应用

知识的储备 对象捕捉、直线命令、剪切、偏移的使用

2.3.1 案例导入

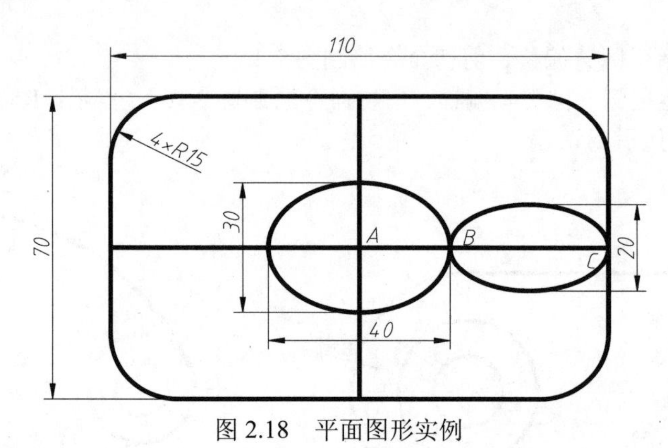

图 2.18 平面图形实例

2.3.2 案例分析

该图是由一个带圆角的矩形加两条直线和两个椭圆组成的。从已给尺寸的基础上，分析应该先绘制矩形，然后绘制两条直线，最后绘制两个椭圆（一个以 A 为中心点绘制，一个以 B 和 C 为端点绘制），即可完成该图形的绘制。前面已经介绍了直线的绘制方法，要绘制该图形还要掌握矩形和椭圆的绘制方法。

2.3.3 知识链接

命令 1 矩形

1.命令执行方式

➢ 工具栏：单击“矩形”命令按钮▭。
➢ 菜单：单击“绘图”菜单中的“矩形”命令。
➢ 命令行：输入 RECTANG（REC）。

2. 操作过程及说明

执行命令后，命令行提示如下信息：

```
指定第一个角点或 [倒角(C)/标高(E)/圆角(F)/厚度(T)/宽度(W)]:
```

（1）指定第一个角点：指定矩形的第一个角点后，命令行提示：

指定另一个角点或［尺寸(D)］：

① 指定另一个角点：此为默认项，指定的两个对角点确定矩形。

② 尺寸（D）：选择此项，系统会依次提示输入矩形的长度和宽度，分别输入矩形的长度和宽度后，就绘制出指定长和宽的矩形。

（2）倒角（C）：按提示依次指定矩形的第一个、第二个倒角距离，从而绘制带倒角的矩形。

（3）标高（E）：指定矩形离 XY 平面的高度。

（4）圆角（F）：指定矩形的圆角半径，从而绘制带圆角的矩形。

（5）厚度（T）：绘制具有厚度的矩形，具有三维立体效果。

（6）宽度（W）：用于指定所画矩形的线宽。

各种形式的矩形如图 2.19 所示。

说明:

绘制的矩形其四条边是一条复合线，不能单独编辑，可通过“分解”命令使之分解成单个线段。

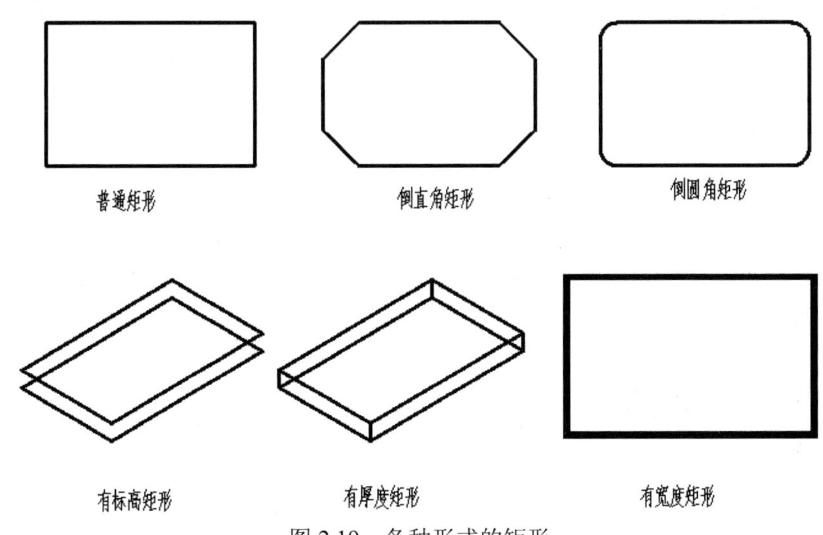

图 2.19　各种形式的矩形

命令 2　椭圆

1．命令执行方式

- 工具栏：单击“椭圆”命令按钮。
- 菜单：单击“绘图”菜单中的“椭圆”命令。
- 命令行：输入 ELLIPSE（ELL）。

2．操作过程及说明

椭圆包含椭圆中心、长轴和短轴等几何特征，常用两种方式绘制：

① 轴、端点——指定一个轴的两个端点和另一个轴的半轴长度。即已知椭圆的长轴和短轴的长度值，绘制椭圆，如图 2.20（a）所示。

执行命令后，命令行依次提示如下信息：

```
指定椭圆的轴端点或 [圆弧(A)/中心点(C)]:
指定轴的另一个端点:
指定另一条半轴长度或 [旋转(R)]:
```

② 中心点——指定椭圆中心、一个轴的端点及另一个轴的半轴长度。即已知椭圆的中心点及长轴和短轴的长度值绘制椭圆。

先指定椭圆的中心点位置，然后指定其中一条轴的一个端点，从而确定了椭圆的一条轴的方位和长度后，最后输入另一条轴的半轴长度，就完成了该椭圆的绘制，如图 2.20（b）所示。

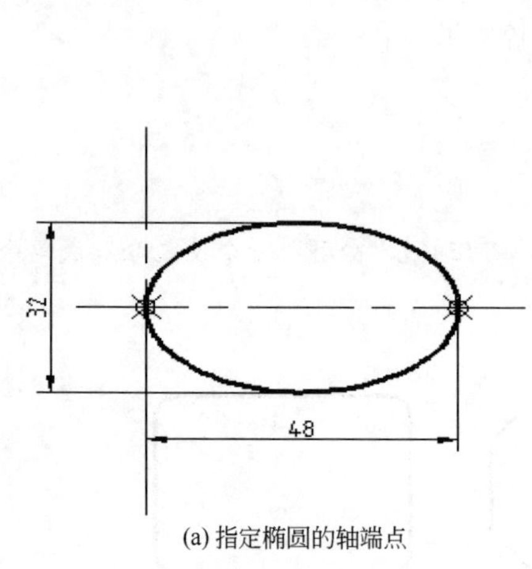

(a) 指定椭圆的轴端点

(b) 指定椭圆的中心和轴端点

图 2.20 椭圆的绘制方法

说明：

当选取“旋转（R）”选项时，主要用来绘制与圆所在平面有一定夹角平面上的圆投影成的椭圆。其中角度范围在 0°～89.4°之间，0°绘制一圆，大于 89.4°则无法绘制椭圆。

命令 3 椭圆弧

1．命令执行方式

➢ 工具栏：单击“椭圆弧”命令按钮。

➢ 菜单：单击“绘图”菜单中的“椭圆”中的“圆弧”命令。

➢ 命令行：输入 ELLIPSE（ELL）。

2．操作过程及说明

椭圆弧的绘制实际上就是先绘制一个完整的椭圆，然后在椭圆上截取其中一段。截取时需要指定椭圆弧的起始角度和终止角度，角度是以椭圆的中心点与第一条轴端点连线为 0°起始位置度量的，默认逆时针为正，顺时针为负。

2.3.4 绘图步骤

① 绘制带 R15 圆角的矩形，长度为 110mm，宽度为 70mm，命令执行如下所示：

```
命令: _rectang
指定第一个角点或 [倒角(C)/标高(E)/圆角(F)/厚度(T)/宽度(W)]: f
指定矩形的圆角半径 <0.0000>: 15
```

```
指定第一个角点或 [倒角(C)/标高(E)/圆角(F)/厚度(T)/宽度(W)]:    【在绘图区域确定
                                                              第一角点】
指定另一个角点或 [面积(A)/尺寸(D)/旋转(R)]: d                  【输入尺寸】
指定矩形的长度 <10.0000>: 110                                 【输入长度值】
指定矩形的宽度 <10.0000>: 70                                  【输入宽度值】
指定另一个角点或 [面积(A)/尺寸(D)/旋转(R)]:                     【指定第二角点】
```

② 运用直线命令绘制两条直线，打开“对象捕捉”中的“中点”，绘制直线命令执行如下：

```
命令: _line
指定第一个点:                 【捕捉矩形左面一条边的中点】
指定下一点或 [放弃(U)]:        【捕捉矩形右面一条边的中点】
指定下一点或 [放弃(U)]:        【按下回车键】
命令:LINE
指定第一个点:                 【捕捉矩形上面一条边的中点】
指定下一点或 [放弃(U)]:        【捕捉矩形下面一条边的中点】
指定下一点或 [放弃(U)]:        【按下回车键】
```

③ 绘制中间的椭圆。运用找中心点，然后指定长轴和短轴尺寸的方法，命令执行如下：

```
命令: _ellipse
指定椭圆的轴端点或 [圆弧(A)/中心点(C)]: c
指定椭圆的中心点:                        【选择 A 点】
指定轴的端点: 20                         【鼠标向 A 点右侧滑动，键盘输入长半轴尺寸】
指定另一条半轴长度或 [旋转(R)]: 15         【指定短半轴尺寸】
```

④ 绘制右侧的椭圆。运用指定轴端点的方式绘制，命令执行如下：

```
命令: _ellipse
指定椭圆的轴端点或 [圆弧(A)/中心点(C)]:          【选择 A 点】
指定轴的另一个端点:                             【选择 B 点】
指定另一条半轴长度或 [旋转(R)]: 10               【输入短半轴长度】
```

2.3.5　技能训练

【课堂实训一】运用所学命令绘制图 2.21。
【课堂实训二】运用所学命令绘制图 2.22。

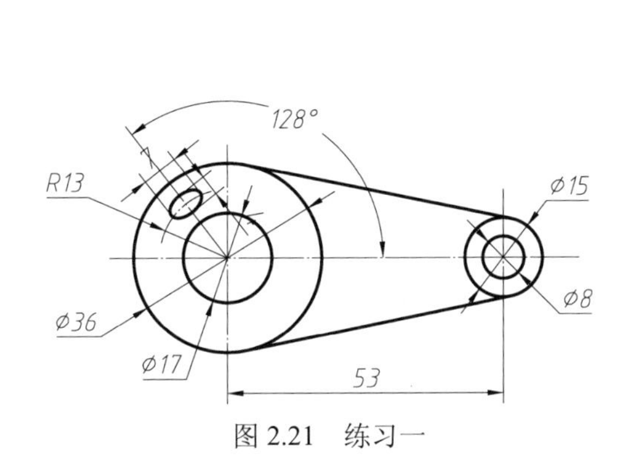

图 2.21　练习一

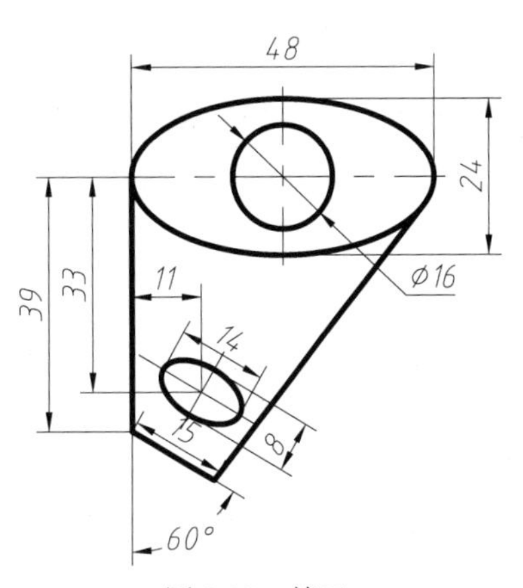

图 2.22　练习二

任务 2.4 绘制平面图形实例——绘制正多边形、旋转

任务	绘制如图 2.23 所示的图形
目的	掌握正多边形的绘制方法及旋转命令的应用
知识的储备	直线、对象捕捉、圆命令的应用

2.4.1 案例导入

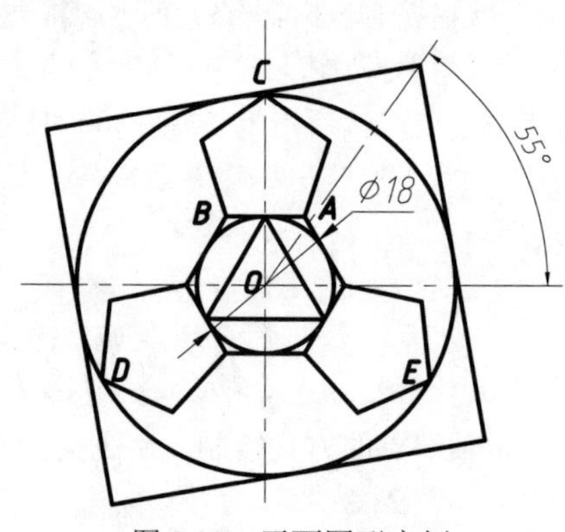

图 2.23 平面图形实例

2.4.2 案例分析

此图形中主要包含圆、正三边形、正四边形、正五边形和正六边形。该图形绘制顺序为先绘制ϕ18mm 的圆然后绘制正三边形、正六边形、正五边形和正四边形，最后用旋转命令使正四边形旋转到如图 2.23 所示。

2.4.3 知识链接

命令 1 正多边形

1．命令执行方式

➢ 工具栏：单击“正多边形”命令按钮⬠。

➢ 菜单：单击“绘图”菜单中的“正多边形”命令。

➢ 命令行：输入 POLYGON（POL）。

2．操作过程及说明

常用两种方式绘制：

（1）指定正多边形的中心点绘制正多边形

执行正多边形命令后，命令行提示如下信息：

```
POLYGON 输入边的数目 <4>:
```

输入所要绘制的正多边形边数后，按 Enter 键确定，命令行提示如下：

```
指定正多边形的中心点或 [边(E)]:
```

选择中心点画正多边形，此项为默认项，指定正多边形中心点位置后，命令行接着提示：

```
输入选项 [内接于圆(I)/外切于圆(C)] <I>:
```

此时有两种选择：内接于圆（I）或外切于圆（C）。无论选择哪种方式，命令行均提示：

```
指定圆的半径:
```

指定圆的半径后按 Enter 键确认，即可绘制出正多边形，绘制结果如图 2.24 所示。

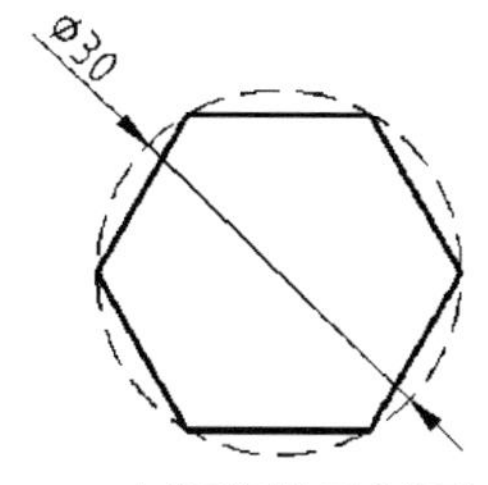

内接于圆的正多边形

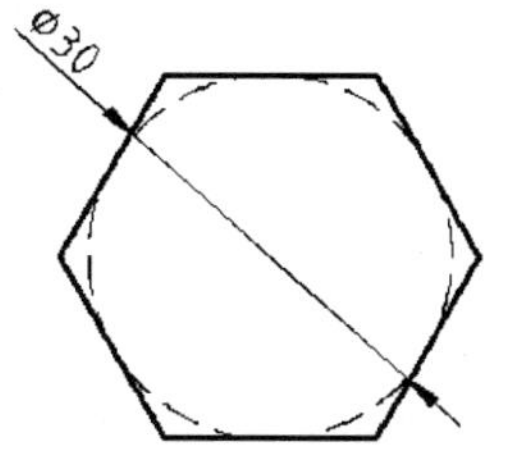

外切于圆的正多边形

图 2.24　正多边形绘制方法

（2）指定正边长绘制正多边形

执行正多边形命令后，命令行提示如下：

```
POLYGON 输入边的数目 <4>:
```

输入所要绘制的正多边形边数后，按 Enter 键确定，命令行提示如下：

```
指定正多边形的中心点或 [边(E)]:
```

选择“边”选项，然后按提示分别输入一条边的两个端点，即可按从第一点到第二点的逆时针方向绘制一个正多边形。

命令 2　旋转

1．命令执行方式

- 工具栏：单击“旋转”命令按钮。
- 菜单：单击“修改”菜单中的“旋转”命令。
- 命令行：输入 ROTATE（RO）。

2．操作过程及说明

执行命令后，命令行依次提示如下信息：

```
UCS 当前的正角方向:  ANGDIR=逆时针   ANGBASE=0
选择对象:
```

表明当前的正角度方向为逆时针方向，X 轴正向为 0 角度的起始位置。

选择要旋转的对象，按 Enter 键，系统进一步提示：

```
指定基点:
```

基点，即旋转对象时的中心点（旋转过程中保持不动的点），可任意选，但为了便于操作，一般选择图形对象的一个特殊点，如圆心、中点等。确定基点后，系统提示：

```
指定旋转角度或 [参照(R)]:
```

（1）指定旋转角度

直接输入旋转的角度，按 Enter 键确定后使选定对象绕基点旋转给定角度。

说明：

默认情况下，角度为正值，对象逆时针旋转；角度为负值，对象顺时针旋转。也可移动鼠标，选中的对象随之旋转，转到合适的角度，在屏幕上单击确定即可。

（2）参照（R）

输入“R”后，系统首先提示用户指定一个参照角，然后再指定一个新角度，将对象从指定的角度旋转到新的绝对角度。对象实际旋转的角度＝新角度—参照角度。

2.4.4 绘图步骤

① 用“直线”命令绘制两条中心线。

② 用“圆”命令绘制ϕ18mm 的圆。

③ 绘制圆的内接正三边形，命令行提示如下：

```
命令: _polygon
输入侧面数 <8>: 3                                    【输入边数 3】
指定正多边形的中心点或 [边(E)]:                      【选择圆的圆心 O 点】
输入选项 [内接于圆(I)/外切于圆(C)] <C>: I            【选择内接于圆】
指定圆的半径: 9                                      【输入内接圆的半径值】
```

④ 绘制圆的外切正六边形，命令行提示如下：

```
命令: _polygon 输入侧面数 <3>: 6
指定正多边形的中心点或 [边(E)]:                      【选择 O 点】
输入选项 [内接于圆(I)/外切于圆(C)] <I>: C
指定圆的半径: 9
```

⑤ 绘制图形中位于上方的正五边形，命令行提示如下：

```
命令: _polygon 输入侧面数 <5>:                       【输入边数】
指定正多边形的中心点或 [边(E)]: e                    【指定边】
指定边的第一个端点:                                  【选择 B 点】
指定边的第二个端点:                                  【选择 A 点】
```

另外两个正五边形的绘制过程类似。

⑥ 用三点法绘制大圆，命令行提示如下：

```
命令: _circle
指定圆的圆心或 [三点(3P)/两点(2P)/切点、切点、半径(T)]: 3p   【选择三点法】
指定圆上的第一个点:      【选择 C 点】
指定圆上的第二个点:      【选择 D 点】
指定圆上的第三个点:      【选择 E 点】
```

⑦ 绘制正四边形，命令行提示如下：

```
命令: _polygon
输入侧面数 <5>: 4
```

```
指定正多边形的中心点或 [边(E)]:                          【选择 O 点】
输入选项 [内接于圆(I)/外切于圆(C)] <C>: C
指定圆的半径:                                            【鼠标捕捉 C 点】
```

⑧ 用“旋转”命令旋转正四边形到图中所示位置，命令行提示如下：

```
命令: _rotate
UCS 当前的正角方向: ANGDIR=逆时针  ANGBASE=0
选择对象: 找到 1 个                                      【选择正四边形】
选择对象:                                                【按回车键】
指定基点:                                                【选择 O 点】
指定旋转角度，或 [复制(C)/参照(R)] <10>: 10              【输入旋转角度值】
```

2.4.5　技能训练

【课堂实训一】运用所学命令绘制图 2.25。
【课堂实训二】运用所学命令绘制图 2.26。

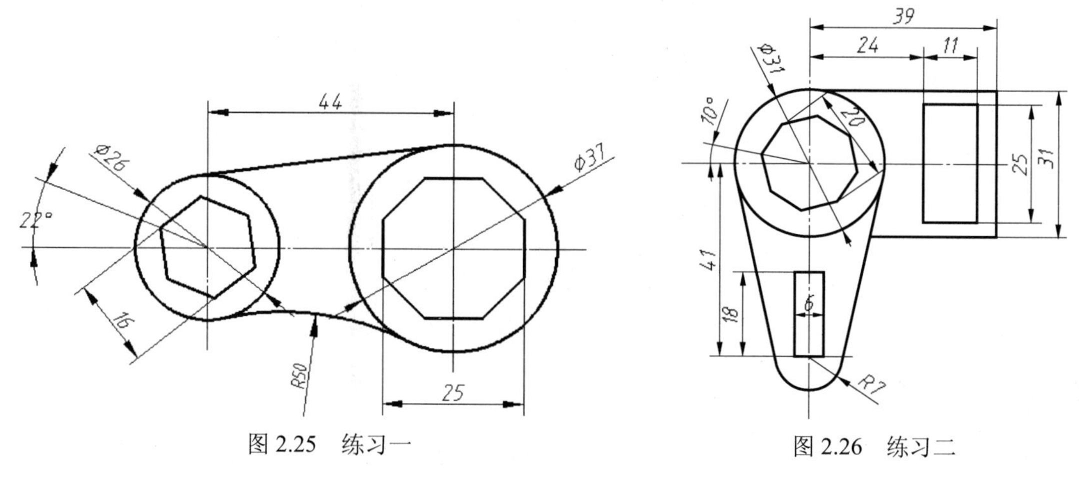

图 2.25　练习一　　图 2.26　练习二

【课堂实训三】运用所学命令绘制图 2.27。（提示：扳手左侧头部两处圆弧 R21 的圆心为多边形的顶点；R42 同时与两个 R21 圆相内切。）

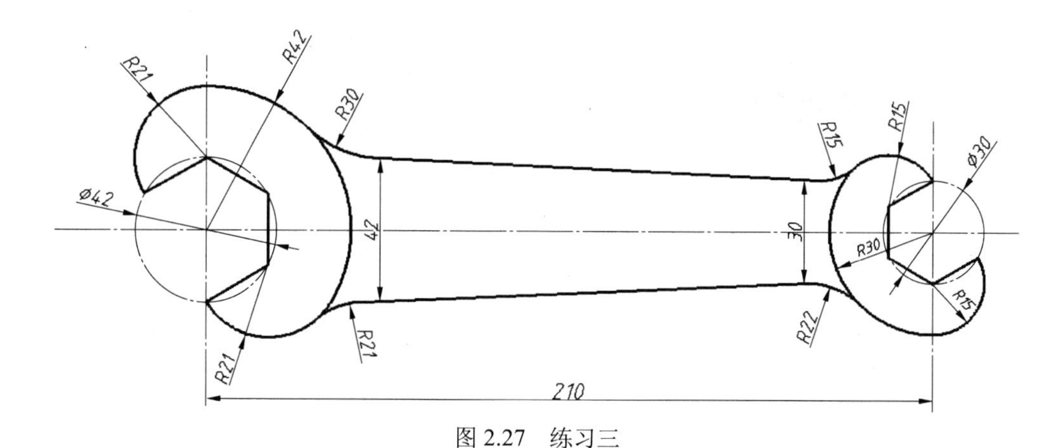

图 2.27　练习三

任务 2.5 绘制平面图形实例——复制、倒角、圆角、分解

任务 绘制如图 2.28 所示的图形

目的 掌握圆角、倒角的绘制及复制、分解命令的应用

知识的储备 图层、直线、对象捕捉、圆、偏移命令的应用

2.5.1 案例导入

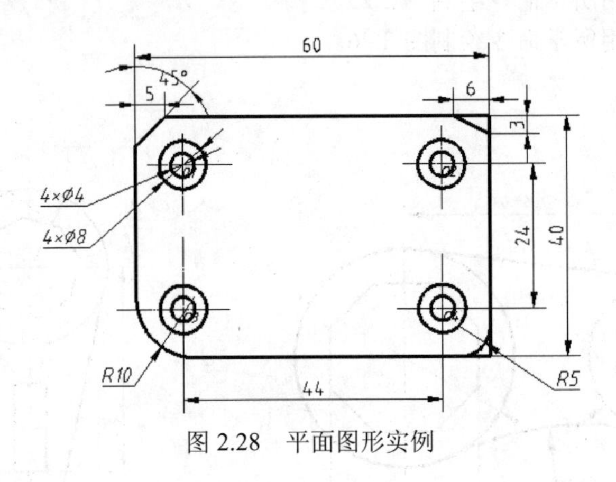

图 2.28 平面图形实例

2.5.2 案例分析

该图由带倒角和圆角的矩形和圆组成。先绘制矩形，然后用“分解”命令将矩形四条边分解；再用“偏移”命令将四条边分别偏移相应距离得到四组圆的圆心；绘制直径为 4mm 和 8mm 的圆，用“复制”命令完成其他三组圆的绘制；最后用“圆角”和“倒角”命令得到图示结构。

2.5.3 知识链接

命令 1 复制

复制对象是指在距原始位置的指定距离处创建对象的副本。

1．命令执行方式

- 工具栏：单击“复制”命令按钮。
- 菜单：单击“修改”菜单中的“复制”命令。
- 命令行：输入 COPY（CO 或 CP）。

2．操作过程及说明

启动复制命令后，命令行提示如下：

```
命令：_copy
选择对象：      【选择要复制的对象】
```

选择要复制的原对象后，按下回车键，命令行提示如下：

```
当前设置：  复制模式 = 多个
指定基点或 [位移(D)/模式(O)] <位移>:
```

选项功能有两种：

① 模式（O）：选择该选项后，系统会提示“输入复制模式选项[单个（S）/多个（M）]<多个>:”，默认情况下可复制多个副本。

② 位移（D）：副本相对复制对象之间的位置关系。

命令 2　倒角

倒角命令可以将两个不平行的直线类对象之间以一条与两对象都倾斜的线段连接起来。可进行倒角的对象包括直线、多段线、矩形、多边形等。

1．命令执行方式

- 工具栏：单击“倒角”命令按钮。
- 菜单：单击“修改”菜单中的“倒角”命令。
- 命令行：输入 CHAMFER（CHA）。

2．操作过程及说明

执行命令后，命令行依次提示如下信息：

```
CHAMFER
("修剪"模式) 当前倒角距离 1 = 5.0000，距离 2 = 5.0000
选择第一条直线或 [多段线(P)/距离(D)/角度(A)/修剪(T)/方式(M)/多个(U)]:
选择第二条直线:
```

各选项说明如下：

① 距离（D）：进行倒角操作前，要先设定倒角的距离。

第一条直线上生成的倒角距离称为第一个倒角距离；第二条直线上的倒角距离称为第二个倒角距离，如图 2.29 所示。

说明：

① 若将倒角距离设为 0，则不会出现倒角，两对象将延伸或修剪，相交于一点。

② 执行“倒角”命令时，当两个倒角距离不相等时，要注意两条线的选中顺序。

② 角度（A）：由第一个倒角距离和倒角线与第一条直线之间的夹角来确定倒角。

③ 修剪（T）：有“修剪（T）”和“不修剪（N）”两种选项，如图 2.30 所示。

④ 方式（E）：用于重新设置修剪方法，有“距离（D）”和“角度（A）”两个选项。

⑤ 多个（M）：可以连续进行多个倒角操作，否则只进行一次倒角后便结束命令。

⑥ 多段线（P）：只需选中多段线一次，就可将其所有相邻的两线段间完成倒角。

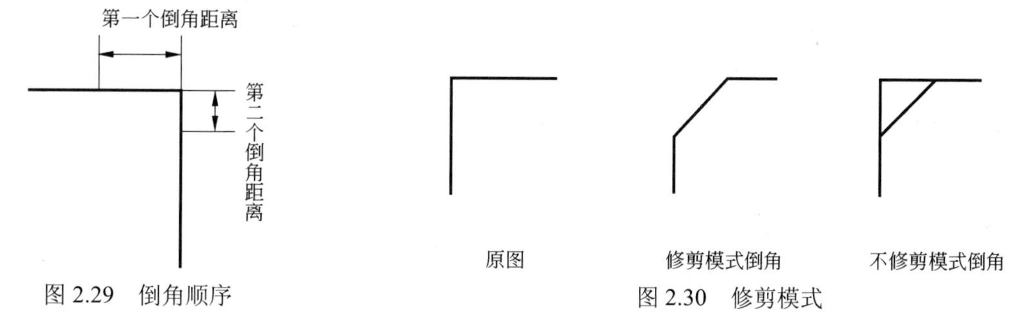

图 2.29　倒角顺序

图 2.30　修剪模式

命令 3 圆角

圆角命令可以将两个对象之间的连接部分用给定半径的圆弧光滑地连接起来。

1. 命令执行方式

- 工具栏：单击“倒圆角”命令按钮。
- 菜单：单击“修改”菜单中的“圆角”命令。
- 命令行：输入 FILLET（F）。

2. 操作过程及说明

执行命令后，命令行依次提示如下信息：

```
FILLET
当前设置：模式 = 修剪，半径 = 3.5288
选择第一个对象或 [多段线(P)/半径(R)/修剪(T)/多个(U)]：
```

命令行中各选项的含义与“倒角”命令行中各选项的含义相同。

说明：

在操作过程中，要时刻注意“剪切”和“不剪切”这两个选项的切换。因为倒角和倒圆角命令模式总是默认上次输入的值，有记忆功能。

命令 4 分解

分解命令是将一个合成图形分解为其部件的工具。

1. 命令执行方式

- 工具栏：单击 “分解”命令按钮。
- 菜单：单击“修改”菜单中的“分解”命令。
- 命令行：输入 EXPLODE（X）。

2. 操作过程及说明

执行分解命令后，命令行提示如下：

```
命令：_explode
选择对象：    【选择要分解的对象】
```

选择对象后，可以继续选择，按回车键或空格键可结束选择，并分解所选对象，如图 2.31 所示。

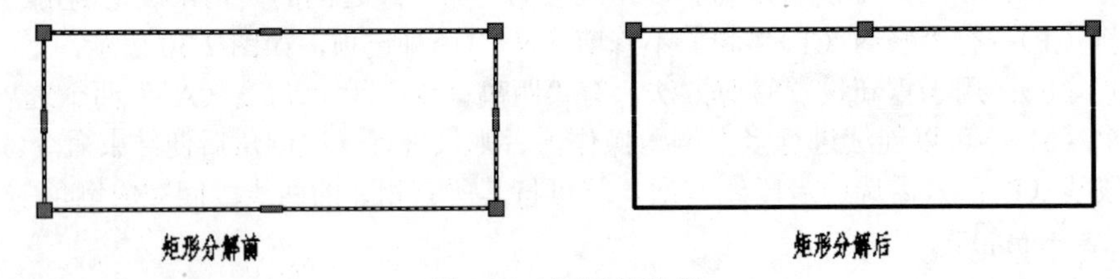

图 2.31 矩形的分解

2.5.4 绘图步骤

① 绘制矩形，命令行提示如下：

```
命令：_rectang
指定第一个角点或 [倒角(C)/标高(E)/圆角(F)/厚度(T)/宽度(W)]：
```

```
指定另一个角点或 [面积(A)/尺寸(D)/旋转(R)]: d
指定矩形的长度 <10.0000>: 60
指定矩形的宽度 <10.0000>: 40
指定另一个角点或 [面积(A)/尺寸(D)/旋转(R)]:
```

② 用“分解”命令使矩形分解，命令行提示如下：

```
命令: _explode
选择对象: 找到 1 个      【选择矩形】
选择对象:                【按下回车键结束】
```

③ 用“偏移”命令得到圆 O1、O2、O3、O4 的中心线，如图 2.32 所示。

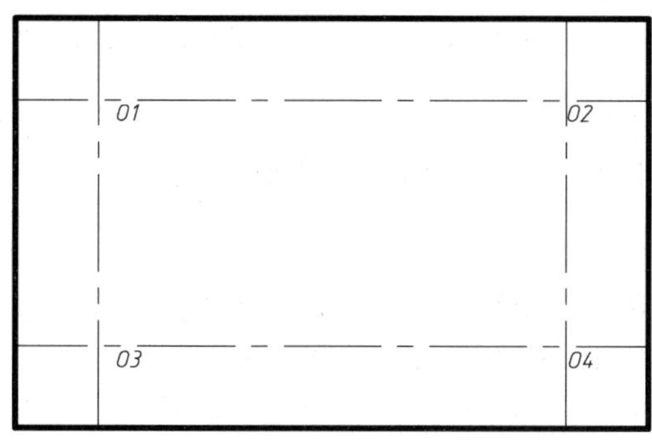

图 2.32　偏移后的基本图形

④ 以 O1 为圆心绘制ϕ4mm 和ϕ8mm 的圆。

⑤ 运用“复制”命令绘制其他三组圆，命令行提示如下：

```
命令: _copy
选择对象: 指定对角点: 找到 2 个          【选择ϕ4 和ϕ8 的圆，按下回车键】
当前设置:  复制模式 = 多个
指定基点或 [位移(D)/模式(O)] <位移>:                      【选择 O1 点】
指定第二个点或 [阵列(A)] <使用第一个点作为位移>:          【选择 O2 点】
指定第二个点或 [阵列(A)/退出(E)/放弃(U)] <退出>:          【选择 O3 点】
指定第二个点或 [阵列(A)/退出(E)/放弃(U)] <退出>:          【选择 O4 点，按下回车键】
```

⑥ 对矩形“倒角”，命令行提示如下：

```
命令: _chamfer
("修剪"模式) 当前倒角距离 1 = 8.0000，距离 2 = 8.0000
选择第一条直线或[放弃(U)/多段线(P)/距离(D)/角度(A)/修剪(T)/方式(E)/多个(M)] d
指定 第一个 倒角距离 <8.0000>: 5
指定 第二个 倒角距离 <5.0000>: 5
选择第一条直线或 [放弃(U)/多段线(P)/距离(D)/角度(A)/修剪(T)/方式(E)/多个(M)]:
                                                              【选择矩形左边】
选择第二条直线，或按住 Shift 键选择直线以应用角点或 [距离(D)/角度(A)/方法(M)]:
                                                              【选择矩形上边】
命令:CHAMFER
("修剪"模式) 当前倒角距离 1 = 5.0000，距离 2 = 5.0000
选择第一条直线或 [放弃(U)/多段线(P)/距离(D)/角度(A)/修剪(T)/方式(E)/多个(M)]: t
输入修剪模式选项 [修剪(T)/不修剪(N)] <修剪>: n
```

```
选择第一条直线或 [放弃(U)/多段线(P)/距离(D)/角度(A)/修剪(T)/方式(E)/多个(M)]: d
指定 第一个 倒角距离 <5.0000>: 6
指定 第二个 倒角距离 <6.0000>: 3
选择第一条直线或 [放弃(U)/多段线(P)/距离(D)/角度(A)/修剪(T)/方式(E)/多个(M)]:
                                                            【选择矩形上边】
选择第二条直线，或按住 Shift 键选择直线以应用角点或 [距离(D)/角度(A)/方法(M)]:
                                                            【选择矩形右边】
```

⑦ 对矩形“圆角”，命令行提示如下：

```
命令: _fillet
当前设置: 模式 = 不修剪，半径 = 1.5000
选择第一个对象或 [放弃(U)/多段线(P)/半径(R)/修剪(T)/多个(M)]: r
指定圆角半径 <1.5000>: 5
选择第一个对象或 [放弃(U)/多段线(P)/半径(R)/修剪(T)/多个(M)]:        【选择矩形右边】
选择第二个对象，或按住 Shift 键选择对象以应用角点或 [半径(R)]:        【选择矩形下边】
命令: _fillet
当前设置: 模式 = 不修剪，半径 = 5.0000
选择第一个对象或 [放弃(U)/多段线(P)/半径(R)/修剪(T)/多个(M)]: t
输入修剪模式选项 [修剪(T)/不修剪(N)] <不修剪>: t
选择第一个对象或 [放弃(U)/多段线(P)/半径(R)/修剪(T)/多个(M)]: r
指定圆角半径 <5.0000>: 10
选择第一个对象或 [放弃(U)/多段线(P)/半径(R)/修剪(T)/多个(M)]:        【选择矩形左边】
选择第二个对象，或按住 Shift 键选择对象以应用角点或 [半径(R)]:        【选择矩形下边】
```

2.5.5 技能训练

【课堂实训一】运用所学命令绘制图 2.33。
【课堂实训二】运用所学命令绘制图 2.34。

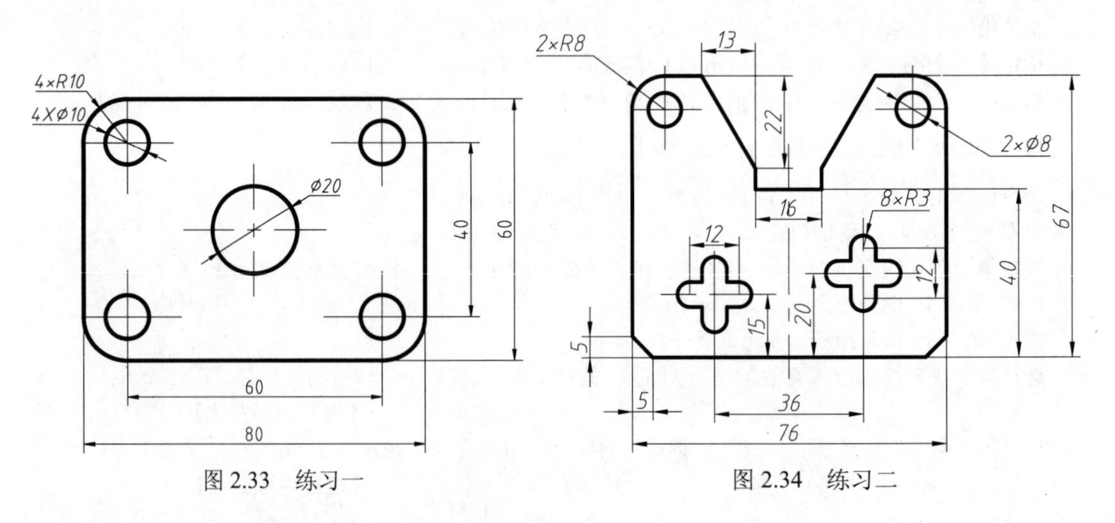

图 2.33 练习一　　图 2.34 练习二

【课堂实训三】运用所学命令绘制图 2.35。

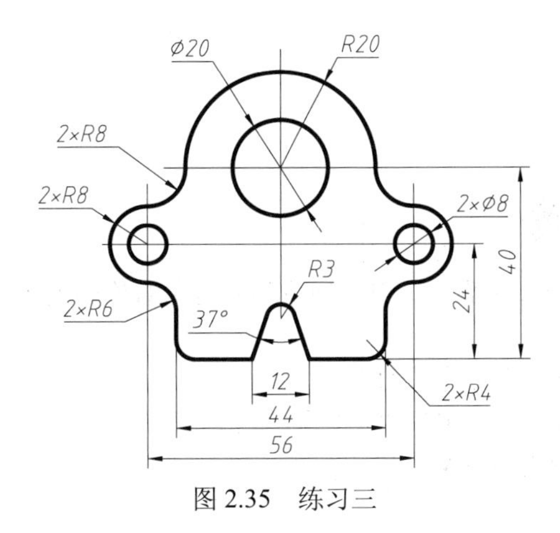

图 2.35　练习三

任务 2.6　绘制平面图形实例——镜像

任务　绘制如图 2.36 所示的图形

目的　掌握镜像命令的应用

知识的储备　图层、直线、对象捕捉、圆、偏移、复制命令的应用

2.6.1　案例导入

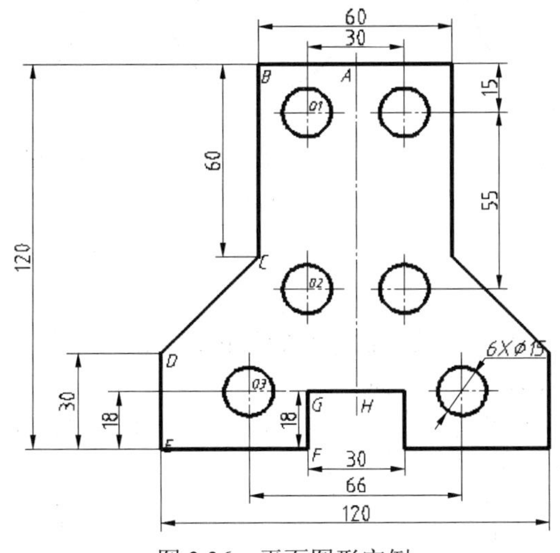

图 2.36　平面图形实例

2.6.2　案例分析

从结构上看该图的左右结构对称，所以在绘制该图时可先绘制出一半，然后用镜像命令得到

另一半结构。

2.6.3 知识链接

命令 镜像

镜像是复制对象的一种特殊情况，用于创建和原对象对称的图形。

1．命令执行方式

➢ 工具栏：单击“镜像”命令按钮。
➢ 菜单：单击“修改”菜单中的“镜像”命令。
➢ 命令行：输入 MIRROR（MI）。

2．操作过程及说明

执行镜像命令后，命令行提示如下：

```
命令: _mirror    选择对象:
```

系统提示需要选择要镜像的对象，鼠标左键在绘图区域选取即可，选择对象时可以单选，也可以窗口方式选择图形，选择完成后按下回车键，命令行提示如下：

```
指定镜像线的第一点:      【拾取对称轴上的一点】
指定镜像线的第二点:      【拾取对称轴上的另一点】
要删除源对象吗? [是(Y)/否(N)] <N>:
```

指定对称轴后命令会提示“要删除源对象吗？”，若选择“Y”则源对象会消失，若选择“N”则会保留源对象，如图 2.37 所示。

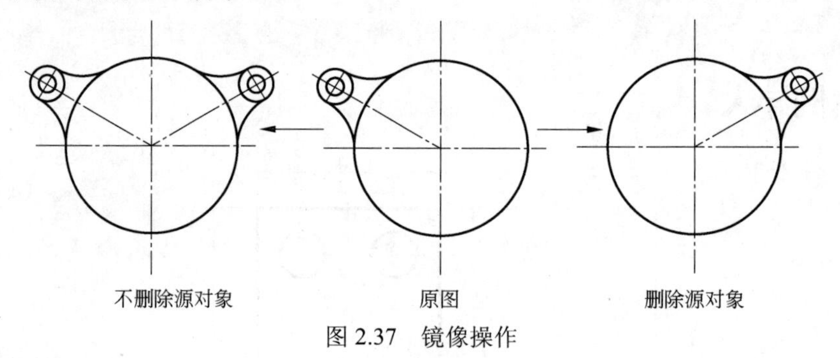

图 2.37 镜像操作

2.6.4 绘图步骤

① 先绘制左半部分，运用“直线”命令绘制外轮廓，以 A 为起点绘制到 C 点。再以 H 为起点绘制到 D 点，最后连接 CD，如图 2.38 所示。

② 用“偏移”命令得到 O3 点后，用“圆”命令绘制ϕ15 的圆，再次调用“偏移”命令得到 O1 点和 O2 点，如图 2.39 所示。

图 2.38 基本图形　　图 2.39 基本图形

③ 用“复制”命令得到以点 O1 和点 O2 为圆心的两个圆，命令行提示如下：

```
命令： _copy
选择对象：找到 1 个                              【选择以 O3 为圆心的圆，按回车键】
当前设置：  复制模式 = 多个
指定基点或 [位移(D)/模式(O)] <位移>:            【选择 O3 点】
指定第二个点或 [阵列(A)] <使用第一个点作为位移>:              【选择 O1 点】
指定第二个点或 [阵列(A)/退出(E)/放弃(U)] <退出>:              【选择 O2 点】
```

④ 用镜像命令得到另一半结构，命令行提示如下：

```
命令： _mirror
选择对象：指定对角点：找到 15 个                 【窗口选择左半边图形，按回车键】
指定镜像线的第一点：【选择 A 点】    指定镜像线的第二点：  【选择 B 点】
要删除源对象吗？[是(Y)/否(N)] <N>:              【按回车键】
```

2.6.5　技能训练

【课堂实训一】运用所学命令绘制图 2.40。

【课堂实训二】运用所学命令绘制图 2.41。

【课堂实训三】运用所学命令绘制图 2.42。

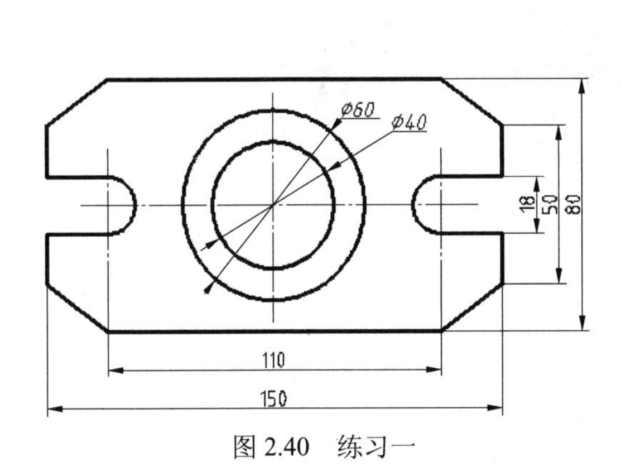

图 2.40　练习一

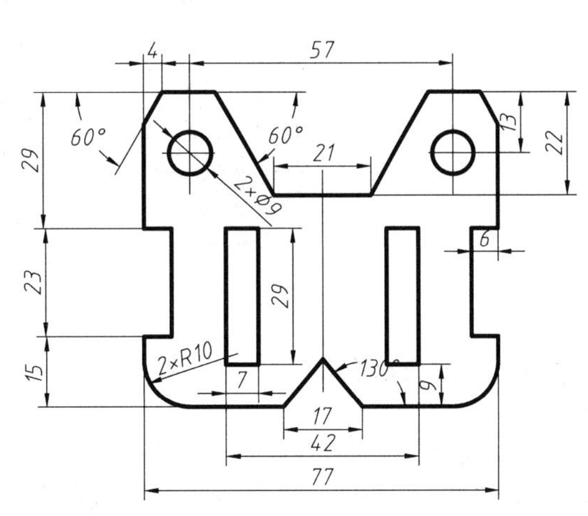

图 2.41　练习二

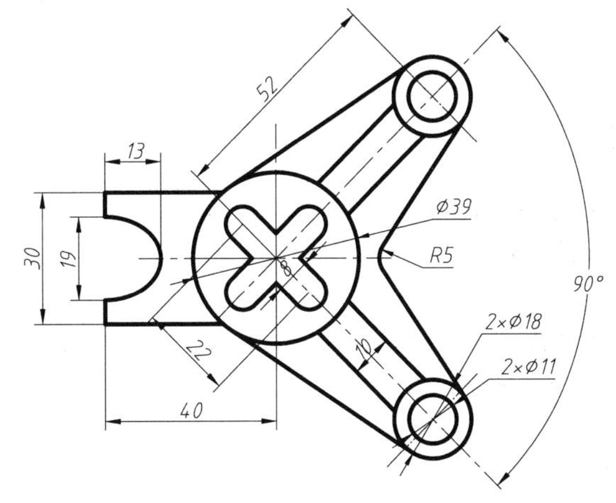

图 2.42　练习三

任务 2.7 绘制平面图形实例——点、阵列

任务	绘制如图 2.43 所示的图形
目的	掌握点的绘制及阵列命令的应用
知识的储备	直线、对象捕捉、圆的应用

2.7.1 案例导入

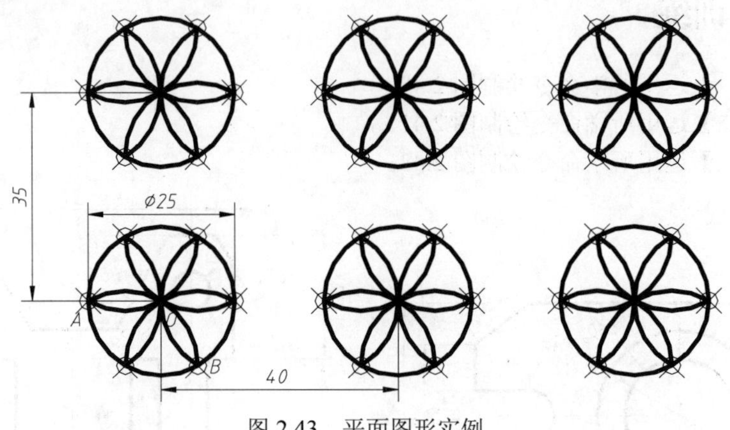

图 2.43 平面图形实例

2.7.2 案例分析

通过观察此图得知该图形由一个“两行三列”排列的基本图案组成，行间距是 35mm，列间距为 40mm。每一个小的图案又有一个直径为 25mm 的圆和 6 条过圆心的圆弧组成。所以该图的基本单元是由一个圆和一条圆弧组成，其他的结构可用阵列命令得到。

2.7.3 知识链接

命令 1 点

在 AutoCAD 中，点对象可用作节点或参考点。可以指定某一点的二维和三维位置，如果省略 Z 坐标值，则假定为当前标高。

1．创建点对象

单击“绘图”菜单中的“点”命令下拉菜单，此时会显示创建点的四种方法，如图 2.44 所示。

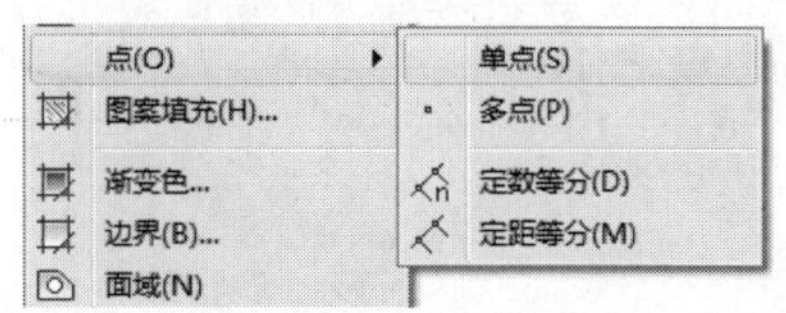

图 2.44 “点”子菜单

① 单点（S） 绘制单点。

② 多点（P） 重复绘制多点。

③ 定数等分（D） 如图 2.45（a）（b）所示，选择

定数等分后，命令执行如下：

```
命令: _divide
选择要定数等分的对象: 【可以是线段、多段线、圆弧、圆、椭圆或样条曲线等】
输入线段数目或 [块(B)]: 5
```

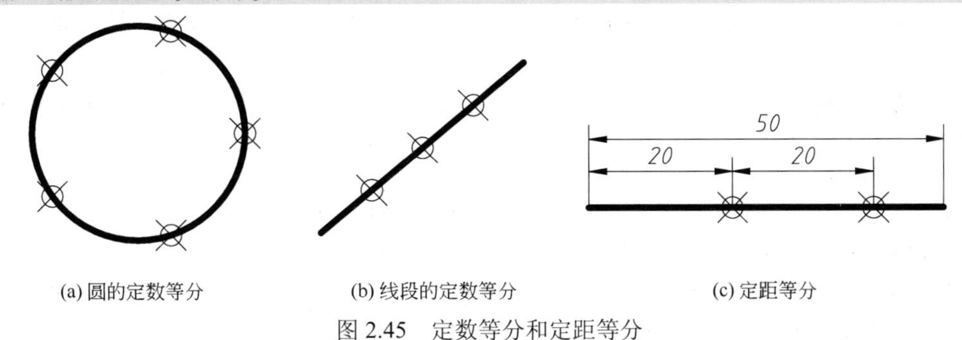

(a) 圆的定数等分　　(b) 线段的定数等分　　(c) 定距等分

图 2.45　定数等分和定距等分

④ 定距等分（M）　如图 2.45（c）所示，选择定距等分之后，命令行执行如下：

```
命令: _measure
选择要定距等分的对象: 【鼠标左键在该直线段中点的左侧单击】
指定线段长度或 [块(B)]: 20
```

2．设置点样式

① 单击“格式”菜单中的“点样式”命令，弹出“点样式”对话框。如图 2.46 所示。

② 在“点样式”对话框中选择一种点样式。

③ 在“点大小”框中，相对于屏幕或以绝对单位指定一个大小。单击“确定”。

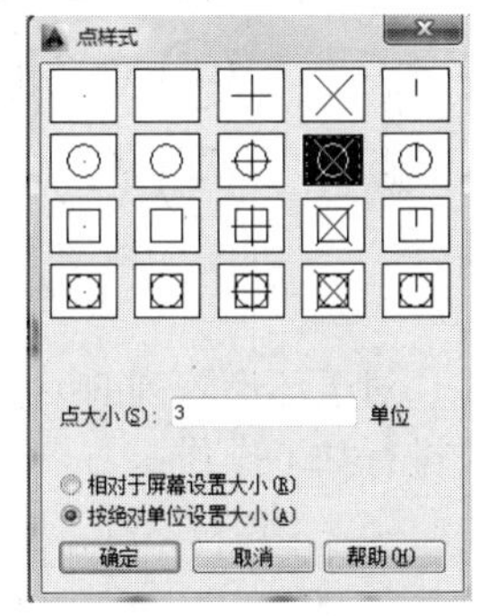

图 2.46　“点样式”对话框

命令 2　阵列

1．命令执行方式

➢ 修改工具栏：“阵列”按钮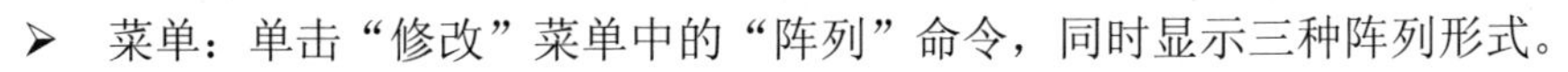。
（按鼠标左键，会出现三种阵列方法）

➢ 菜单：单击“修改”菜单中的“阵列”命令，同时显示三种阵列形式。

➢ 命令行：输入 AR，执行命令后选择阵列方式。

2．操作过程及说明

阵列类型主要有三种形式，即矩形阵列、环形阵列和路径阵列。

（1）矩形阵列（按钮或命令 arrayrect）执行矩形阵列命令后，命令行提示如下：

```
命令: _arrayrect
选择对象: 找到 1 个　【选择要阵列的对象，按回车键结束选择】
类型 = 矩形　关联 = 是
选择夹点以编辑阵列或 [关联(AS)/基点(B)/计数(COU)/间距(S)/列数(COL)/行数(R)/层数(L)/退出(X)] <退出>: *取消*
```

选择要矩形阵列的对象后，绘图区域会出现阵列后的图形，如图 2.47 所示。根据图形提示可在绘图区域夹点编辑进行如下操作：

点击 A 点：控制行数，可以鼠标拖动，也可键盘输入行数。

点击 B 点：控制列数。

点击 C 点：可同时控制行数列数。

点击 D 点：控制行偏移距离的大小。

点击 E 点：控制列偏移距离的大小。

上述操作也可从命令行输入相应指令来进行编辑。完成编辑后按回车键完成阵列操作。

（2）环形阵列（按钮或命令 arraypolar）　执行环形阵列命令后，命令行提示如下：

```
命令: _arraypolar
选择对象: 找到 1 个                        【选择要环形阵列的对象，按回车键结束选择】
类型 = 极轴  关联 = 是
指定阵列的中心点或 [基点(B)/旋转轴(A)]: 【选择环形阵列中心 C 点】
选择夹点以编辑阵列或 [关联(AS)/基点(B)/项目(I)/项目间角度(A)/填充角度(F)/行(ROW)/
层(L)/旋转项目(ROT)/退出(X)] <退出>:
```

选择环形阵列对象、指定中心点后，绘图区域出现环形阵列后的图形，如图 2.48 所示。根据图形提示可在绘图区域夹点编辑进行如下操作：

A 点：控制环形的半径大小。

B 点：控制相邻两个对象之间的角度。

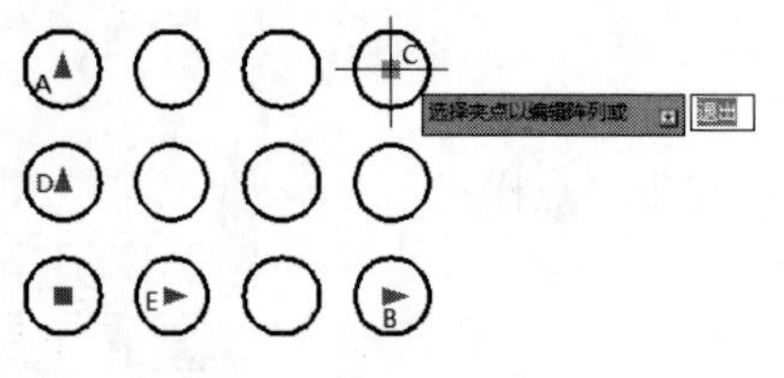

图 2.47　编辑“矩形阵列”

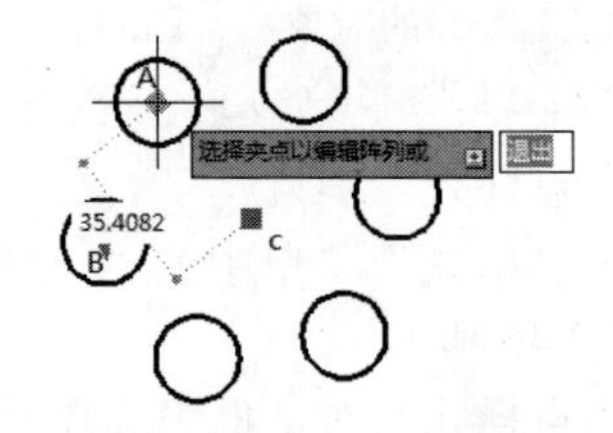

图 2.48　编辑“环形阵列”

对于环形阵列的编辑也可通过命令行提示进行编辑，例如，要整周阵列数目为 8 个的图形，可进行如下操作：

```
选择夹点以编辑阵列或 [关联(AS)/基点(B)/项目(I)/项目间角度(A)/填充角度(F)/行(ROW)/
层(L)/旋转项目(ROT)/退出(X)] <退出>: i
输入阵列中的项目数或 [表达式(E)] <6>: 8
选择夹点以编辑阵列或 [关联(AS)/基点(B)/项目(I)/项目间角度(A)/填充角度(F)/行(ROW)/
层(L)/旋转项目(ROT)/退出(X)] <退出>: f
指定填充角度(+=逆时针、-=顺时针)或 [表达式(EX)] <360>: 360
```

编辑完成后按回车键完成环形阵列命令。

说明：

1. 对于环形阵列，对应圆心角可以不是 360°，阵列的包含角度为正将按逆时针方向阵列，为负则按顺时针方向阵列。
2. 在环形阵列中，阵列项数包括原有实体本身。
3. 在矩形阵列中，通过设置阵列角度可以进行斜向阵列。

（3）路径阵列（按钮或命令 arraypath）　在路径阵列中，项目将均匀地沿路径或部分路径分布。执行路径阵列命令后，提示如下：

```
命令: _arraypath
选择对象:
```

选择需要阵列的对象，按回车键完成选择。

```
选择路径曲线：　【指定阵列路径】
选择夹点以编辑阵列或 [关联(AS)/方法(M)/基点(B)/切向(T)/项目(I)/行(R)/层(L)/对齐项目(A)/Z 方向(Z)/退出(X)] <退出>:
```

按照命令提示选择相应选项执行操作。各选项功能如下：

方法（M）：控制沿路径定数等分还是定距等分项目。

切向（T）：默认是相对路径的起始方向对齐阵列中的项目，也可采用法线或两点确定。

项目（I）：指定项目数或项目之间的距离。

行（R）：沿路径可阵列多行。

对齐项目（A）：设定每个项目与路径的方向相切。

Z 方向（Z）：控制项目 Z 方向保持不变还是沿三维路径自然倾斜。

2.7.4　绘图步骤

① 用“圆”命令绘制直径为 25mm 的圆，用点命令定数等分该圆插入 6 个点，将“点样式”设为图例样式，绘图命令提示如下：

```
命令: _circle
指定圆的圆心或 [三点(3P)/两点(2P)/切点、切点、半径(T)]:
指定圆的半径或 [直径(D)] <10.0000>: 12.5
命令: _divide
选择要定数等分的对象:
输入线段数目或 [块(B)]: 6
```

② 用“圆弧”命令绘制圆弧 AOB，如图 2.49 所示，命令行提示如下：

```
命令: _arc
圆弧创建方向: 逆时针(按住 Ctrl 键可切换方向)。
指定圆弧的起点或 [圆心(C)]:  <打开对象捕捉>        【选择 B 点】
指定圆弧的第二个点或 [圆心(C)/端点(E)]:            【选择 O 点】
指定圆弧的端点:                                    【选择 A 点】
```

③ 用“环形阵列”命令得到其他 5 段圆弧，如图 2.50 所示，命令行提示如下：

```
命令: _arraypolar
选择对象: 找到 1 个【选择圆弧 AOB，按回车键结束选择】
类型 = 极轴  关联 = 是
指定阵列的中心点或 [基点(B)/旋转轴(A)]:  【选择 O 点】
选择夹点以编辑阵列或 [关联(AS)/基点(B)/项目(I)/项目间角度(A)/填充角度(F)/行(ROW)/层(L)/旋转项目(ROT)/退出(X)] <退出>:I 【指定要输入项目】
输入阵列中的项目数或 [表达式(E)] <4>: 6  【填充数目为 6 个】
```

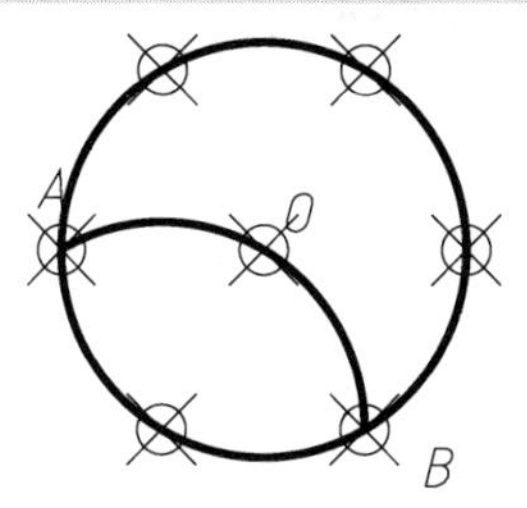

图 2.49　基本图形 1

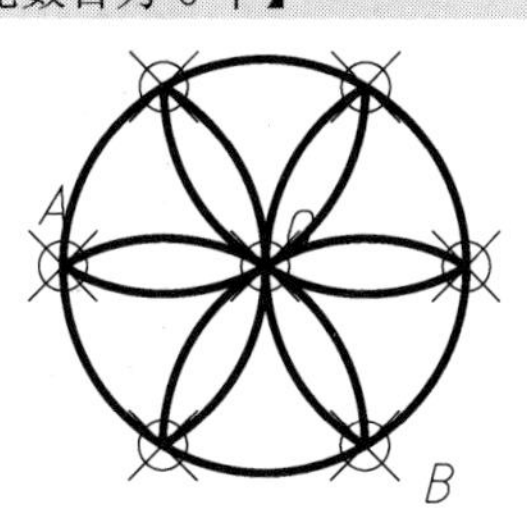

图 2.50　基本图形 2

④ 用“矩形阵列”命令得到最终图形，命令行提示如下：

```
命令: _arrayrect
选择对象: 指定对角点: 找到 12 个          【窗口选择"基本图形 2"】
类型 = 矩形  关联 = 是
选择夹点以编辑阵列或 [关联(AS)/基点(B)/计数(COU)/间距(S)/列数(COL)/行数(R)/层数(L)/退出(X)] <退出>: r
输入行数数或 [表达式(E)] <3>: 2                                    【指定行数】
指定 行数 之间的距离或 [总计(T)/表达式(E)] <48.7139>: 35            【指定行高】
指定 行数 之间的标高增量或 [表达式(E)] <0>:
选择夹点以编辑阵列或 [关联(AS)/基点(B)/计数(COU)/间距(S)/列数(COL)/行数(R)/层数(L)/退出(X)] <退出>: col
输入列数数或 [表达式(E)] <4>: 3                                    【指定列数】
指定 列数 之间的距离或 [总计(T)/表达式(E)] <46.875>: 40             【输入列宽】
选择夹点以编辑阵列或 [关联(AS)/基点(B)/计数(COU)/间距(S)/列数(COL)/行数(R)/层数(L)/退出(X)] <退出>:                                    【按回车键结束】
```

2.7.5 技能训练

【课堂实训一】运用所学命令绘制图 2.51。

【课堂实训二】运用所学命令绘制图 2.52。

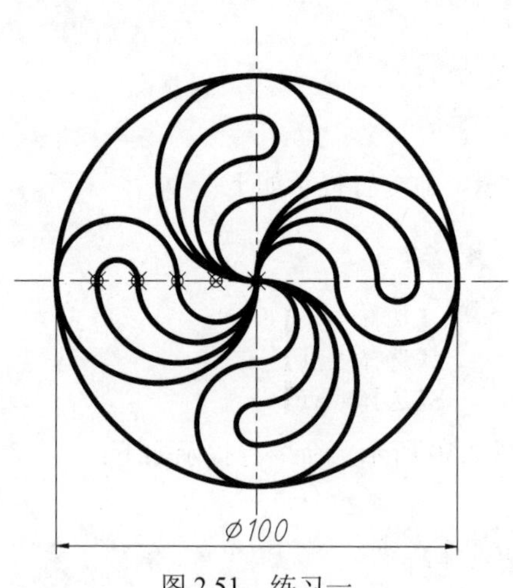

图 2.51 练习一

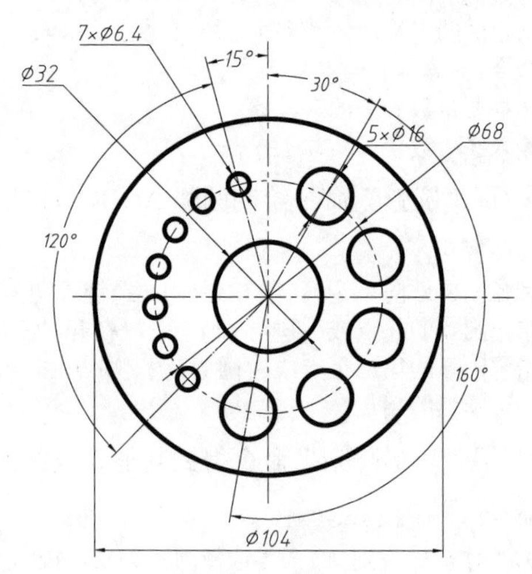

图 2.52 练习二

【课堂实训三】运用所学命令绘制图 2.53。

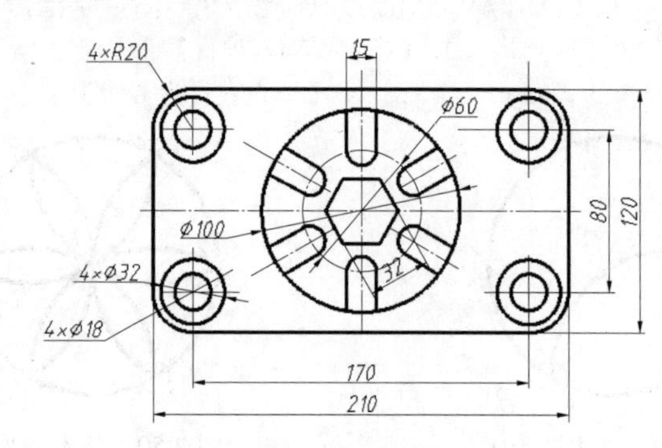

图 2.53 练习三

任务 2.8　绘制平面图形实例——旋转、拉伸、拉长、缩放、延伸

任务　绘制如图 2.54 所示的图形

目的　掌握旋转、拉伸、比例缩放、拉长、缩放和延伸命令的应用

知识的储备　直线、对象捕捉、圆、多边形、复制、剪切的应用

2.8.1　案例导入

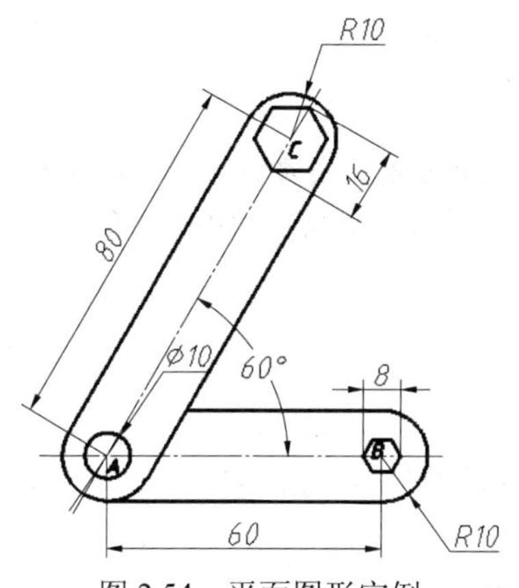

图 2.54　平面图形实例

2.8.2　案例分析

该图形由基本图形（直线、圆、多边形）组成。从结构上观察可知水平部分结构与倾斜部分结构相似，两者之间的夹角为 60°，故可先绘制水平部分，然后通过“旋转”命令得到倾斜部分结构。长度通过“拉伸”命令由 60mm 到 80mm。正六边形可通过“缩放”命令变换尺寸。

2.8.3　知识链接

命令 1　旋转

旋转命令用于将选定的实体围绕一个指定的基点进行旋转。

1．命令执行方式

- 工具栏：单击“旋转”命令按钮。
- 菜单：单击“修改”菜单中的“旋转”命令。
- 命令行：输入 ROTATE（RO）。

2．操作过程及说明

执行命令后，命令行依次提示如下信息：

```
命令: _rotate
UCS 当前的正角方向: ANGDIR=逆时针 ANGBASE=0
选择对象:
```

表明当前的正角度方向为逆时针方向，X 轴正向为 0 角度起始位置。

选择要旋转的对象，按 Enter 键，系统进一步提示：

```
指定基点:
```

基点，即旋转对象时的中心点（旋转过程中保持不动的点）。可任意选，但为了便于操作，一般选择图形对象的一个特殊点，如圆心、中点等。确定基点后，提示：

```
指定旋转角度，或 [复制(C)/参照(R)] <60>:
```

指定旋转角度：直接输入旋转的角度，按 Enter 键确定后使选定对象绕基点旋转给定角度。

复制（C）：保留源对象并按指定角度得到旋转对象。

参照（R）：输入“R”后，系统首先提示用户指定一个参照角，然后再指定一个新角度，将对象从指定的角度旋转到新的绝对角度。

对象实际旋转的角度＝新角度-参照角度。

说明：

1. 当使用角度旋转时，旋转角度有正负之分，逆时针为正。

2. 使用参照旋转时，当出现最后一个提示“指定新角度”时，可直接输入要转到的角度，X 轴正向为 0°。

命令 2 拉伸

拉伸命令可以在某个方向上按给定的尺寸拉伸、压缩对象，改变对象的某一部分。

1．命令执行方式

- 工具栏：单击拉伸命令按钮。
- 菜单：单击“修改”菜单中的“拉伸”命令。
- 命令行：输入 STRETCH（S）。

2．操作过程及说明

执行命令后，命令行提示如下信息：

```
命令: _stretch
以交叉窗口或交叉多边形选择要拉伸的对象...
选择对象:
```

选择对象时，应该使用窗交或圈交的方式，即从右向左拉取选择框。对象上处于选择框内的端点，位置在拉伸时发生变化，而处于选择框外的端点位置不变。如果整个对象均被选中，则将移动整个对象。选择完成后按回车键，命令提示如下：

```
指定基点或 [位移(D)] <位移>: 【选择拉伸基点】
指定第二个点或 <使用第一个点作为位移>: 10 【可鼠标指定，也可输入拉伸距离】
```

拉伸操作如图 2.55 所示。

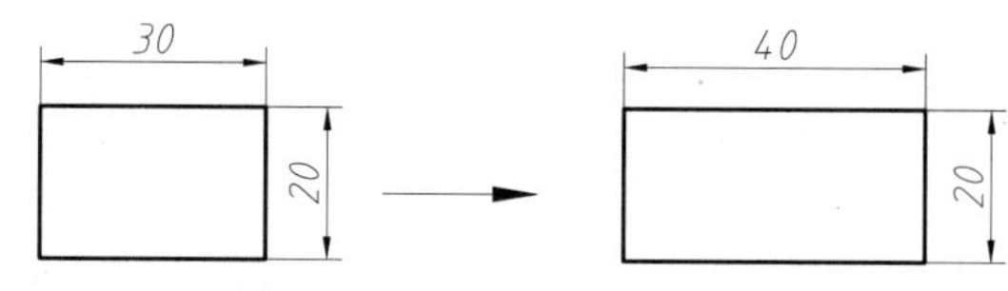

图 2.55　矩形向右拉伸 10mm

命令 3　拉长

拉长命令用于改变非闭合对象的长度。

1．命令执行方式

➢ 菜单：单击“修改”菜单中的“拉长”命令。

➢ 命令行：输入 LENGTHEN（LEN）。

2．操作过程及说明

执行命令后，命令行提示如下信息：

```
命令: LENGTHEN
选择对象或 [增量(DE)/百分数(P)/全部(T)/动态(DY)]:
```

增量（DE）：给定一个长度增量或角度增量，以改变所选择对象的长度或角度。给定的增量可正可负，正值拉长对象，负值缩短对象。对象长度变化的方向与选择对象时鼠标拾取的位置有关，拾取位置靠近哪侧端点，长度的增量就发生在哪侧。其中角度增量只能用于改变圆弧或椭圆弧的长度。

百分数（P）：将选中对象长度乘以百分数生成新的长度。输入的数值应为非零正数，大于 100 为拉长对象，小于 100 为缩短对象。

全部（T）：以输入的新长度或新角度来代替原来的长度或角度。

动态（DY）：选择对象后，可以拖动鼠标动态地改变对象的长度或角度。

命令 4　缩放

缩放命令可以使选定的对象按照一定的比例放大或缩小，但不改变它的结构比例。

1．命令执行方式

➢ 工具栏：单击缩放命令按钮。

➢ 菜单 ：单击“修改”菜单中的“缩放”命令。

➢ 命令行：输入 SCALE（SC）。

2．操作过程及说明

执行命令后，命令行依次提示如下信息：

```
指定比例因子或 [参照(R)]:
```

指定比例因子：可直接输入缩放的比例值。比例值大于 1，放大对象；比例值小于 1，缩小对象。也可以拖动鼠标到适当位置来缩放对象。

复制（C）：输入“C”后可保留源对象，同时得到缩放后的对象。

参照（R）：输入“R”后，按 Enter 键，会提示如下信息：

```
指定参照长度 <1.0 >:
指定新长度:
```

分别输入参照长度和新长度，则缩放比例为新长度与参照长度的比值。系统会自动计算此值，将对象进行缩放。

命令 5 延伸

延伸命令可以将某个对象精确地延伸到其他对象定义的边界。

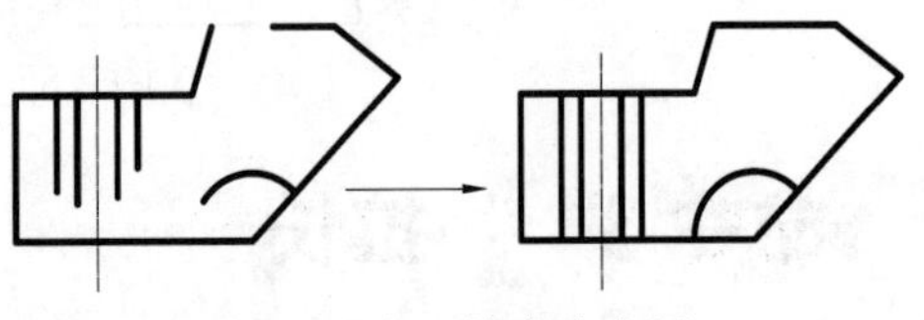
图 2.56 延伸命令应用

1．命令执行方式

- 工具栏：单击“延伸”命令按钮--/。
- 菜单：单击“修改”菜单中的“延伸”命令。
- 命令栏：输入 EXTEND（EX）。

2．操作过程及说明

执行命令后，命令行提示如下信息：

```
命令： EXTEND    当前设置:投影=UCS，边=延伸
选择边界的边...              【选择延伸到的边界】
选择对象或 <全部选择>:        【选择要延伸的对象】
```

（1）选择要延伸的对象

可延伸的对象包括：直线、圆弧、椭圆弧、不闭合的二维和三维多段线等。

被延伸的对象也可作为延伸边界，所以可以不分延伸对象和延伸边界，即可一次选中多个对象作为延伸边界，也可以一次选中多个对象进行延伸。如图 2.56 所示。

（2）按住 Shift 键选择要修剪的对象

此时延伸模式改为修剪模式，即把延伸边界作为修剪边，而被延伸对象作为被修剪对象。

2.8.4 绘图步骤

① 运用直线、圆、正多边形、剪切命令得到如图 2.57 所示，在此不再累述步骤。

② 运用“旋转”命令得到倾斜部分，如图 2.58 所示。命令行提示如下：

```
命令： _rotate
UCS 当前的正角方向： ANGDIR=逆时针  ANGBASE=0
选择对象：指定对角点：找到 7 个    【窗口选择 2.52 基本图形】
指定基点：    【选择 A 点】
指定旋转角度，或 [复制(C)/参照(R)] <60>: c     【选择复制选项】
旋转一组选定对象。
指定旋转角度，或 [复制(C)/参照(R)] <30>: 60    【输入旋转角度】
```

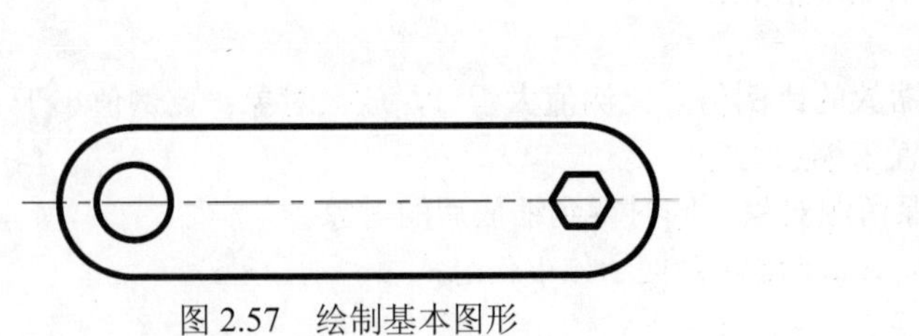
图 2.57 绘制基本图形

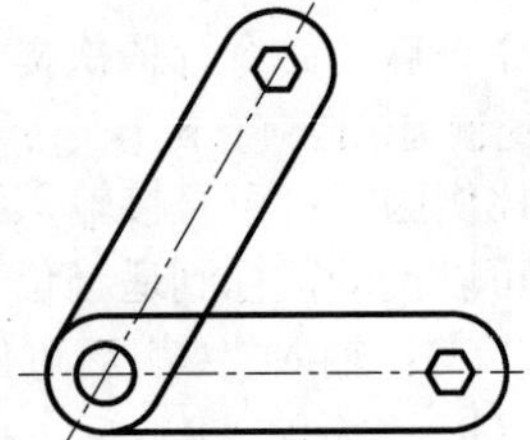
图 2.58 旋转后的图形

③ 运用“拉伸”或“拉长”命令编辑倾斜部分，使长度由 40mm 变为 60mm，用“拉伸”命令编辑时，信息提示如下：

```
命令： _stretch
以交叉窗口或交叉多边形选择要拉伸的对象...
```

```
选择对象：指定对角点：找到 5 个          【自右向左窗口选择两切线和上边半圆及正六边形】
指定基点或 [位移(D)] <位移>:             【选择 A 点】
指定第二个点或 <使用第一个点作为位移>：20   【输入拉伸长度】
```

④ 用“缩放”命令将倾斜部分上的多边形由尺寸 8mm 变为 16mm，命令行提示如下：

```
命令：_scale
选择对象：找到 1 个                          【选择正六边形】
指定基点：                                   【选择 C 点】
指定比例因子或 [复制(C)/参照(R)]：2          【指定比例】
```

⑤ 运用“修剪”命令进行编辑，完成图形的绘制。

2.8.5 技能训练

【课堂实训一】运用所学命令绘制图 2.59（旋转命令）。

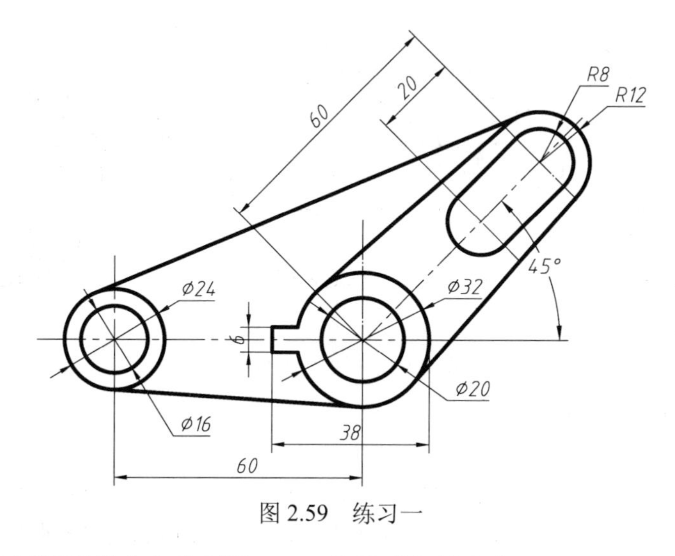

图 2.59 练习一

【课堂实训二】运用所学命令绘制图 2.60（拉伸或拉长命令）。

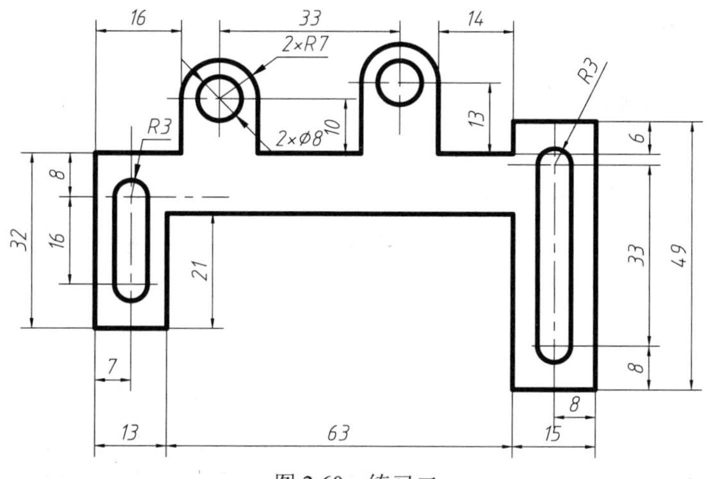

图 2.60 练习二

任务 2.9 绘制平面图形实例——移动、打断、合并

任务 绘制如图 2.61（a）所示图形，然后转化为图（b），再由图（b）转化为图（c）

目的 掌握移动、打断、合并命令的应用

知识的储备 直线、对象捕捉、圆、多边形的绘制

2.9.1 案例导入

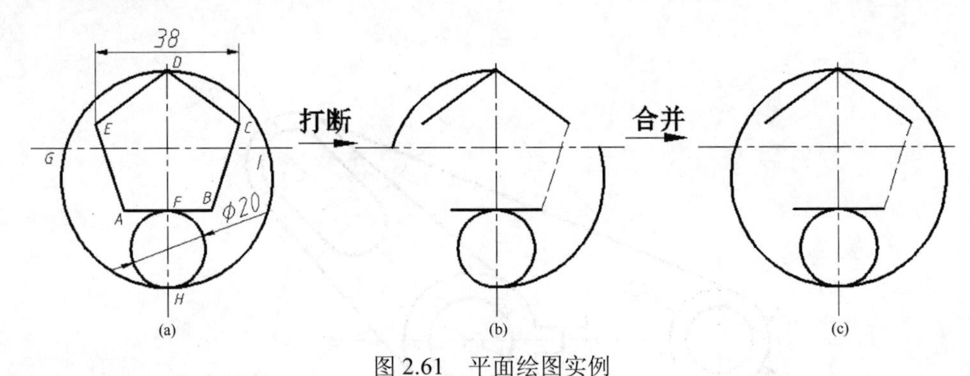

图 2.61 平面绘图实例

2.9.2 案例分析

图 2.61 所示图（a）主要是由圆和多边形构成的，由于ϕ20 的圆直接绘制不好找圆心，所以可以在空白处绘制完成后，用“移动”命令移至图示位置，然后利用“打断”和“打断于点”命令得到图（b），最后利用“合并”命令得到图（c）即可。

2.9.3 知识链接

命令 1 移动

1. 命令执行方式

➢ 工具栏：单击“移动”命令按钮。

➢ 菜单：单击“修改”菜单中的“移动”命令。

➢ 命令行：输入 MOVE（M）。

2. 操作过程及说明

执行命令后，命令行提示：

```
命令： _move
选择对象：                          【选择要移动的所有对象，按回车键结束选择】
指定基点或 [位移(D)] <位移>：       【可直接拾取点，也可选择"位移"，则以原点为基点】
指定第二个点或 <使用第一个点作为位移>：【指定移动到的位置，也可直接输位移值】
```

命令 2　打断

打断命令可以删除选定对象上指定两点之间的部分，或将对象在某处断开。

1. 命令执行方式

➢ 工具栏：单击“打断”命令按钮。
➢ 菜单：单击“修改”菜单中的“打断”命令。
➢ 命令行：输入 BREAK（BR）。

2. 操作过程及说明

（1）直接给定两打断点。

```
命令: _break 选择对象:                    【选择对象的同时也给定了打断点"1"】
指定第二个打断点或 [第一点(F)]:           【指定打断点"2"】
```

（2）先选对象，再给定两打断点，从第一点到第二点沿逆时针方向对象消失。

```
BREAK 选择对象:                           【选择对象】
指定第二个打断点或 [第一点(F)]: f↙
指定第一个打断点:                         【给定断开点"1"】
指定第二个打断点:                         【给定断开点"2"】
```

（3）打断于点（按钮）。

```
 BREAK 选择对象:                          【选择对象】
指定第二个打断点或 [第一点(F)]: f↙
指定第一个打断点:                         【给定断开点"1"】
指定第二个打断点: @↙
```

命令 3　合并

合并操作是打断操作的逆操作，可以将两个有间隙或没有间隙的对象合为一个对象。

1. 命令执行方式

➢ 工具栏：单击“合并”按钮。
➢ 菜单：单击“修改”菜单中的“合并”命令。
➢ 命令行：输入 JOIN（J）。

2. 操作过程及说明

执行命令后，命令行提示如下：

```
命令: _join
选择源对象或要一次合并的多个对象: 找到 1 个      【选择要合并的对象】
选择要合并的对象: 找到 1 个，总计 2 个           【选择合并对象，按回车键结束选择】
2 条圆弧已合并为 1 条圆弧                        【如图 2.62 (b) 所示】
```

将图 2.62（b）中的圆弧封闭，执行命令后，选择圆弧，输入 L 按回车键即可，如图（c）所示。

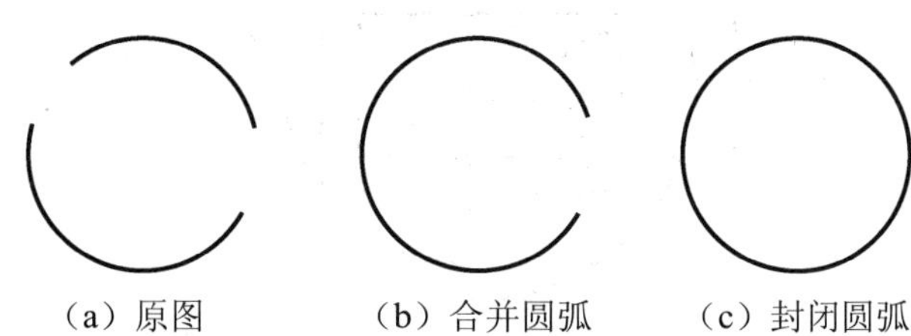

（a）原图　（b）合并圆弧　（c）封闭圆弧

图 2.62　圆弧的合并

2.9.4 绘图步骤

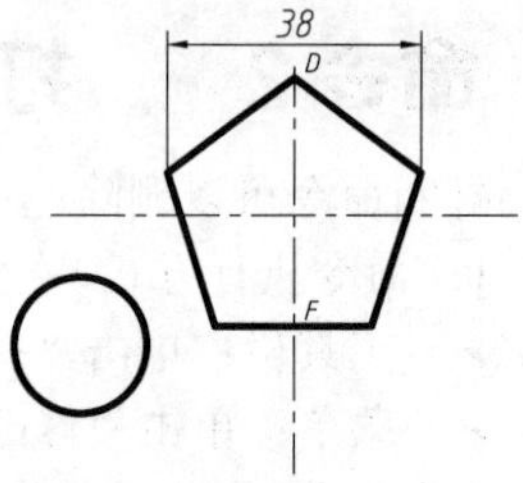

① 运用圆、多边形命令绘制基本图形，如图 2.63 所示。

② 用“移动”命令将ϕ20 的圆移至相应位置，命令行提示如下：

图 2.63 基本图形

```
命令: _move
选择对象: 找到 1 个                              【选择小圆，按回车键结束选择】
指定基点或 [位移(D)] <位移>:                      【选择小圆上象限点】
指定第二个点或 <使用第一个点作为位移>:             【捕捉到 F 点】
```

③ 用两点法（2P）来绘制大圆，得到如图 2.61（a）所示。

④ 用“打断”命令将图 2.61（a）转变为图（b），命令行提示如下：

```
命令: _break
选择对象:                                       【选择大圆】
指定第二个打断点 或 [第一点(F)]: f
指定第一个打断点:                               【捕捉 G 点】
指定第二个打断点:                               【捕捉 H 点】
```

用同样的方法捕捉 I 和 D 点断开 ID 圆弧、捕捉 E 点和 A 点断开正多边形 EA 段。用“打断于点”命令断开正多边形的 C 点和 B 点,并将 BC 段转为虚线层。

⑤ 用“合并”命令将图 2.61（b）转变为图（c），命令行提示如下：

```
命令: _join
选择源对象或要一次合并的多个对象: 找到 1 个          【靠近 G 点处选择圆弧 GD】
选择要合并的对象: 找到 1 个，总计 2 个      【靠近 H 点处选择圆弧 HI,按回车键结束】
2 条圆弧已合并为 1 条圆弧
命令: _join
选择源对象或要一次合并的多个对象: 找到 1 个              【选择 DI 圆弧】
选择圆弧，以合并到源或进行 [闭合(L)]: l                 【输入要封闭的命令 L】
已将圆弧转换为圆。
```

2.9.5 技能训练

【课堂实训一】运用所学命令绘制图 2.64。

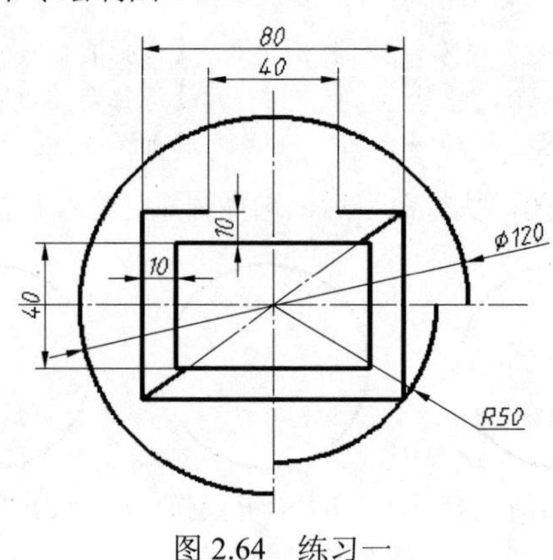

图 2.64 练习一

任务 2.10　绘制平面图形实例——多线、多段线

任务	运用多线及多段线命令绘制图 2.65 所示图形
目的	掌握多线、多段线的绘制及对多线的编辑
知识的储备	直线、对象捕捉、偏移命令的应用

2.10.1　案例导入

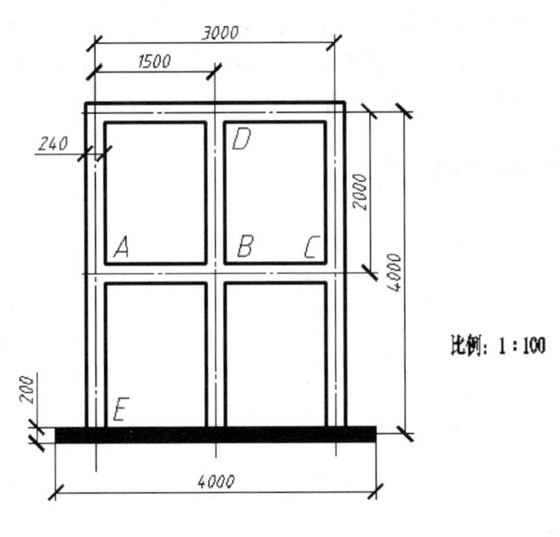

比例：1:100

图 2.65　平面绘图实例

2.10.2　案例分析

本图主要是由直线组成，如果单纯用直线命令来绘制比较麻烦，可用“多线”命令来绘制上部分框架，然后用“多段线”命令绘制下面的平台。

2.10.3　知识链接

命令 1　多线

多线是一种由多条平行线组成的组合对象，平行线的数目和平行线之间的距离是可以调整的。多线常用于建筑图中的墙体、桥梁及电子线路图的绘制。

1．多线的绘制

（1）命令执行方式

- 菜单：单击“绘图”菜单中的“多线”命令。
- 命令行：输入 MLINE（ML）。

（2）操作过程及说明

执行多线命令后提示如下：

```
命令: _mline
当前设置: 对正 = 无, 比例 = 0.01, 样式 = 24
指定起点或 [对正(J)/比例(S)/样式(ST)]:
```

选项功能说明：

对正（J）：确定输入点和绘制的多线之间的相对位置关系，有上（T）、无（Z）、下（B）三种，如图 2.66 所示。

上（T）

无（Z）

下（B）

图 2.66　三种对正方式

比例（S）：控制多线之间的全局宽度，其是在多线样式中设定的宽度的基础上显示的。

样式（ST）：根据需要选择已建立的多线样式。

2．设置多线样式

通过多线样式可以控制元素的数量和每个元素的特性。设置多线样式的步骤如下：

① 选择“格式”中的“多线样式”命令，弹出“多线样式”对话框，如图 2.67 所示。

② 点击“新建”按钮，弹出“创建新的多线样式”对话框，输入名称，点击“继续”按钮弹出“新建多线样式”对话框，如图 2.68 所示。

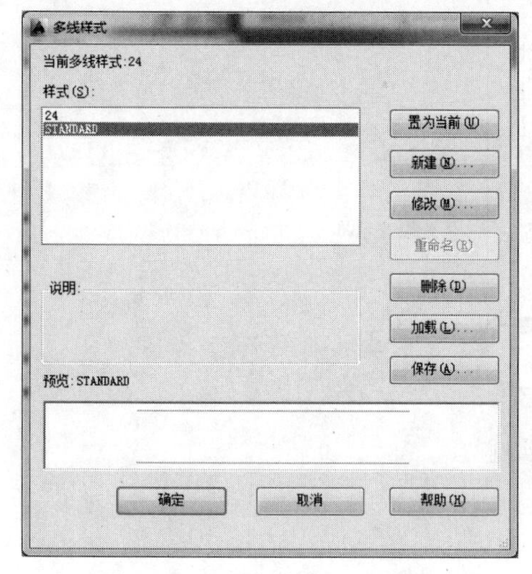

图 2.67 “多线样式”对话框

图 2.68 “新建多线样式”对话框

各选项功能如下：

➢ “封口”文本框：控制多线起点和端点的封口。

➢ “填充”选项区：可以设置多线内的背景填充。

➢ “图元”选项区：添加或修改多线元素，包括偏移、颜色和线型等。

3．多线的编辑

选择“修改”菜单中的“对象”，点击“多线”命令，弹出“多线编辑工具”对话框，如图 2.69 所示。

选项区显示 3 排 4 列样式：

第一列：用于处理十字相交的多线。

第二列：用于处理 T 形相交的多线。

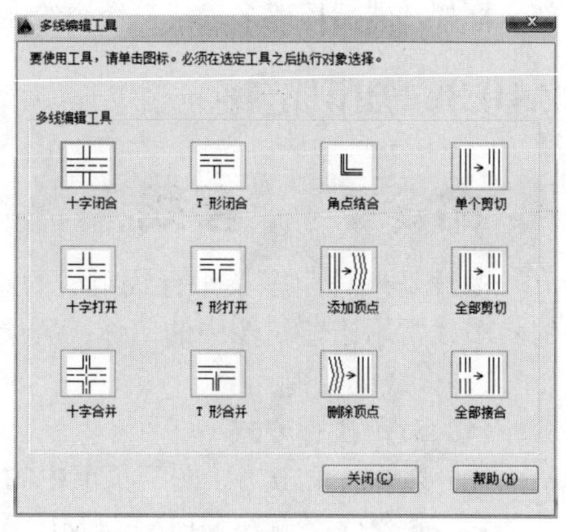

图 2.69 “多线编辑工具”对话框

第三列：处理角点和顶点处的结合、添加和删除。

第四列：处理多线的剪切和结合。

命令 2　多段线

多段线也称为复合线，它可以包含不同宽度的直线和圆弧，它是一个完整的图形元素。

1. 命令执行方式

- 工具栏：单击“绘图”工具栏中“多段线”命令按钮。
- 菜单：单击“绘图”菜单中的“多段线”命令。
- 命令行：输入 PLINE（PL）。

2. 操作过程及说明

执行命令后，按提示（指定起点:当前线宽为 0.000）指定多段线的起始点，命令行提示当前线宽为 0，并接着提示下列信息：

```
指定下一个点或 [圆弧(A)/半宽(H)/长度(L)/放弃(U)/宽度(W)]:
指定下一点
```

确定多段线的另一个端点的位置，AutoCAD 会以当前线宽设置从起点到该点绘制出一段多段线，此为默认项。各选项功能如下。

圆弧（A）：选择该选项，则由绘制直线方式改为绘制圆弧的方式，命令行会提示：

```
指定圆弧的端点或
[角度(A)/圆心(CE)/闭合(CL)/方向(D)/半宽(H)/直线(L)/半径(R)/第二个点(S)/放弃(U)/
宽度(W)]:
```

半宽（H）：确定所绘制图形的半宽度，即所设定值是多段线宽度的一半。

长度（L）：从当前点绘制指定长度的多段线。如果前一段对象是圆弧，所绘制的直线的方向为该圆弧终点的切线方向。

放弃（U）：撤销上一次绘制的对象，可连续撤销。

宽度（W）：确定多段线的宽度，选择该选项后，系统会分别指定多段线的起点宽度和端点宽度，起点宽度和端点宽度可以不相等。

说明：

多段线命令绘制的对象为一个整体，不能单独选择其中的一段。当多段线的宽度大于 0 时，如果绘制闭合的多段线，一定要用“闭合”选项才能使其完全封闭，否则起点与终点会出现一段缺口。

2.10.4　绘图步骤

（1）将“中心线”图层置为当前图层，利用“直线”、“偏移”命令绘制 6 条中心线。

（2）设置多线样式：

① 点击“格式”菜单中的“多线样式”，弹出“多线样式”对话框。点击“新建”按钮，新建名为“24”的多线样式。如图 2.70 所示。

② 点击“继续”按钮，弹出“新建多线样式：24”对话框。设置“图元选项”的参数，如图 2.71 所示，点击“确定”按钮，返回到“多线样式”对话框，单击“确定”。

图 2.70 新建多线样式

图 2.71 设置多线样式

（3）用新建的“24”多线样式绘制厚度为 240mm 的框架部分，点击“绘图”菜单中“多线”命令，提示如下：

```
命令: _mline
当前设置: 对正 = 下, 比例 = 20, 样式 = 24
指定起点或 [对正(J)/比例(S)/样式(ST)]: j                【设置对正方式】
输入对正类型 [上(T)/无(Z)/下(B)] <下>: Z
当前设置: 对正 = 无, 比例 = 20, 样式 = 24
指定起点或 [对正(J)/比例(S)/样式(ST)]: s                【设置比例】
输入多线比例 <0.01>: 0.01                                【输入绘图比例】
当前设置: 对正 = 无, 比例 = 0.01, 样式 = 24
指定起点或 [对正(J)/比例(S)/样式(ST)]: <正交开>          【指定起点 E】
指定下一点: 40                                           【光标正交向上方】
指定下一点或 [放弃(U)]: 30                                【光标正交向右】
指定下一点或 [闭合(C)/放弃(U)]: 40                        【向下，按回车键结束】
命令:MLINE
当前设置: 对正 = 无, 比例 = 0.01, 样式 = 24
指定起点或 [对正(J)/比例(S)/样式(ST)]:                   【选择 A 点】
指定下一点:                                              【选择 C 点，按回车键】
命令: MLINE
当前设置: 对正 = 无, 比例 = 0.01, 样式 = 24
指定起点或 [对正(J)/比例(S)/样式(ST)]:                   【捕捉 D 点】
指定下一点:                                【向下对象追踪 E 点，按回车键结束】
```

（4）用“多段线”命令绘制下面厚度为 200mm 的平台部分，命令执行如下：

```
命令: _pline
指定起点:                                  【对象追踪 E 点向左输入 5mm】
当前线宽为 0   指定下一个点或 [圆弧(A)/半宽(H)/长度(L)/放弃(U)/宽度(W)]: w
指定起点宽度 <0.0000>: 2                   【指定起点宽度】
指定端点宽度 <2.0000>:2                    【端点宽度】
指定下一个点或 [圆弧(A)/半宽(H)/长度(L)/放弃(U)/宽度(W)]: 40   【输入 40 按回车结束】
```

（5）编辑多线：单击“修改”菜单，选择“对象”中的“多线”，弹出“多线编辑对话框”。点击“十字打开”图标，然后选择图形中的B处水平和竖直多线使其十字打开。同样方法选择“T形打开”图标编辑A处、C处和D处，完成图形绘制。

2.10.5　技能训练

【课堂实训一】运用多段线命令绘制图2.72。

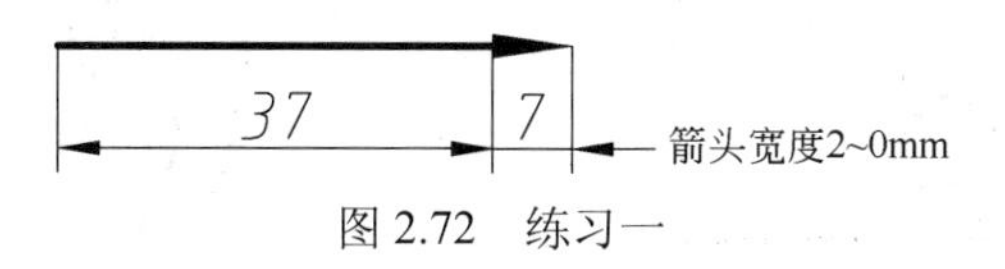

图2.72　练习一

【课堂实训二】运用多线命令绘制图2.73。

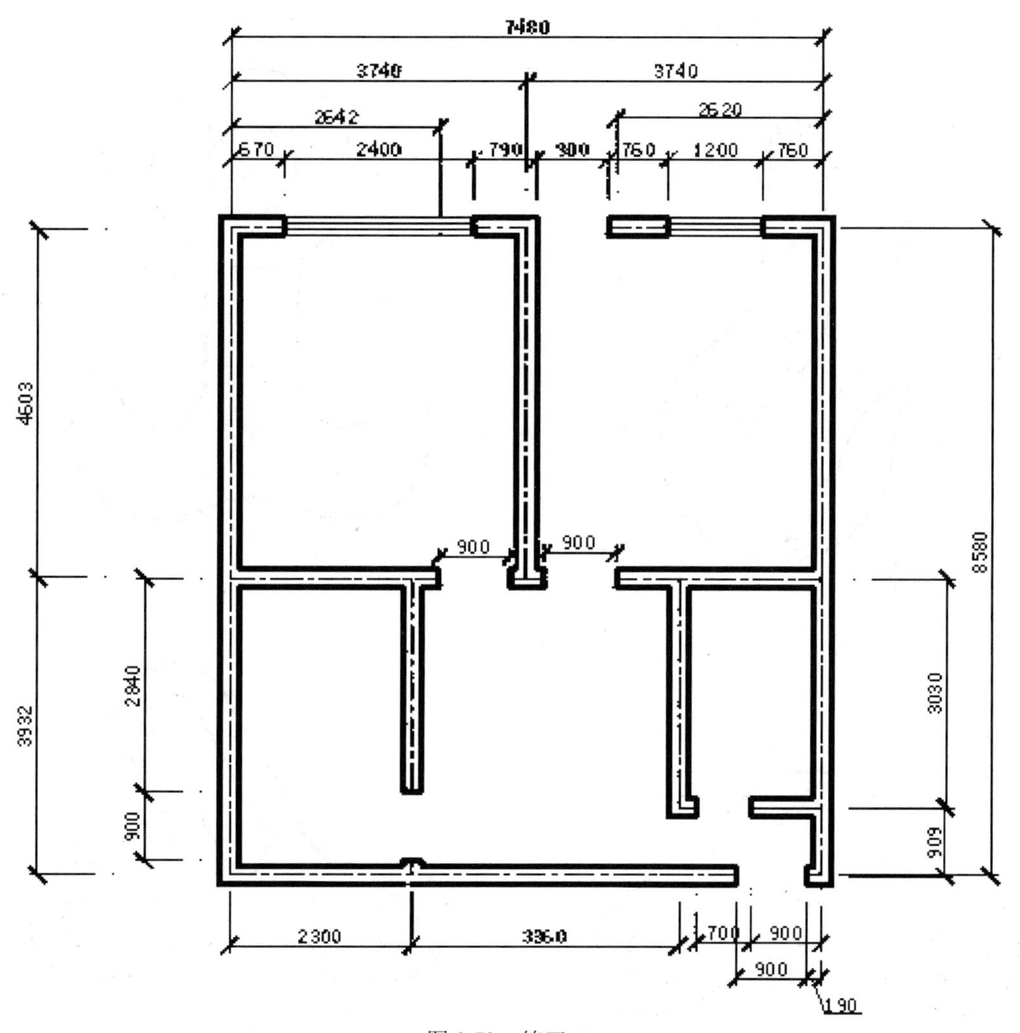

图2.73　练习二

综合案例应用

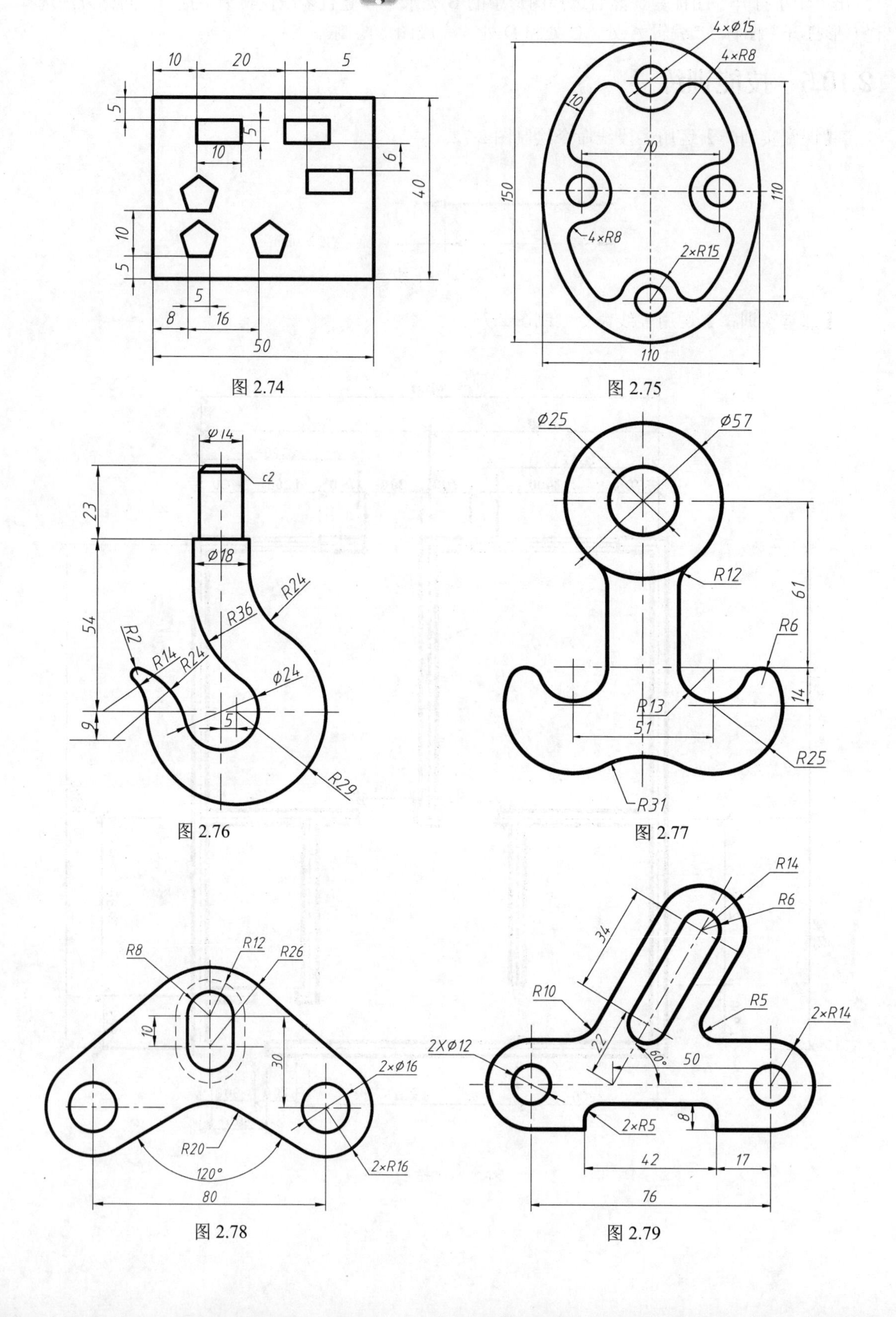

图 2.74

图 2.75

图 2.76

图 2.77

图 2.78

图 2.79

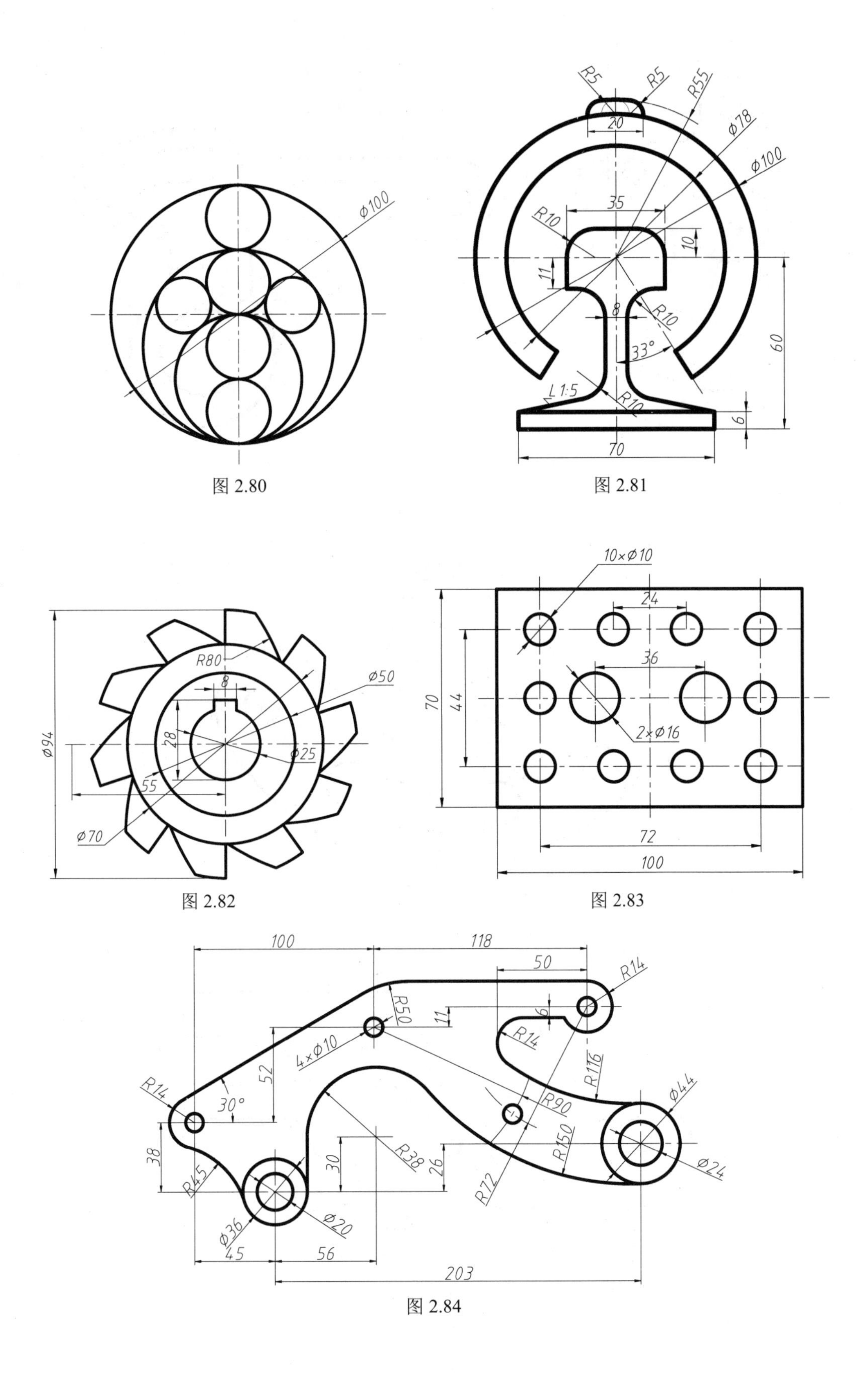

图 2.80

图 2.81

图 2.82

图 2.83

图 2.84

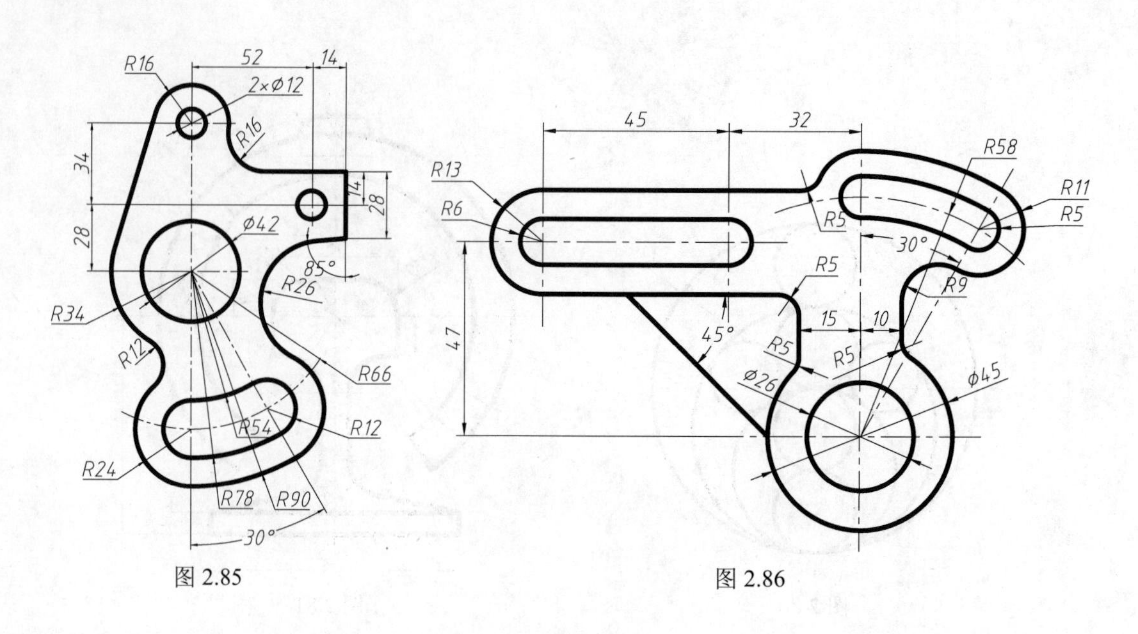

图 2.85

图 2.86

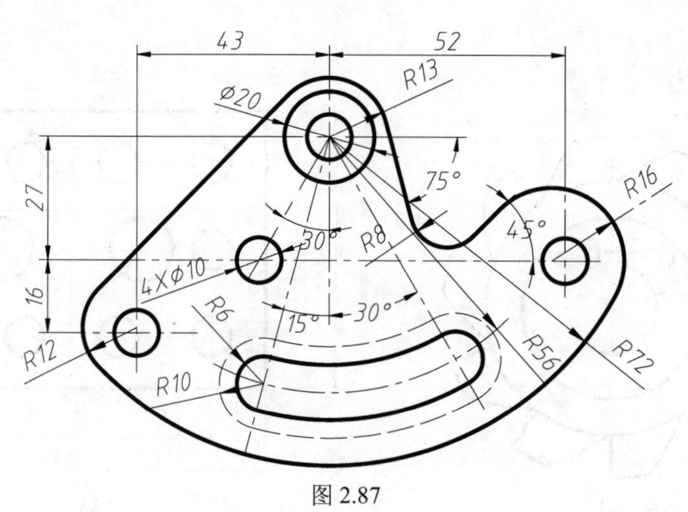

图 2.87

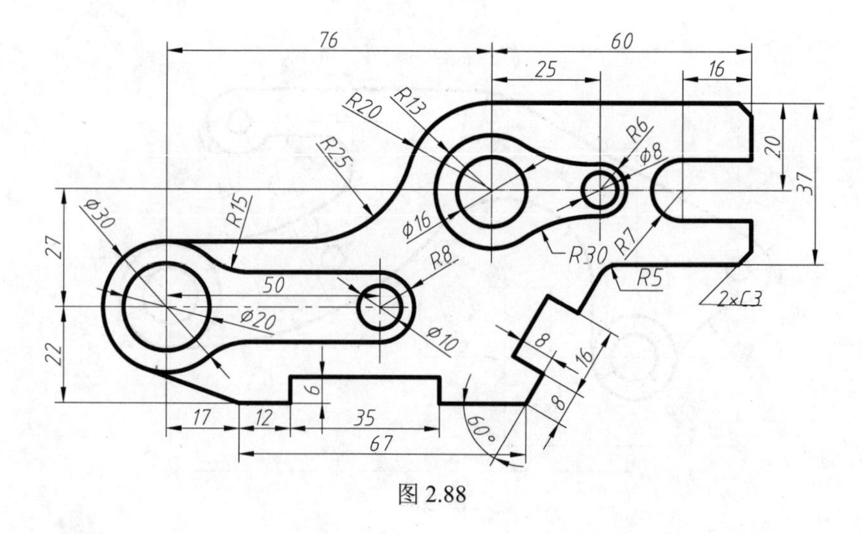

图 2.88

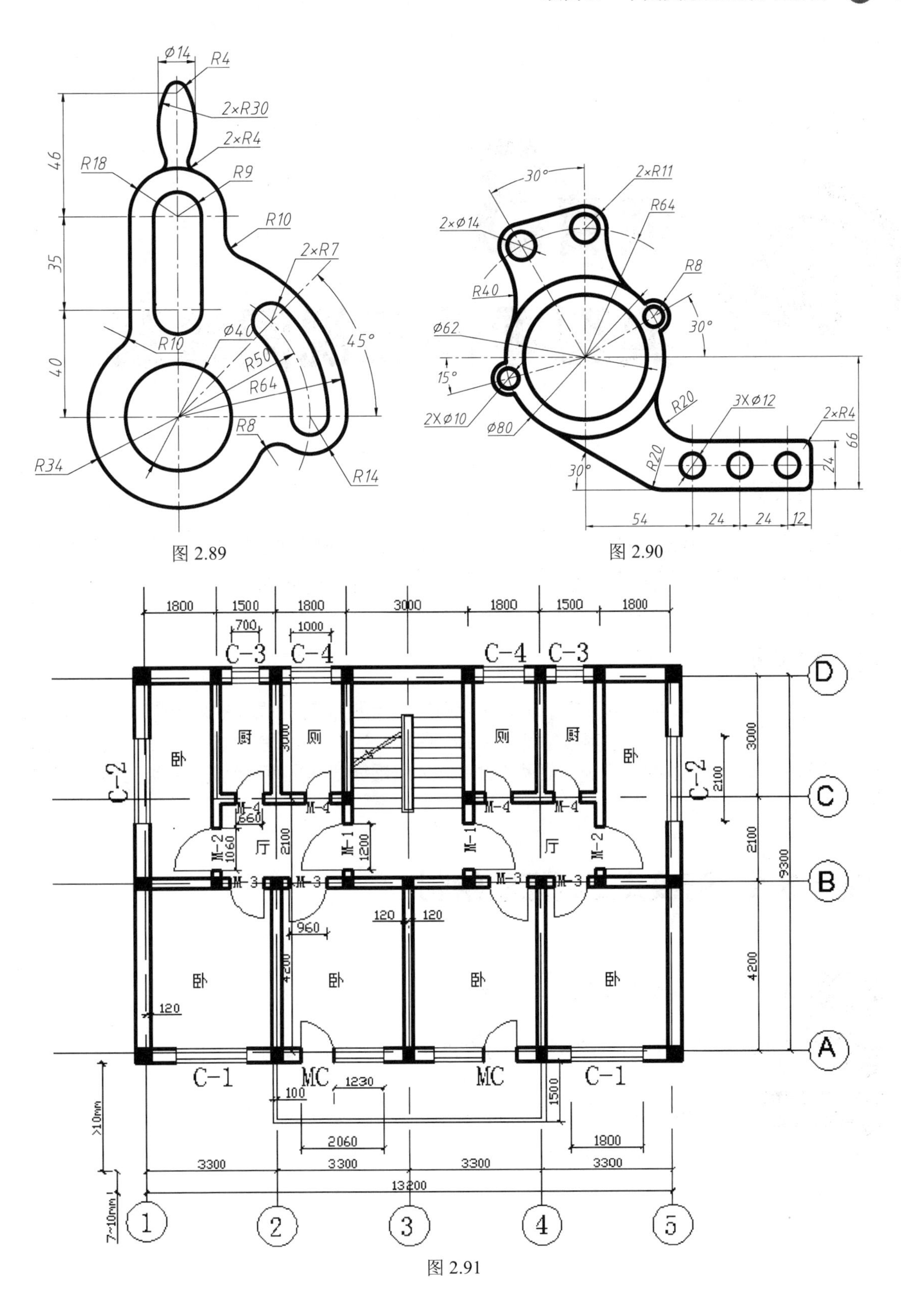

图 2.89

图 2.90

图 2.91

项目3 典型零件三视图绘制

项目要点

在使用 CAD 绘制三视图的过程中，不仅要求能看懂零件的三视图，还要求掌握绘制和编辑三视图的方法，同时运用 CAD 的相关命令及绘图技巧，用正确的方法将其正确绘制出来，同时必须满足布局合理，各图线符合国家标准等要求。

教学提示

在 CAD 中绘制零件的三视图时，通常先打开一个绘图环境已设置好的样板图（也可自行设置绘图环境），使用绘图命令绘制底图或直接画出图形，并加以必要的修改与编辑，整理完成零件的三视图。本项目包括两个任务，案例零件由简入繁最终使学习者完全掌握各类三视图及剖视图的绘制。

任务 3.1 管接头三视图的绘制

任务	绘制如图 3.1 所示的管接头的三视图
目的	掌握构造线、对象追踪等命令的应用及三视图的绘制方法和技巧
知识的储备	绘图命令、修改命令、图层的创建和编辑

3.1.1　案例导入

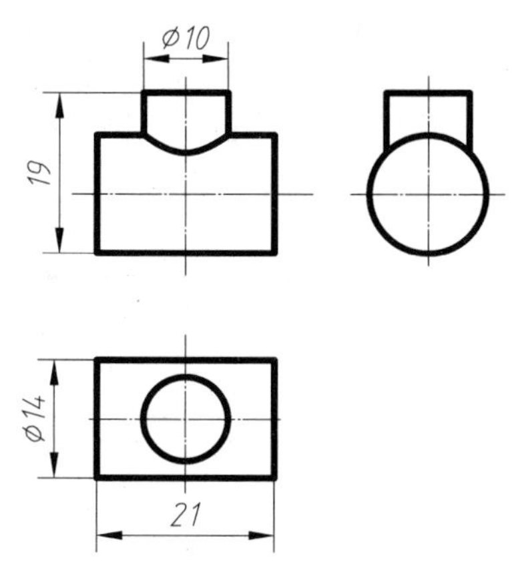

图 3.1　管接头三视图

3.1.2　案例分析

此图为圆柱相贯体的三视图，根据机械制图所学的三视图知识，我们知道三视图的绘制必须遵循“长对正、高平齐、宽相等”的原则。为了严格保证“长对正、高平齐、宽相等”的投影对应关系，需要用“构造线（XL）”及对象追踪辅助作图。

3.1.3　知识链接

知识1　构造线

构造线是通过任意两点或通过一点并确定了方向的向两个方向无限延长的直线，一般用于绘制辅助线，常用于绘制三视图。

1．命令执行方式

➢ 工具栏：单击“构造线”命令按钮。

➢ 菜单：单击“绘图”菜单中的“构造线”命令。

➢ 命令行：输入 XLINE（XL）。

2．操作过程及说明

执行命令后，命令行提示如下信息：

```
XLINE 指定点或 [水平(H)/垂直(V)/角度(A)/二等分(B)/偏移(O)]:
```

指定点：是一种默认的选择方式，指定所绘制的构造线通过的第一点，即可绘制出一条水平构造线。

水平：用于绘制水平的构造线，只需指定构造线通过的一点，即可绘制出一条水平构造线。

垂直：用于绘制垂直的构造线，只需指定构造线通过的一点，即可绘制出一条垂直构造线。

角度：此选项用于绘制与某轴成指定角度的构造线。

二等分：用于绘制平分指定角度的构造线。

偏移：用于绘制与指定线相距给定距离的构造线。

知识 2 对象追踪

对象捕捉追踪可以根据捕捉点沿正交方向或极轴方向进行追踪。使用时需打开状态栏中的“对象捕捉”和“对象追踪”选项。对象捕捉追踪功能的应用形式有两种。

（1）单向追踪：如图 3.2，绘制 CB 线以 C 为起点向上绘制，同时追踪 A 点得到端点 B。

（2）双向追踪：如图 3.3，在矩形内绘制一个圆，使圆心在矩形的中心位置。

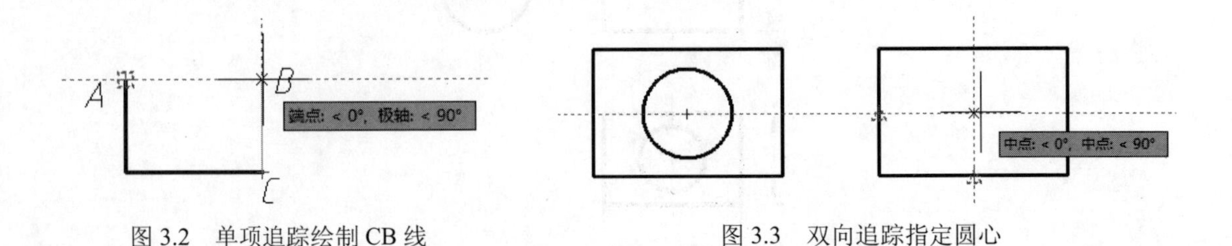

图 3.2　单项追踪绘制 CB 线　　图 3.3　双向追踪指定圆心

3.1.4 绘图步骤

① 创建新文件。打开一个 A4 样板图并存盘为“管接头”。

② 设置图层。将中心线、细实线、轮廓线等图层按要求设置好颜色，线型、线宽等，并将中心线层作为当前层，打开“正交”开关。

③ 绘制基准线及辅助线，画出如图所示的点划线作为绘图的基准线，并绘制 135°辅助线，如图 3.4 所示。

④ 绘制俯视图（将“粗实线”置为当前层，画“矩形”、“圆”）。

⑤ 绘制主视图。通过“直线”命令，利用对象捕捉、对象追踪功能，绘制主视图轮廓，如图 3.5 所示。

⑥ 绘制左视图。利用“构造线”命令做辅助线，确定左视图的位置和图形范围，如图 3.6 所示。

⑦ 应用“修剪”命令编辑图形。

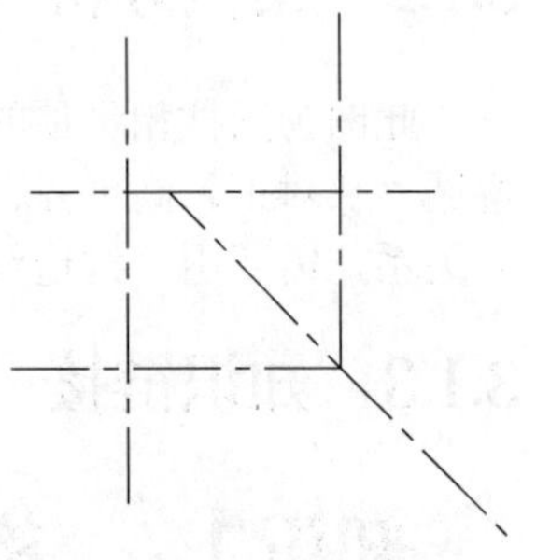

图 3.4　绘制基准线

说明:

AutoCAD 中有时为了绘图方便快捷，也可不借助 135°的辅助线。我们可以把俯视图旋转 90°来进行对象追踪绘制左视图，如图 3.7 所示。

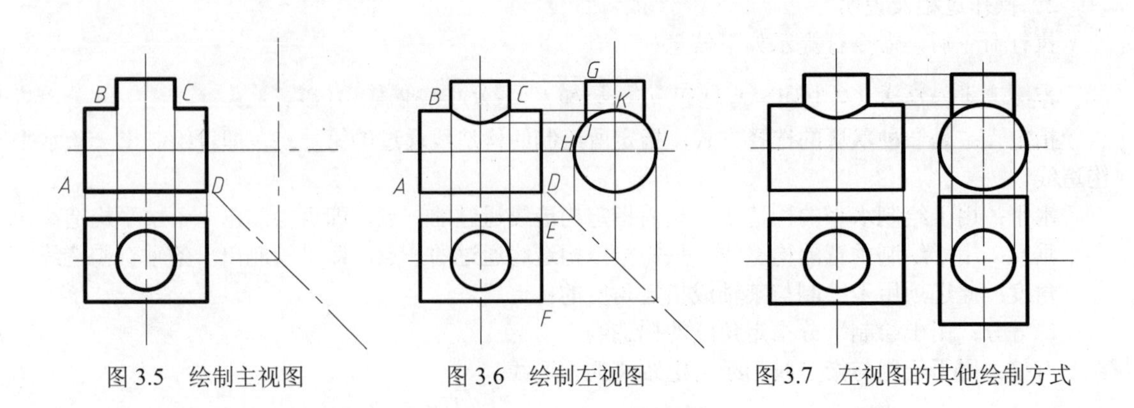

图 3.5　绘制主视图　　图 3.6　绘制左视图　　图 3.7　左视图的其他绘制方式

3.1.5　技能训练

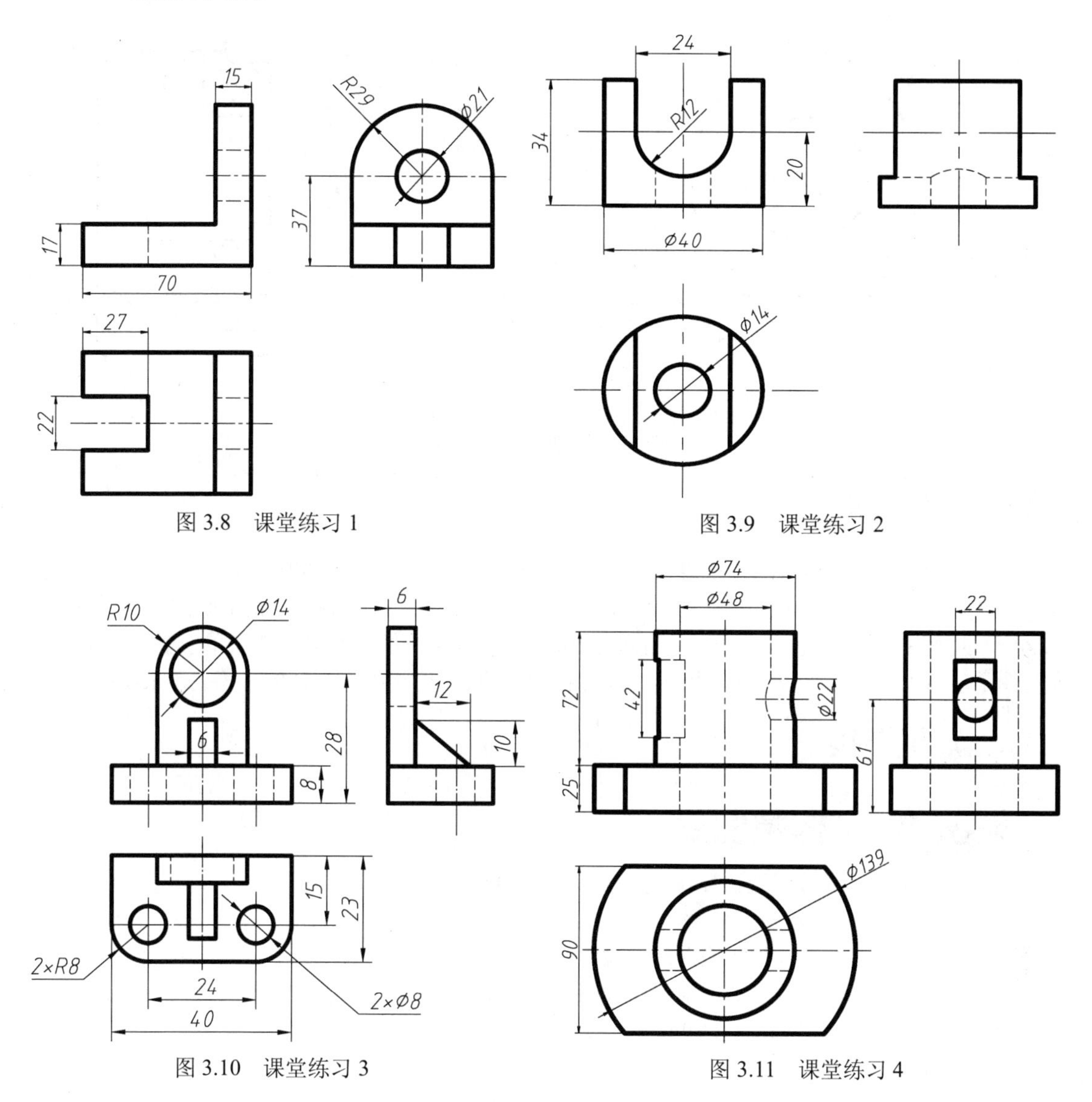

图 3.8　课堂练习 1

图 3.9　课堂练习 2

图 3.10　课堂练习 3

图 3.11　课堂练习 4

任务 3.2　轴承座剖视图的绘制

任务　绘制如图 3.12 所示的轴承座的剖视图

目的　掌握样条曲线、图案填充等命令的应用及剖视图的绘制方法和技巧

知识的储备　绘图命令、修改命令、图层的创建和编辑、三视图的绘图技巧

3.2.1 案例导入

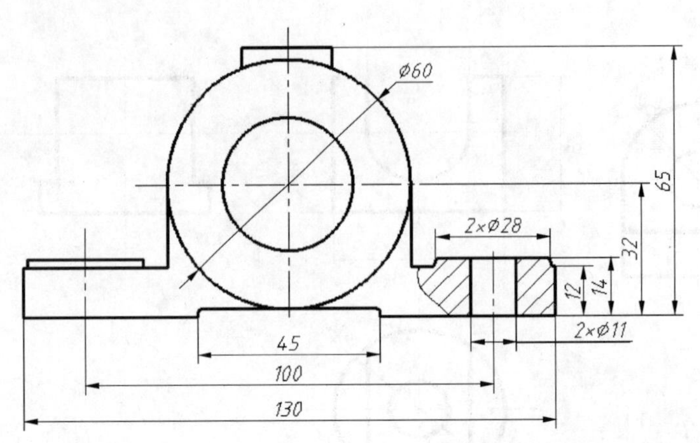

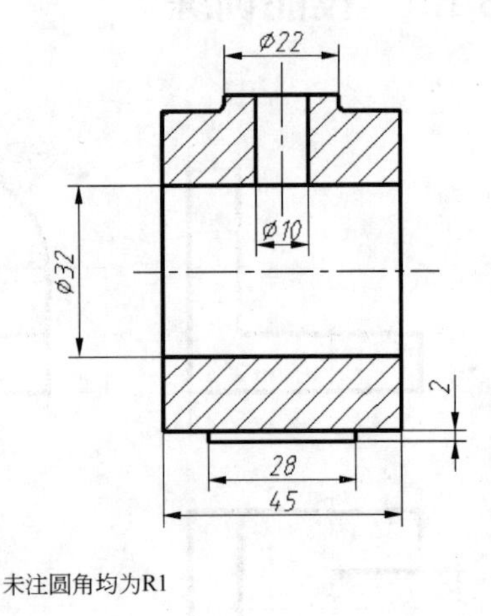

图 3.12 轴承座剖视图

3.2.2 案例分析

轴承座是一个内部结构比较复杂的组合体零件。用标准的三视图绘制时，视图中的虚线比较多。在机械制图中通常将它以剖视图的视图形式来表达，这样既简化了视图，又能清晰的表达零件的内部结构。主视图中有一处局部剖视图，用到的新知识有“样条曲线”的绘制和剖面线的“图案填充”；左视图是全剖视图，主要是“图案填充”的应用。绘制图形时仍按三视图的三等关系来绘制。

3.2.3 知识链接

知识 1 样条曲线

样条曲线命令可以方便地绘制出类似波浪线的曲线。

1．命令执行方式

- 工具栏：单击“样条曲线”命令按钮。
- 菜单：单击“绘图”菜单中的“样条曲线”命令。
- 命令行：输入 SPLINE（SP）。

2．操作过程及说明

执行命令后，命令行提示如下信息：

```
命令：_spline  当前设置：方式=拟合    节点=弦
指定第一个点或 [方式(M)/节点(K)/对象(O)]:
输入下一个点或 [起点切向(T)/公差(L)]:
```

指定样条曲线的起点，系统要求指定下一点，在输入一点后，又提示：

```
指定下一点或 [闭合(C)/拟合公差(F)] <起点切向>:
```

指定下一点：此为默认项，每次输入一点后，系统都将重复上次的提示信息。

起点切向：当确定样条曲线的所有点输入完毕后，按 Enter 键结束，此时系统依次提示指定起点、端点的切线方向，光标自动与相应点的切线方向连接，拖动鼠标可指示不同的切线方向，在合适的位置单击即可。

拟合公差：拟合公差是指样条曲线与输入的一系列点符合的程度，其数值为 0 时，所绘制的样条曲线必须严格通过每个点；其值不为 0 时，曲线可以不完全经过这些点，反映趋势即可，这时曲线更光滑。

知识 2　图案填充

图案填充命令的功能是在封闭的区域内填充各种图案，如机械图中的剖面线、建筑图中的材料图例等。

1．命令执行方式

➢ 工具栏：单击“图案填充”命令按钮。

➢ 菜单：单击“绘图”菜单中的“图案填充”命令。

➢ 命令行：输入 BHATCH（BH）。

2．操作过程及说明

执行命令后，打开“图案填充和渐变色”对话框，如图 3.13 所示，在对话框中对各选项进行设置。

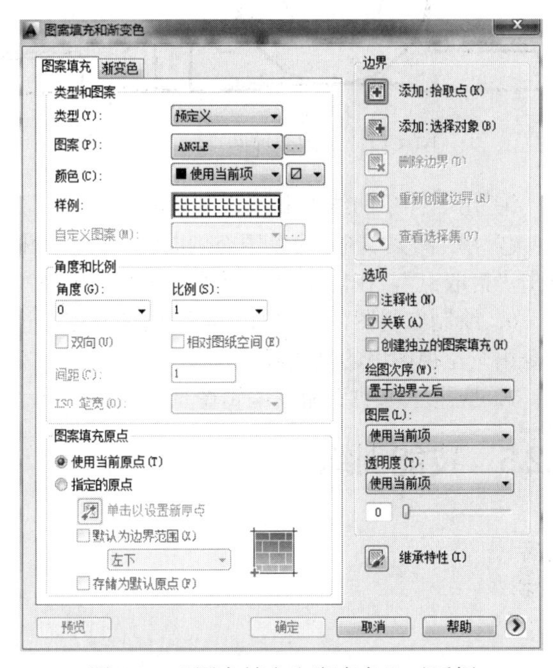

图 3.13　“图案填充和渐变色”对话框

单击拾取点按钮，对话框消失，提示行提示“选择内部点:”此时单击要填加图案的封闭区域，即图形的上部分及下部分，回车结束操作，“边界图案填充”对话框再次出现，单击“预览”按钮 预览(W)，对话框消失，可对填充情况进行预览。此时系统提示：拾取或按 Esc 键返回到对话框或 <单击右键接受图案填充>，如果结果不符合要求，则按 Esc 键重新回到“边界图案填充”对话框，可重新进行填充设置；如果结果符合要求，则单击右键结束图形的填充。

说明：

1. 填充边界可以是圆、椭圆、多边形等封闭的图形，也可以是由直线、曲线、多段线等围成的封闭区域。边界不能重复选择。

2. 在选择对象时，一般应用“拾取点”来选择边界。这种方法既快又准确，“选择对象”只是作为补充手段。

3.2.4　绘图步骤

1．创建新文件。打开一个 A3 样板图并存盘为“轴承座”。

2．设置图层。将中心线、细实线、轮廓线、剖面线等图层按要求设置好颜色、线型、线宽等，并将“中心线”层作为当前层，打开正交开关。

3．绘制基准线，画出图 3.14 中的水平和竖直的点画线作为绘图的基准线。

4．绘制主视图（将“粗实线”置为当前层，画主视图的外轮廓线），如图 3.14 所示。

5．用“样条曲线”命令和“图案填充”命令绘制主视图中的局部剖结构，完成主视图的绘制。

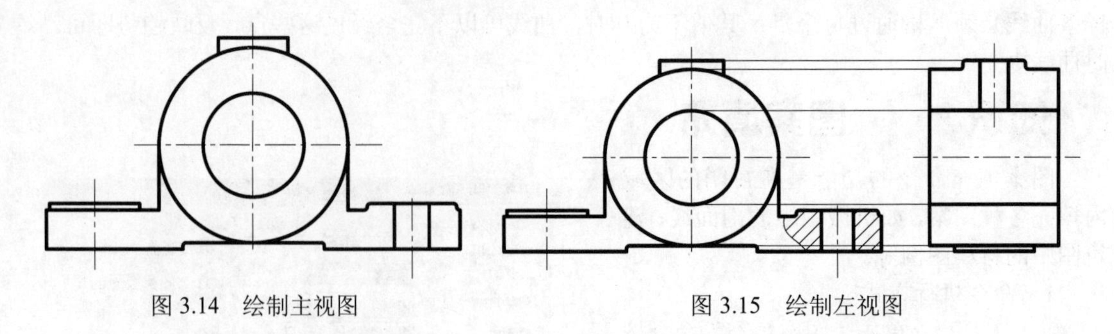

图 3.14 绘制主视图　　　　图 3.15 绘制左视图

① 用“样条曲线”命令绘制波浪线。

② 用“图案填充”命令填充剖面线。单击“图案填充”命令，弹出对话框，选择图案“ANSI31”。点击“拾取点”，在屏幕上需要填剖面线的区域单击，按回车确定。

6．绘制左视图，运用对象追踪选项确定左视图结构，如图 3.15 所示。然后用“图案填充”命令填充左视图中的剖面线。

7．应用“修剪”命令编辑图形。

3.2.5 技能训练

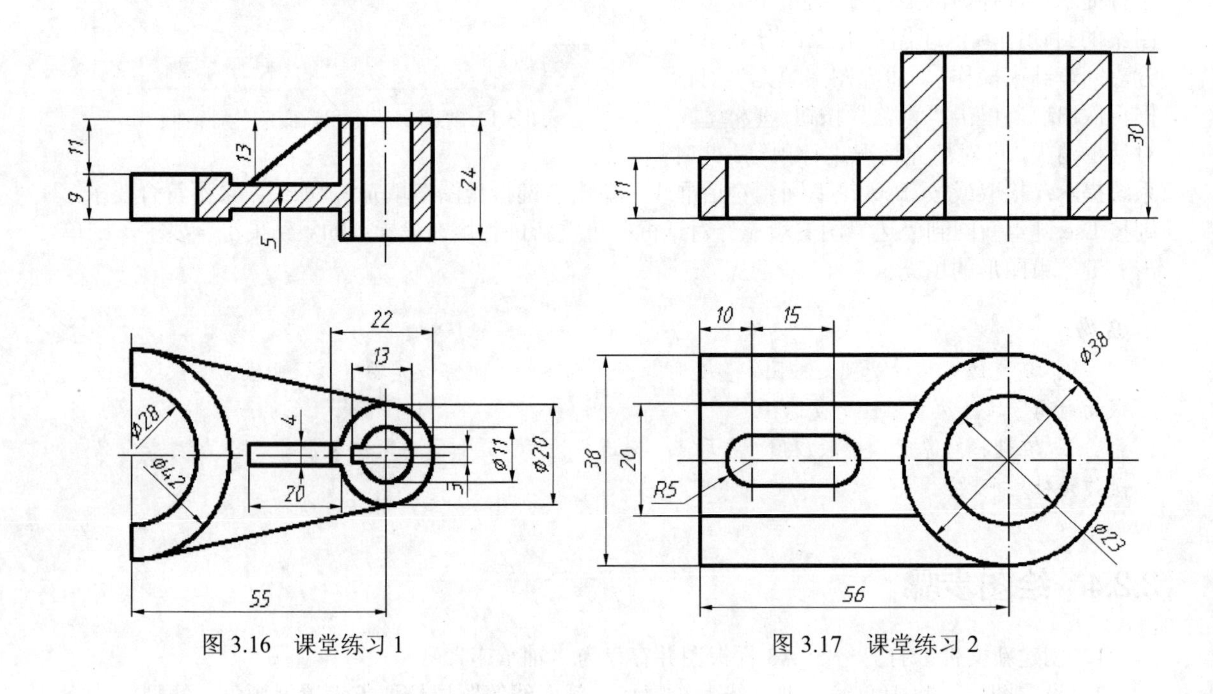

图 3.16 课堂练习 1　　　　图 3.17 课堂练习 2

综合案例应用

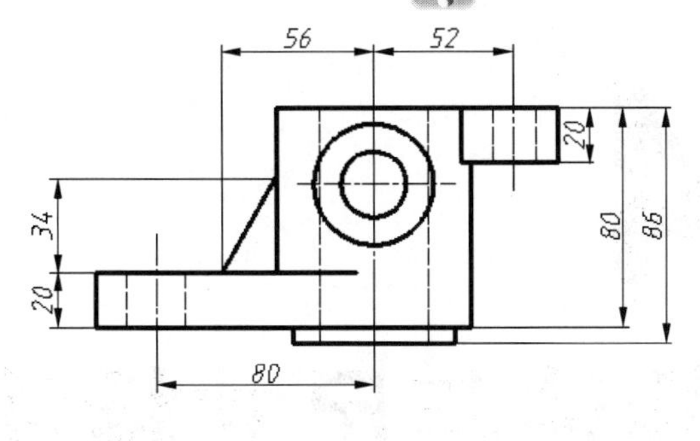

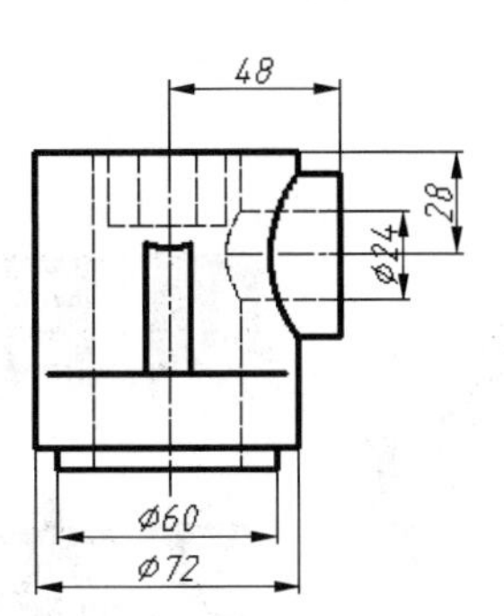

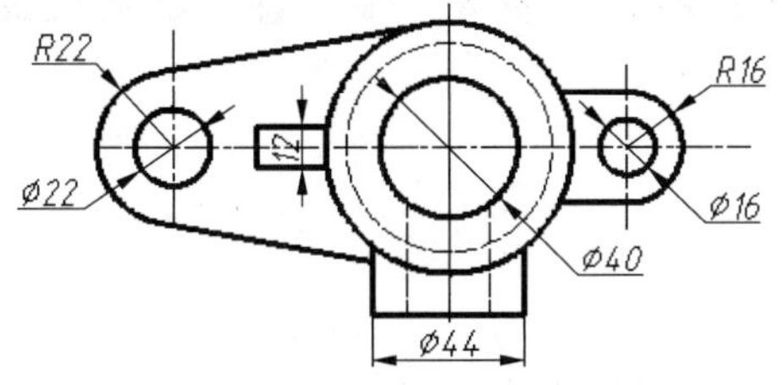

图 3.18 综合练习 1

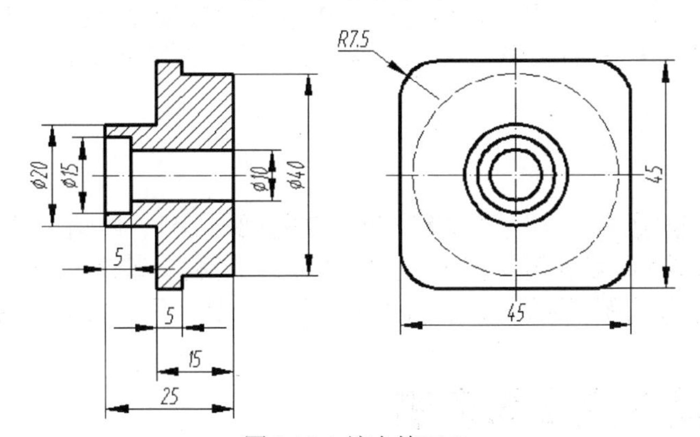

图 3.19 综合练习 2

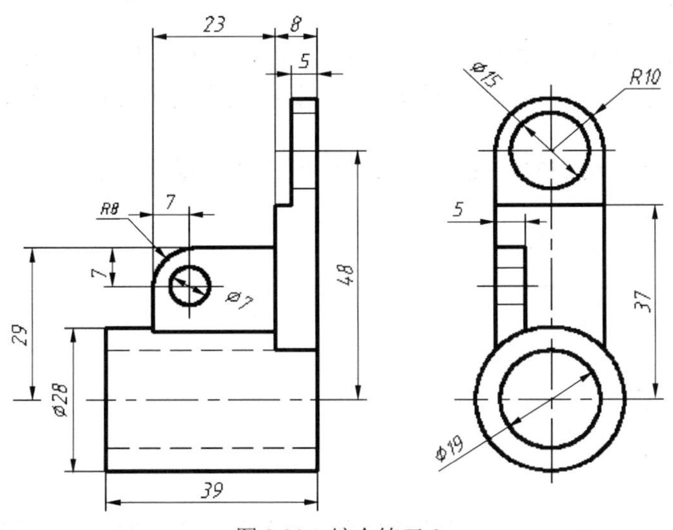

图 3.20 综合练习 3

项目4 文本标注与尺寸标注

项目要点

AutoCAD 的绘图过程通常分为四个阶段，即绘图、注释、查看和打印。在注释阶段，设计者要添加尺寸、文字、数字和其他符号，以表达有关设计方面的要求。本章着重讨论 AutoCAD 2014 中文字样式的编辑与文字的输入、表格的创建与编辑、尺寸样式的编辑与各类尺寸的标注。

教学提示

在一张完整的工程图纸中，除了表达结构形状的轮廓图形外，还必须有完整的尺寸标注、形位公差标注、技术要求和明细表等文字注释。通过使用尺寸和文本标注，可以在图形中提供更多的信息，不仅可以增加图形的易懂性，而且也可以表达出图形不易表达的信息。

任务 4.1 输入文本与表格

任务 绘制一幅如图 4.1 所示的 A3 图纸：要求所有文字均为长仿宋体，技术要求中文字字高设为 5，标题栏字高设为 3.5；所有数字均为 gbeitc.shx，字高设为 3.5。

目的 掌握文字样式的创建、输入与编辑；表格的创建与编辑

知识的储备 绘图命令、修改命令

4.1.1 案例导入

4.1.2 案例分析

此任务中需要先绘制图幅大小为 420×297 的 A3 图框，然后以图框右下角点为基点插入表格

并在表格中输入相应的文字；技术要求中的文字用输入文本的方式输入。所以本任务主要用的新知识点为文本和表格的相关内容。

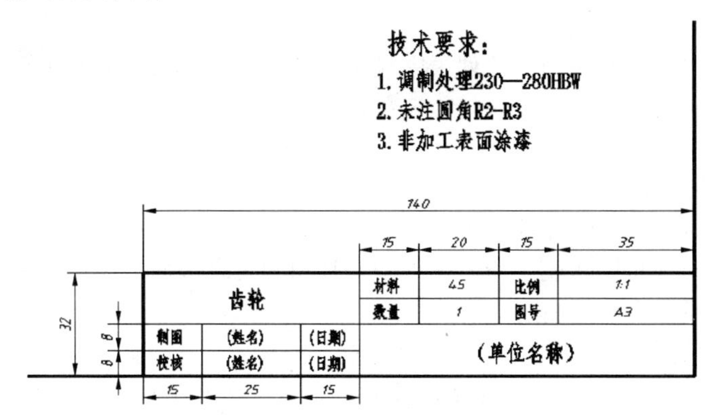

图 4.1　A3 图纸、标题栏及技术要求

4.1.3　知识链接

知识 1　文字样式

在文字输入之前，用户应该首先创建一个或多个文字样式，用于输入不同特性的文字。输入的所有文字都称为文本对象，要修改文本对象的某一特性时，不需要逐个修改，而只要对该文本的样式进行修改，就可以改变使用该样式书写的所有文本对象的特性。

1．创建文字样式

文字样式的创建是通过“文字样式”对话框完成的，如图 4.2 所示。启动“文字样式”对话框的方法有：

➢ 工具栏：单击“文字样式”按钮。
➢ 菜单：单击“格式”中的“文字样式”选项。
➢ 命令行：输入 STYLE（ST）。

（1）“样式”选项区

①“样式名”下拉列表：列出所有的文字样式名。

②“新建”按钮：用来为新建的文字样式命名。单击“新建”按钮，弹出如图 4.3 所示的“新建文字样式”对话框。输入样式名称，然后单击“确定”按钮。

图 4.2　“文字样式”对话框

图 4.3　“新建文字样式”对话框

③“置为当前”按钮：将样式列表中选中的样式设置为当前文字样式。

④“删除”按钮：删除所选的文字样式，但系统默认的文字样式无法删除。

（2）“字体”选项区

① 字体名：在“字体名”的下拉列表中显示了 AutoCAD 系统所有的字体。

② 字体样式：指定字体格式，如斜体、粗体和常规字体。

（3）“大小”选项区

用来设置字体的高度。

① 注释性：指定文字为注释性文本。

② 使用文字方向与布局匹配：指定图纸空间视口中文字方向与布局匹配。

③ 高度：用来设置字体的高度。

（4）“效果”选项区

用来设置字体的显示效果。包括颠倒、反向、垂直、宽度比例和倾斜角度。通过勾选相应的选框来进行设置，同时在预览框中显示效果。

① 颠倒：倒置显示字符。

② 反向：反向显示字符。

③ 垂直：垂直对齐显示字符。这个功能对 True Type 字体不可用。

④ 宽度比例：默认值是 1，如果输入值大于 1，则文本宽度加大。

⑤ 倾斜角度：字符向左右倾斜的角度，以 Y 轴正向为角度的 0 值，顺时针为正。字符倾斜角度的范围必须在-85°～85°之间。按照国家标准输入 15，使文本倾斜 75°。

2．修改文字样式

在“文字样式”对话框中单击“样式名”下拉列表，会显示所有已创建的文字样式。用户可以随时修改某一种已建文字样式，并将所有使用这种样式输入的文字特性同时进行修改；也可以只修改文字样式的定义，使它只对以后使用这种样式输入的文字起作用，而不修改之前使用该样式输入的文字特性。

打开“文字样式”对话框，在文字名上右键单击，选择重命名选项，修改名称即可。

除上述功能外，还可以修改样式的字体名、大小、效果等选项，修改完成后，单击“应用”按钮即可。

知识 2 文本输入

AutoCAD 提供了两种文字输入的方式：单行文字输入和多行文字输入。所谓的单行输入，并不是用该命令每次只能输入一行文字，而是输入的文字，每一行单独作为一个实体对象来处理。相反，多行输入就是不管输入几行文字，AutoCAD 都把它作为一个实体对象来处理。

1．创建与编辑单行文字

（1）单行文字的输入

执行“单行文字”输入命令的方法有：

- 工具栏：单击“单行文字”命令按钮AI。
- 菜单：单击“绘图”菜单下“文字”选项中的“单行文字”命令。
- 命令行：输入 TEXT。

执行上述命令后，命令行提示：

```
命令: text                                       【执行“单行文字”输入命令】
当前文字样式:  工程字   当前文字高度:  2.5000     【显示当前文字样式信息】
指定文字的起点或 [对正(J)/样式(S)]:                【指定文字起点】
指定高度 <2.5000>:                                【输入文字高度】
```

```
指定文字的旋转角度 <0>:                        【输入文字旋转角度】
输入文字:                                      【输入所需文字】
输入文字:                                      【继续输入所需文字，或回车结束命令】
```

在命令行提示“指定文字的起点或[对正(J)/样式(S)]:”时，如果输入 j 选择【对正】选项，可以用来指定文字的对齐方式；如果输入 s 选择【样式】选项，可以用来指定文字的当前输入样式。下面详细介绍各选项的使用。

①“对正”选项：[对齐(A)/调整(F)/中心(C)/中间(M)/右(R)/左上(TL)/中上(TC)/右上(TR)/左中(ML)/正中(MC)/右中(MR)/左下(BL)/中下(BC)/右下(BR)]，各对齐方式如图所示

②“样式”选项：

```
指定文字的起点或 [对正(J)/样式(S)]: s        【输入 s 回车】
输入样式名或 [?] <样式 4>:        【输入样式名或回车默认括号中的文字样式】
```

（2）特殊符号的输入

在使用单行文字输入时，常常需要输入一些特殊符号，如直径符号“ϕ”、角度符号“°”等。根据当前文字样式所使用的字体不同，特殊符号的输入分用 ttf 字体输入特殊字符和用 shx 字体输入特殊字符两种情况。

如果当前的文字样式使用的是 ttf 字体，就可以使用 Windows 提供的软键盘进行输入。

如果当前样式使用的字体是 shx 字体，并且勾选了“使用大字体”复选框，依然可以使用上述软键盘进行输入；如果没有勾选“使用大字体”复选框，就不能用上述方法输入特殊符号，这时可以使用 AutoCAD 提供的控制码输入，控制码由两个百分号（%%）后紧跟一个字母构成。如表 4.1 所示 AutoCAD 常用的控制码。

表 4.1　AutoCAD 控制码

控制码	功能
%%o	加上划线
%%u	加下划线
%%d	度符号
%%p	正、负符号
%%c	直径符号
%%%	百分号

（3）单行文字的编辑与修改

用户既可以编辑已输入单行文字的内容，也可以修改单行文字对象的特性。

① 单击下拉菜单“修改”/“对象”/“文字”/“编辑”，这时命令行提示“选择注释对象或[放弃(U)]:”，用拾取框选择要进行编辑的单行文字，屏幕将弹出“编辑文字”对话框。在“文字”编辑框中重新填写需要的文字，然后单击“确定”按钮。这时，命令行还会继续提示“选择注释对象或 [放弃(U)]:”，可以连续执行多个对象的编辑操作。

② 在绘图区域选中单行文字对象，单击右键选择快捷菜单中的“编辑文字”选项，作用与方法同上。

③ 双击单行文字对象也会弹出“编辑文字”对话框，用同样的方法来编辑文字。但是这种方法与前三种方法不同的是，每次只能编辑一个单行文字对象。

除了编辑单行文字的内容，用户还可以通过“特性”选项板来修改文字的样式、高度、对正方式等特性。选中文字对象，单击右键选择快捷菜单中的“特性”选项，屏幕上将弹出“特性”选项板，在选项板中修改对象的特性即可。

2．创建和编辑多行文字

多行文字输入命令用于输入内部格式比较复杂的多行文字，也是 AutoCAD 中文本常用的输入方式。

（1）多行文字的输入

- 工具栏：单击“多行文字”命令按钮A。
- 菜单：单击“绘图”菜单中“文字”下的“多行文字”选项。

➢ 命令行：输入 MTEXT（MT）。

执行上述命令后，命令行提示：

```
命令: _mtext 当前文字样式:"Standard"  当前文字高度:2.5
指定第一角点:
指定对角点或 [高度(H)/对正(J)/行距(L)/旋转(R)/样式(S)/宽度(W)]: 【指定第二角点或选择相应选项】
```

如果在上述命令行提示下，直接指定第二个角点，屏幕会弹出多行文字编辑器。指定的两个角点是文字输入边框的对角点，用来定义多行文字对象的宽度。

（2）多行文字的编辑与修改

多行文字的编辑方法与编辑单行文字方法相同，在此不再累述。打开“在位文字编辑器”后，界面显示如图 4.4 所示。

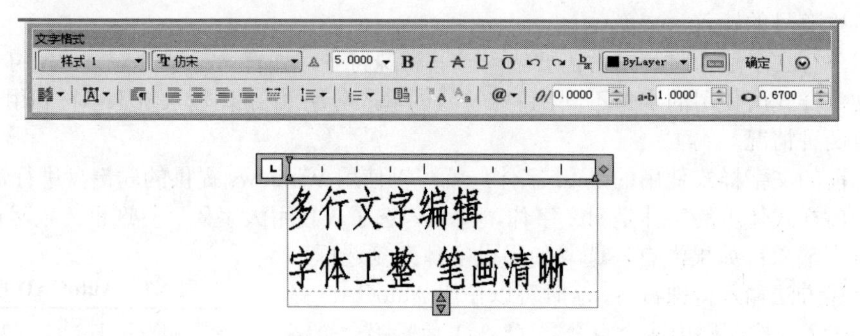

图 4.4 “在位文字编辑器”

操作方式为先选择文字，在选择工具栏相关按钮命令进行编辑。

①“多行文字对正”：设置文字的对正方式。

②“符号”@▾：用于输入符号和特殊字符，打开下拉菜单中的“其它”命令可打开“字符映射表”对话框。

③“堆叠”：用于创建堆叠文字，如图 4.5 所示。先选中要堆叠的字符，再点击“堆叠”按钮，即可完成堆叠效果。

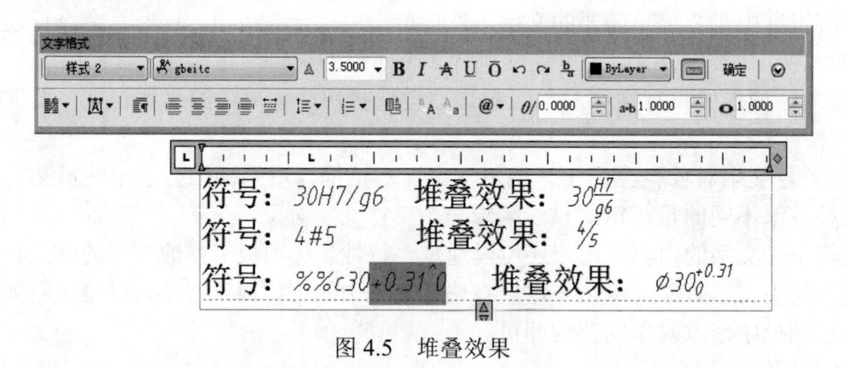

图 4.5 堆叠效果

④“标尺”：用于设置制表符、调整段落和行距与对齐，创建和修改列。

知识 3 创建表格样式和表格

表格是在行和列中包含数据的复合对象。可以通过空的表格或表格样式创建空的表格对象。还可以将表格链接至 Microsoft Excel 电子表格中的数据。如标题栏和明细栏的制作即可用表格创建。

1．创建表格样式

表格样式用于控制影响表格外观的众多参数。“表格样式”对话框如图 4.6 所示。

（1）命令的启用方法

➢ 菜单：单击“绘图”菜单中的“表格样式”命令。

➢ 工具栏：单击工具栏中的“表格样式”按钮。

（2）“表格样式”对话框选项功能

① 当前表格样式：显示当前表格样式的名称。

②“样式（S）”窗口：显示所有的表格样式，右键单击的下拉列表中可对选中样式进行“置为当前”、“重命名”和“删除”等命令。

③“预览窗口”：显示样式列表中被选中样式的图例。

④“置为当前”按钮：将样式列表中被选中的表格样式设置为当前样式。

⑤“修改”按钮：单击可打开“修改表格样式”对话框。

⑥“新建”按钮：单击后创建新的表格样式，对话框如图 4.7 所示。在“创建新的表格样式”对话框输入样式名称，点击“继续”按钮，弹出“新建表格样式”对话框，如图 4.8 所示。

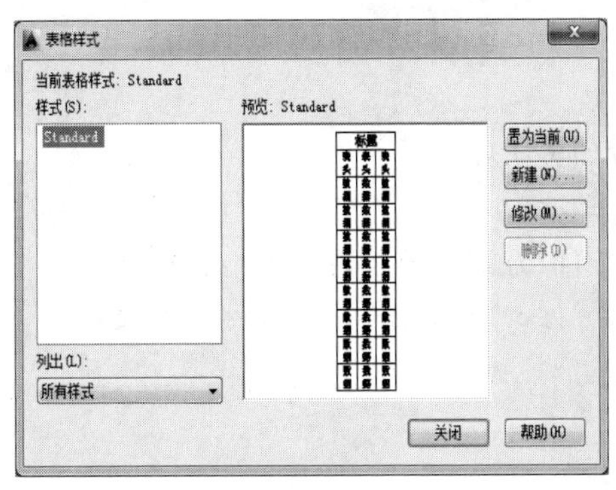

图 4.6 “表格样式”对话框

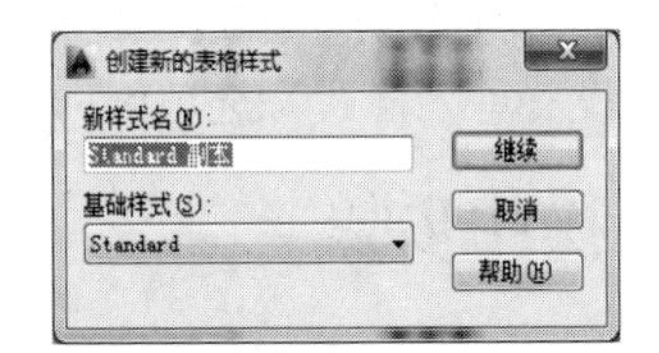

图 4.7 “创建新表格样式”对话框

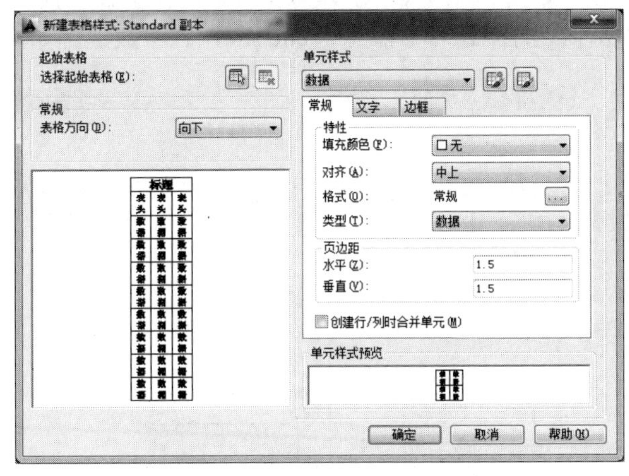

图 4.8 “新建表格样式”对话框

在“新建表格样式”对话框中，用户设置新建表格的表格方向、单元样式（标题、表头、数据）、对齐方式、文字特性及边框等选项。

2．插入表格

（1）命令启用方式

➢ 工具栏：单击“表格”命令按钮。

➢ 菜单：单击“绘图”菜单中的“表格”命令。

执行命令后，弹出“插入表格”对话框，如图 4.9 所示。

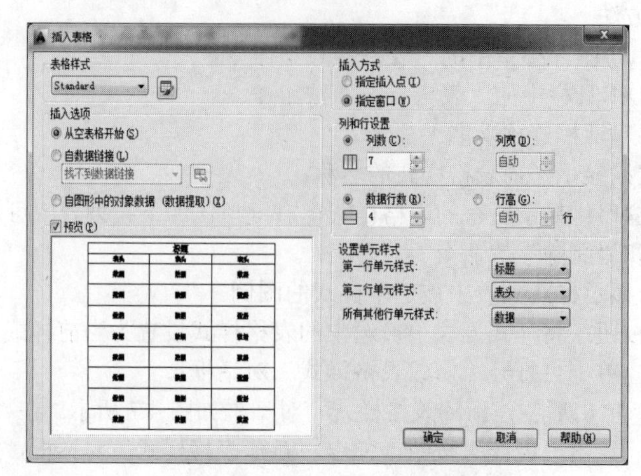

图 4.9 “插入表格”对话框

（2）“插入表格”对话框各选项功能

①“表格样式”选项区：下拉列表显示所有的表格样式。

②“插入选项”区：控制以何种方式来获得数据。

③“插入方式”选项区：选择插入点或指定窗口方式、控制表格大小、行列。

④“设置单元样式”选项区：可对表中的第一行、第二行和其余各行进行设置。

4.1.4 操作步骤

1．新建文字样式

（1）创建名称为“工程汉字”的样式，字体为长仿宋，各参数设置如图 4.10 所示。

（2）创建名称为“数字”的样式，字体为 gbeitc.shx，各参数设置如图 4.11 所示。

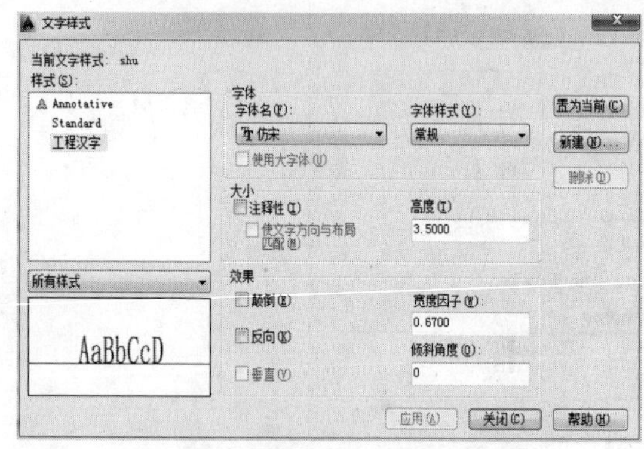

图 4.10 创建“工程汉字”样式

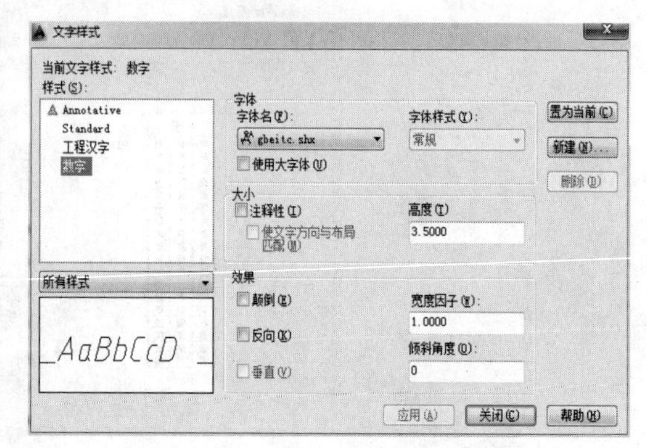

图 4.11 创建“数字”样式

2．设置表格样式

打开表格样式对话框，新建一个名称为“标题栏”的样式，根据任务要求设置参数，如图 4.12 所示。

3．绘制 A3 图纸边框

4．用表格命令绘制标题栏

（1）单击插入表格按钮，设置插入表格的各参数，如图 4.13 所示。点击“确定”按钮，即插入 4 行 7 列表格。

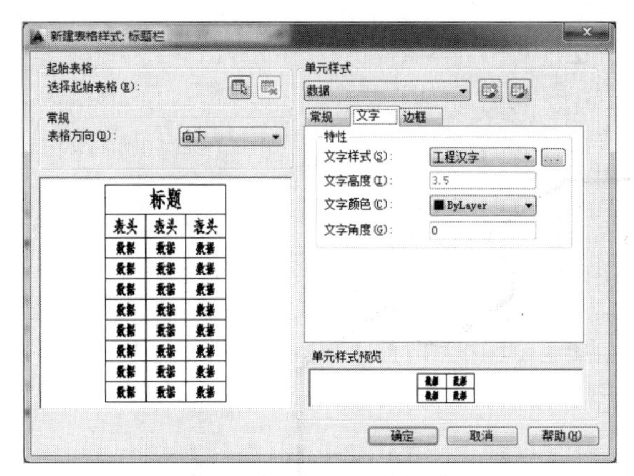

图 4.12　新建表格样式

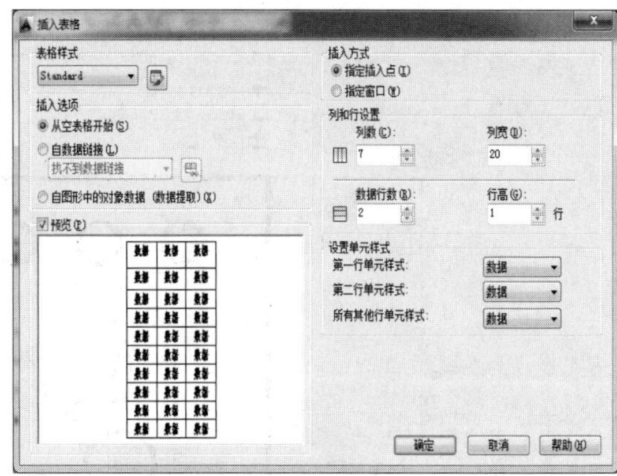

图 4.13　插入表格

（2）编辑表格

① 调整行高，选中该表格，在灰色区域单击鼠标右键选择“快捷特性”命令如图 4.14 所示，设置表格高度为 32。

② 调整列宽，选中要调整的单元格

点编辑命令调整到要求的尺寸。并将零件名和单位名称的单元格合并，如图 4.15 所示。

图 4.14　用“快捷特性”调整行高

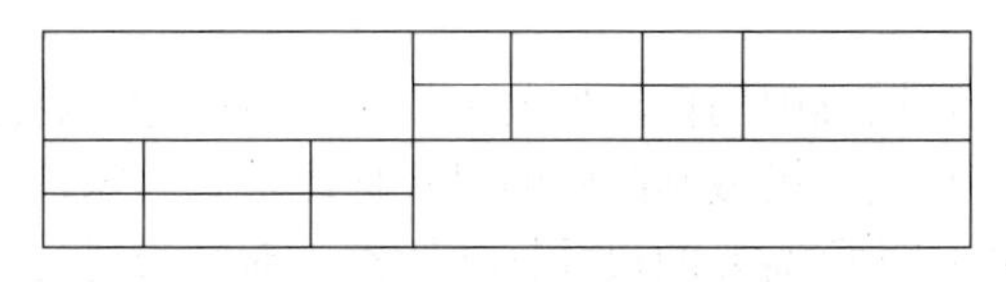

图 4.15　调整列宽

③ 用“分解”命令将表格分解，边框调为粗实线。

④ 双击单元格，输入相应文字及数字，如图 4.16 所示。

5. 将“工程汉字”样式置为当前，用“多行文字”命令输入技术要求。

<table>
<tr><td colspan="3" rowspan="2">齿轮</td><td>材料</td><td>45</td><td>比例</td><td>1:1</td></tr>
<tr><td>数量</td><td>1</td><td>图号</td><td>A3</td></tr>
<tr><td>制图</td><td>(姓名)</td><td>(日期)</td><td colspan="4" rowspan="2">(单位名称)</td></tr>
<tr><td>校核</td><td>(姓名)</td><td>(日期)</td></tr>
</table>

图 4.16　标题栏

任务 4.2　尺寸标注

任务　绘制如图 4.17 所示图形并进行标注

目的　掌握标注样式的创建、各类尺寸的标注方法

知识的储备　绘图命令、修改命令、图层的创建和编辑、文字样式创建

4.2.1 案例导入

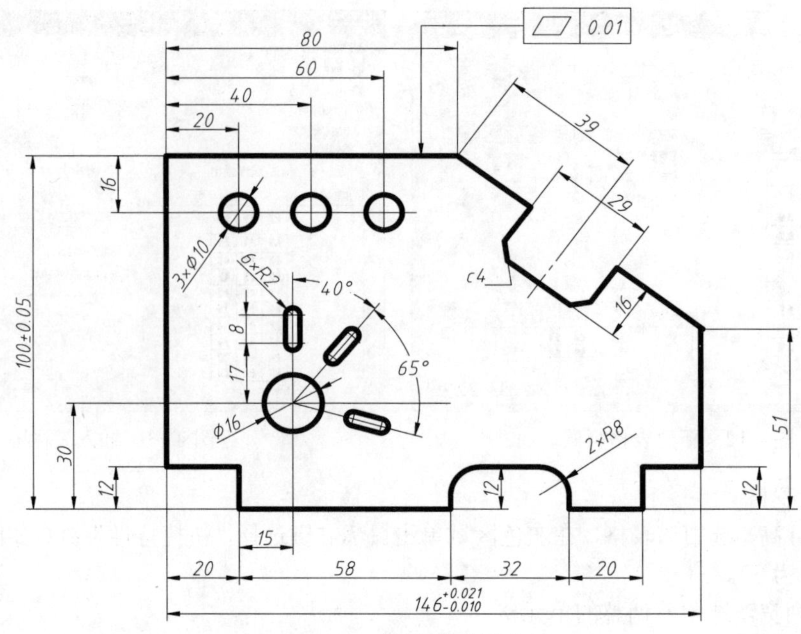

图 4.17 标注图形尺寸

4.2.2 案例分析

该图形中的标注形式主要包括线性标注、连续标注、基线标注、角度、半径、直径、公差等多种标注。机械制图中的尺寸标注是有国家标准规定的，所以在进行标注前，用户需要按照国家标准创建所需要的尺寸样式，然后对图形进行各种标注。

4.2.3 知识链接

知识 1 尺寸样式

标注样式是尺寸标注对象的组成方式。诸如标注文字的位置和大小、箭头的形状等。设置尺寸标注样式可以控制尺寸标注的格式和外观，有利于执行相关的绘图标准。尺寸样式对话框如图 4.18 所示。

1．命令执行方式

- 工具栏：单击“标注样式管理器”命令按钮。
- 菜单：单击“格式”菜单中的“标注样式”命令。
- 命令行：输入 DIMSTYLE。

点击“新建”按钮，弹出“创建新标注样式”对话框，输入“样式名称”，点击“继续”按钮，弹出“新建标注样式”对话框，如图 4.19 所示。

2．标注样式各选项卡的设置

（1）设置“直线”选项卡　此选项卡用于设置尺寸线及尺寸界限的格式和位置。

① 尺寸线：用于设置尺寸线的颜色和线宽（常规采用“ByLayer”）；“超出标记”用于控制在使用倾斜、建筑标记、积分箭头或无箭头时，尺寸线延长到尺寸界线外面的长度；“基线间距”

控制使用基线型尺寸标注时，两条尺寸线之间的距离。“隐藏”可以控制尺寸线两个组成部分的可见性。

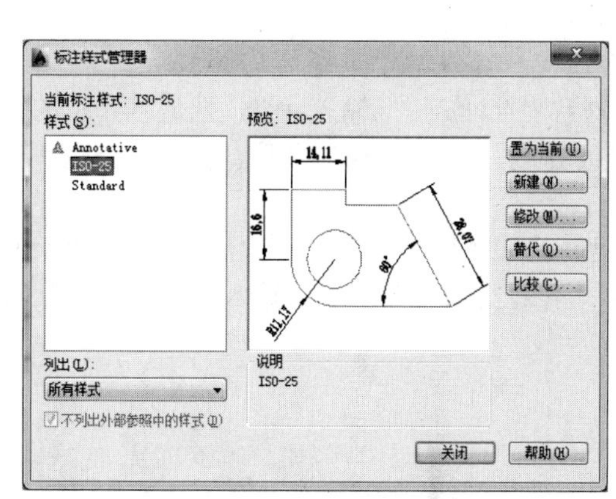

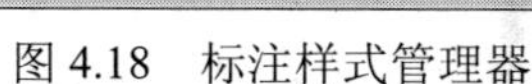
图 4.18　标注样式管理器

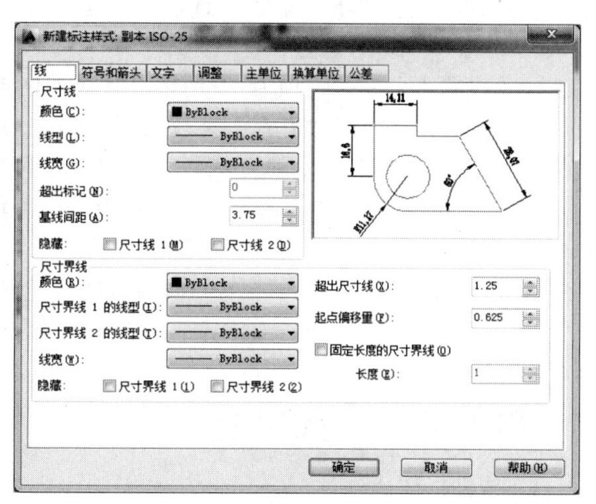

图 4.19　“新建标注样式”对话框

② 尺寸界线：设置尺寸界线的颜色、线宽、超出尺寸线的长度（国标中规定为 2～3mm）、起点偏移量（国标中设该值为 0）和隐藏控制等。

（2）设置“符号和箭头”选项卡　此选项卡用于设置箭头、半径折弯等。

① 箭头：“箭头”设置区设置尺寸线和引线箭头的类型（机械制图国标规定“实心闭合”）及箭头尺寸的大小（国标规定为 2～4）。

② 圆心标记：设置圆心标记的类型、大小和有无。

③ 半径标注折弯：当圆弧半径较大时，不便于直接标出圆心，因此将尺寸线折弯表示。

（3）设置“文字”选项卡　此选项卡用于设置文字外观、位置、对齐等项目。

① 文字外观：可以设置文字的样式、文字颜色（常规采用“ByLayer”）、填充颜色（选“无”）高度和分数高度比例，以及控制是否绘制文字边框。

② 文字位置：按国标设置，垂直取“上方”，水平取“置中”，“从尺寸线偏移”选用“1”，它是文字偏移尺寸线的距离。

③ 文字对齐：“水平”沿 X 轴水平放置文字，不考虑尺寸线的角度。这个单选项用于标注角度和半径；“与尺寸线对齐”文字与尺寸线对齐，这个单选项为线性类尺寸标注的常用选项；“ISO 标准”当文字在尺寸界线内时，文字与尺寸线对齐，当文字在尺寸界线外时，文字水平排列。

（4）设置“调整”选项卡

①“调整选项”、“文字位置”、“优化”三个选项区，采用默认项即符合国标要求。

②“标注特征比例”：文本框中的数字用于控制“箭头大小”、“文字高度”等参数的倍数。因此在 1∶1 比例绘图的前提下，如果要以 1∶2 输出图形到指定规格的图幅，则在此文本框中输入“2”，以保证按 1∶2 输出后的图纸符合国家制图标准。

（5）设置“主单位”选项卡　用于设置单位格式、精度、测量单位比例等值。

① 线性标注：“单位格式”除了角度之外，该下拉框可设置所有标注类型的单位格式；“精度”设置标注文字中保留的小数位数。“分数格式”有水平、对角和非堆叠；“小数分隔符”设置十进制数的整数部分和小数部分间的分隔符。可供选择的选项包括句点、逗点和空格。“舍入”将除角度外的测量值舍入到指定值；“前缀和后缀”用来设置放置在标注文字前、后的文字；“比例因子”设置除了角度之外的所有标注测量值的比例因子；选择“仅应用到布局标注”复选框，

则比例因子仅对在布局里创建的标注起作用；选择“前导”复选框，系统将不输出十进制尺寸的前导零；选择“后续”复选框，系统将不输出十进制尺寸的后续零。

② 角度标注：“单位格式”选取“十进制度数”；“精度”依据图形需要设置为小数点后的位数。

（6）设置“公差”选项卡　用于设置公差格式等。

①“公差格式”区“方式”下拉列表选取“无”，　在没有公差时使用。

② 若“公差格式”区“方式”下拉列表选取“对称”“上偏差”输入 0.2，则最终显示的公差为“±0.2”；“高度比例”公差字高与此值的积为最终高度，常设为 0.5；“垂直位置”公差值与数据值的相对位置，常选为“中”。

③“公差格式”区“方式”下拉列表选取“极限偏差”，“精度”设置小数后的位数。“上偏差”在文本框中输入上偏差数值，允许用正、负号；“下偏差”在文本框中输入下偏差值，默认为负号。

知识 2　尺寸标注

1．线性标注

线性标注用于标注用户坐标系 XY 平面中的两个点之间距离的测量值，可以指定点或选择一个对象，如图 4.20 中的尺寸 15、31。

- 标注工具栏：单击“线性标注”命令按钮。
- 菜单：单击“标注”菜单中的“线性”命令。
- 命令：输入 dimlinear。

执行命令后，命令行提示如下（以尺寸 15 为例）：

```
命令： _dimlinear
指定第一个尺寸界线原点或 <选择对象>:            【选择 A 点】
指定第二条尺寸界线原点:                         【选择 B 点】
指定尺寸线位置或[多行文字(M)/文字(T)/角度(A)/水平(H)/垂直(V)/旋转(R)]:【指定尺寸位置】
```

2．对齐标注

在使用线性标注尺寸时，若直线的倾斜角度未知，那么使用该方法将无法得到准确的测量结果，这时可使用对齐标注命令，如图 4.21 中的尺寸 20。

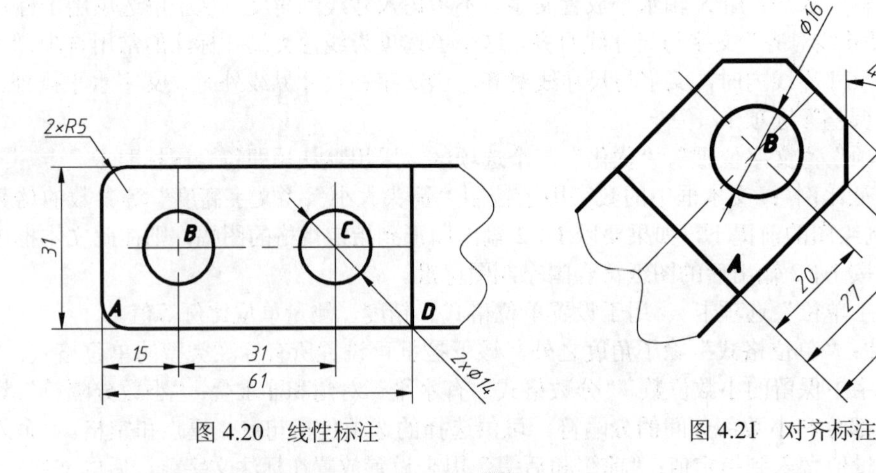

图 4.20　线性标注　　　图 4.21　对齐标注

- 标注工具栏：单击“线性标注”按钮。
- 菜单栏：单击“标注”菜单中的“对齐”命令。

➢ 命令：输入 dimaligned。

执行命令后，命令行提示如下：

```
命令: _dimaligned
指定第一个尺寸界线原点或 <选择对象>: 【选择 A 点】
指定第二条尺寸界线原点:             【选择 B 点】
指定尺寸线位置或[多行文字(M)/文字(T)/角度(A)]:
标注文字 = 20
```

3．角度标注

使用角度标注可以测量圆和圆弧的角度、两条直线间的角度或者 3 点间的角度。

使用“角度标注”标注圆、圆弧和 3 点间的角度时，其操作要点是：

① 标注圆时，首先在圆上单击确定第 1 个点（如点 1），然后指定圆上的第 2 个点（如点 2），再确定放置尺寸的位置。

② 标注圆弧时，可以直接选择圆弧。

③ 标注直线间夹角时，选择两直线的边即可。

④ 标注 3 点间的角度时，按↙键，然后指定角的顶点 1 和另两个点 2 和 3。

⑤ 在机械制图中，角度尺寸的尺寸线为圆弧的同心弧，尺寸界线沿径向引出。

角度标注的各种效果如图 4.22 所示。

说明：

1. 在机械制图中，国标要求角度的数字一律写成水平方向，注在尺寸线中断处，必要时可以写在尺寸线上方或外边，也可以引出，如图 4.23 所示。

2. 为了满足国标要求，在使用 AutoCAD 设置标注样式时，用户可以用上面的方法创建角度尺寸样式。

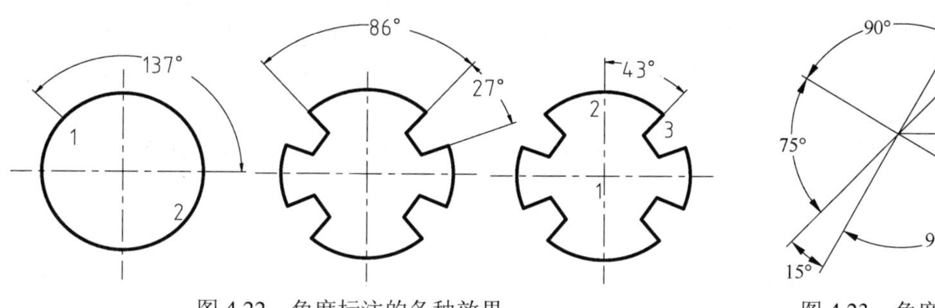

图 4.22　角度标注的各种效果

图 4.23　角度标注

4．基线标注

使用基线标注可以创建一系列由相同的标注原点测量出来的标注。要创建基线标注，必须先创建（或选择）一个线性或角度标注作为基准标注。

➢ 标注工具栏：单击“基线标注”命令按钮。

➢ 菜单：单击“标注”菜单中的“基线”命令。

➢ 命令行：输入 dimbaseline。

执行命令后，命令行提示如下（以图 4.20 中的尺寸 61 为例）。

```
命令: _dimbaseline
指定第二条尺寸界线原点或 [放弃(U)/选择(S)] <选择>:    【按回车键】
```

```
选择基准标注:                                          【选择尺寸 15 左边界线】
指定第二条尺寸界线原点或 [放弃(U)/选择(S)] <选择>:      【选择 D 点】
标注文字 = 61
```

5．连续标注

连续标注用于多段尺寸串联，尺寸线在一条直线放置的标注。要创建连续标注，必须先选择一个标注作为基准标注。每个连续标注都从前一个标注的第二条尺寸界线处开始。

➢ 标注工具栏：单击“连续标注”按钮。
➢ 菜单：单击“标注”菜单中的“连续”命令。
➢ 命令行：输入 dimcontinue。

执行命令后，命令行提示如下（以图 4.20 中的尺寸 31 为例）。

```
命令: _dimcontinue
指定第二条尺寸界线原点或 [放弃(U)/选择(S)] <选择>:      【按回车键】
选择连续标注:                                          【选择尺寸 15 边界】
指定第二条尺寸界线原点或 [放弃(U)/选择(S)] <选择>:      【选择 C 点】
标注文字 = 31
```

6．圆和圆弧的标注

在 AutoCAD 中，使用半径或直径标注，可以标注圆和圆弧的半径或直径，使用圆心标注可以标注圆和圆弧的圆心。

标注圆和圆弧的半径或直径时，AutoCAD 可以在标注文字前自动添加符号 R（半径）或 Φ（直径）。

➢ 标注工具栏：单击“半径”命令按钮、“直径”命令按钮。
➢ 菜单：单击“标注”菜单中的“半径”、“直径”命令。
➢ 命令行：输入 dimradius、dimdiameter。

说明:

1. 要将标注文字水平放置，可在“标注样式管理器”对话框中单击“替代”按钮，打开“替代当前样式”对话框，在“文字”选项卡的“文字对齐”设置区中选择“水平”单选钮。

2. 要将尺寸线放在圆弧外面，可在“调整”选项卡的“调整”设置区中取消选择“始终在尺寸界线之间绘制尺寸线”复选框。

3. 通过“文字（T）”选项修改直径数值时，可键入“%%c”来输出直径符号“Φ”。

7．快速标注

使用快速标注功能，可以快速创建成组的基线、连续、阶梯和坐标标注，快速标注多个圆、圆弧以及编辑现有标注的布局。

在“标注”工具栏中单击“快速标注”按钮。AutoCAD 提示如下（如图 4.24 所示）。

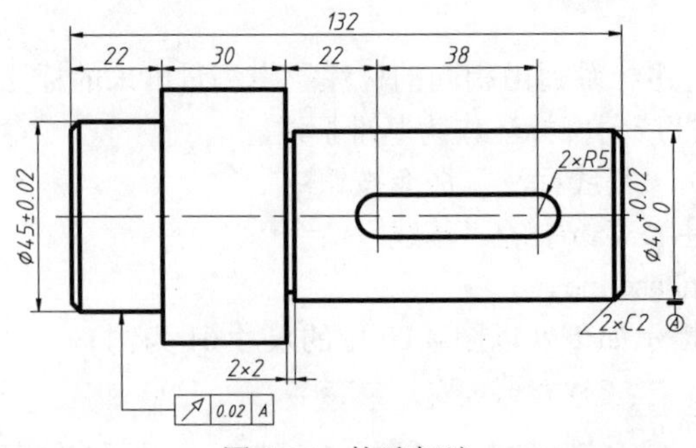

图 4.24 快速标注

命令：_qdim 关联标注优先级 = 端点
选择要标注的几何图形： 【选择各轴向直线段】
指定尺寸线位置或[连续(C)/并列(S)/基线(B)/坐标(O)/半径(R)/直径(D)/基准点(P)/编辑(E)/设置(T)] <连续>: 【单击一点】

8．尺寸公差标注

尺寸公差是为了有效控制零件的加工精度，许多零件图上需要标注极限偏差或公差带代号，它的标注形式一般是通过标注样式中的公差格式来设置的，也可通过前面所讲的输入特殊文字的方式。下面以图 4.24 所示的两处公差为例介绍尺寸公差的标注。

① 设置公差标注样式

在“标注样式管理器”中创建新的样式：“ISO-25 公差”。打开“公差”选项卡，设置参数如图 4.25 所示。

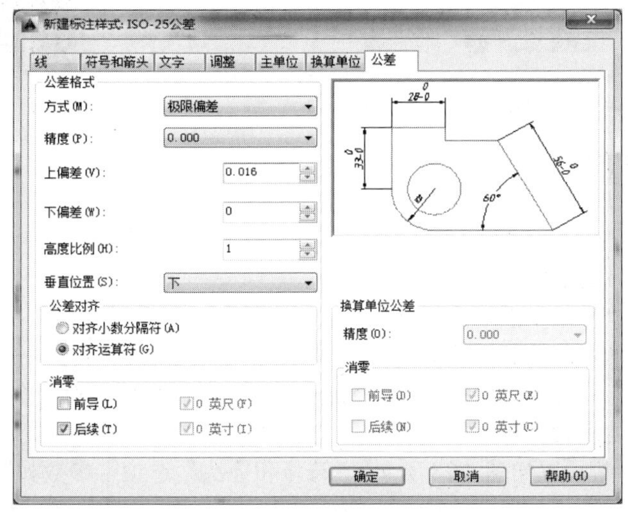

图 4.25　公差标注样式对话框

② 将该标注样式置为当前，利用“线性标注”标注尺寸 $\Phi 40^{+0.016}_{0}$。

同上述步骤，建立“ISO-25 对称公差”样式，改变公差标注方式为“对称”。上偏差输入 0.02，可标注“Φ45±0.02”。

说明：

我们也可以不用创建新的公差标注样式（以 $\Phi 40^{+0.016}_{0}$ 为例），直接用“线性标注”通过“多行文字（M）”选项修改直径数值时，应键入“%%c”来输出直径符号“Φ”。直径数值后面输入+0016^0，然后用“堆叠”命令完成标注。

9．形位公差标注

➢ 标注工具栏：单击“公差”命令按钮 。
➢ 菜单：单击“标注”菜单中的“公差”命令。
➢ 命令行：输入 tolerance。

启动“公差”命令后，这时将自动打开“形位公差”对话框，如图 4.26 所示。单击符号框，打开“特征符号”对话框，如图 4.27 所示。在“符号”对话框中选择形位公差，在“公差”框中填写形位公差值，在“基准”框中填写基准，单击“确定”。

说明：

标注形位公差时，我们也可用引线命令，输入命令“qleader”，按回车键，弹出“引线设置”对话框。注释类型选择“公差”，箭头选择“实心闭合”按回车键。绘制引线起点，第二点后弹出如图 4.26 所示对话框，进行设置即可。

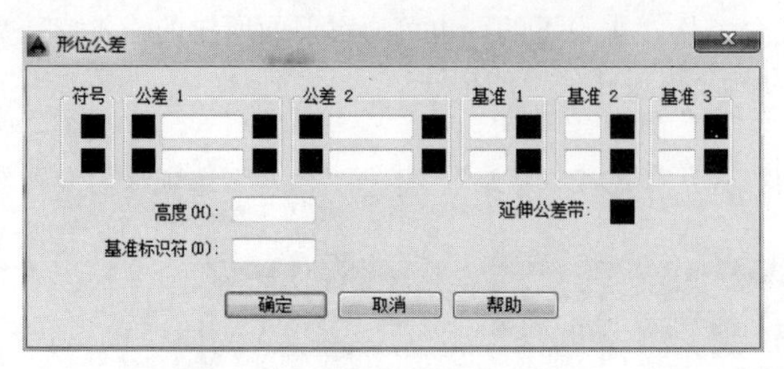

图 4.26 “形位公差”对话框

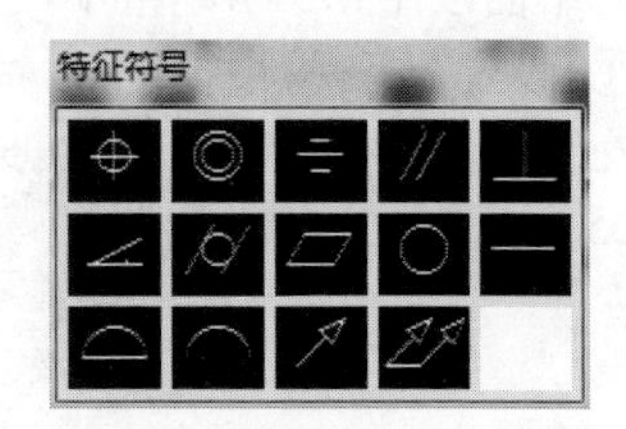

图 4.27 “特征符号”对话框

4.2.4 标注过程

1．绘制基本图形

2．根据任务要求创建标注样式

（1）新建名为“基础”的标注样式

点击工具栏中的“标注样式”命令按钮，弹出“创建新标注样式”对话框，输入新样式名为“基础”，点击“继续”按钮，弹出“新建标注样式：基础”对话框。

（2）根据任务要求设置标注样式各选项卡参数

“线”选项卡参数设置如图 4.28 所示；“符号和箭头”选项卡参数如图 4.29 所示。

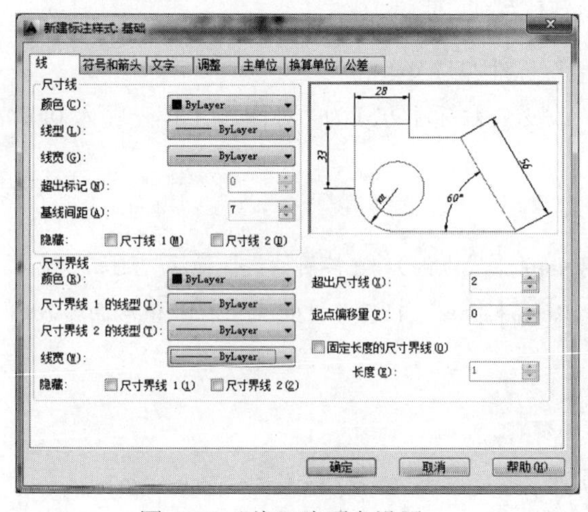

图 4.28 “线”选项卡设置

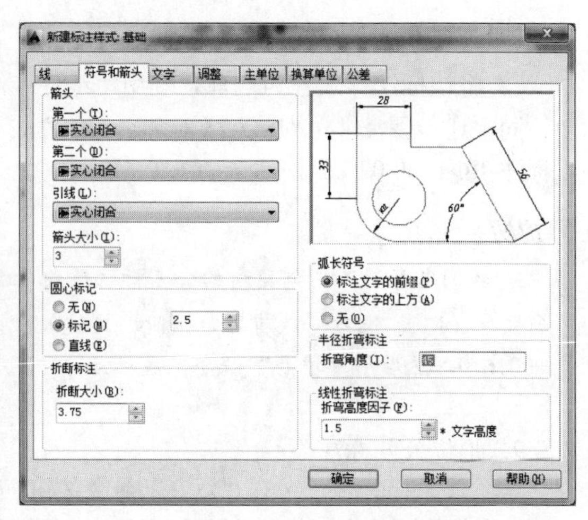

图 4.29 “符号和箭头”选项卡设置

“文字”选项卡参数如图 4.30 所示；“主单位”选项卡参数如图 4.31 所示；“调整”、“换算单位”和“公差”选项卡按照系统默认值设定。点击“确定”按钮完成，并将“基础”置为当前，点击“关闭”按钮完成创建。

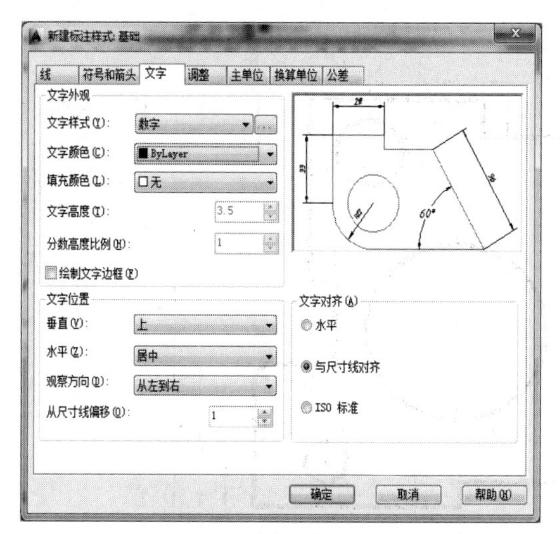

图 4.30 “文字”选项卡设置

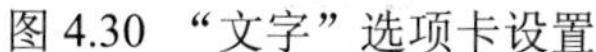

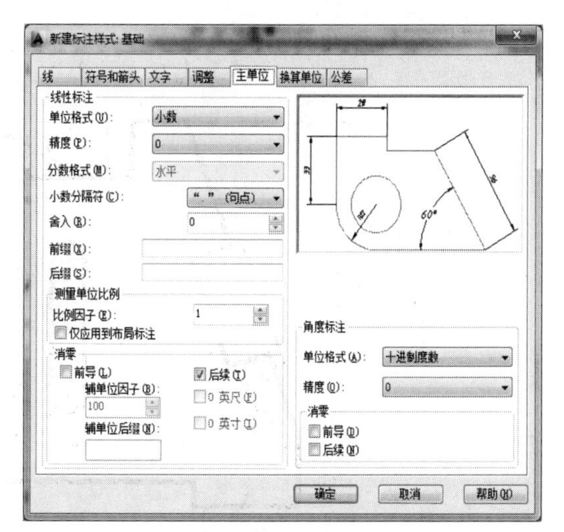

图 4.31 “主单位”选项卡设置

3．标注图形尺寸

① 线性标注：图中的尺寸三处 12、15、20、8 六处尺寸。

② 对齐标注：图中的 29、39、16 三处尺寸。

③ 基线标注：图中的 30、40、60、80、51、58 六处尺寸。

④ 连续标注：图中的 20、32、20、17 四处尺寸。

⑤ 尺寸公差标注：100±0.05、$146^{+0.021}_{-0.010}$（用线性标注，输入文字后堆叠）。

⑥ 形位公差标注：平面度▱的标注。

⑦ 角度标注：40°、60°两处。

⑧ 直径标注：Φ16、3×Φ10（标注时选择文本输入 3×%%c10）。

⑨ 半径标注：6×R2、2×R8 两处尺寸。

⑩ 倒角标注：C4（采用引线标注的形式）。

综合案例应用

① 在 AutoCAD 2014 中定义符合机械制图要求的尺寸标注样式。具体要求如下：标注样式名称为“练习标注”；将“基线间距”设为 7，“超出尺寸线”设为 2，“起点偏移量”设置为 0，“箭头大小”设置为 3.5，“圆心标记大小”设置为 2.5；尺寸文字样式为 gbeitc.shx，字高为 3.5，其余参数按照机械制图国家标准规定设定。

② 绘制如图 4.32 所示图形并标注尺寸。

③ 绘制如图 4.33 所示图形并标注尺寸。

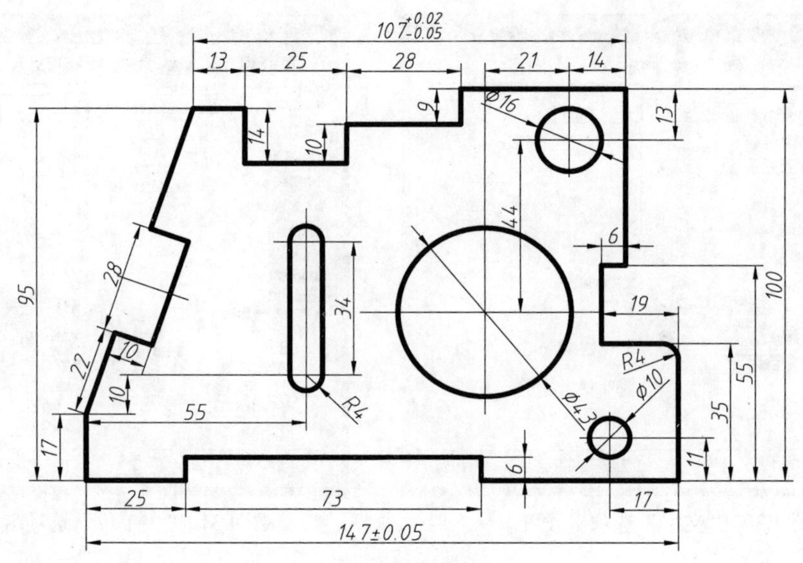

图 4.32 标注练习 1

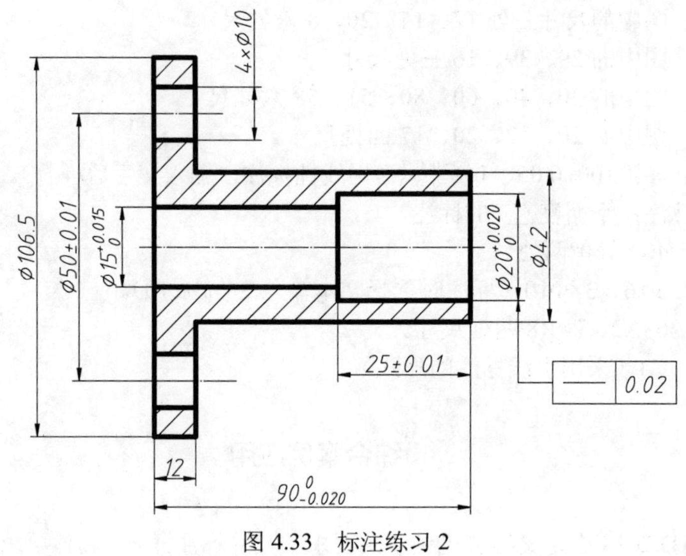

图 4.33 标注练习 2

项目5 轴测图的绘制

项目要点

通过实例讲解，介绍了 AutoCAD 软件中等轴测捕捉的设置和极轴追踪方式的设置，及绘制正等轴测图和斜二测图形，并讲述了轴测图的尺寸标注样式和具体的标注过程，从而使读者更好的掌握正等轴测图和斜二测图形的绘制。

教学提示

将物体连同其参考直角坐标系沿不平行于任何坐标面的方向，用平行投影法将其投射在单一投影面上所得到的图形称为轴测投影图。轴测投影图（简称轴测图），是反映物体三维形状的二维图形，能准确地表达形体的表面形状和相对位置，具有良好的度量性，是生产中常用的一种辅助图样，常用来说明产品的结构和使用方法等。应用 AutoCAD 软件绘制轴测图将使绘图变得简单快捷。

任务 5.1　正等轴测图的绘制

任务	在正等轴测图环境下绘制如图 5.1 所示的轴测图
目的	通过绘制此图形，熟悉轴测图的绘制方法及绘制技巧
知识的储备	基本绘图命令、编辑命令、捕捉模式的设置、正交模式的使用

5.1.1 案例导入

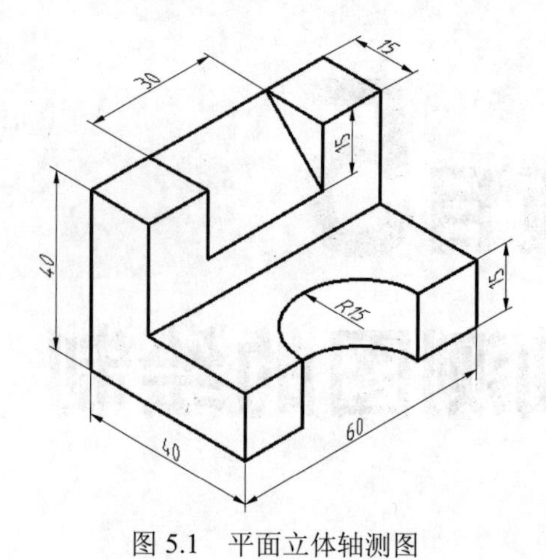

图 5.1 平面立体轴测图

5.1.2 案例分析

这是一个正等轴测图，所谓轴测就是指“沿轴向测量”的意思。由于轴测投影属于平行投影，因此它具有平行投影的基本特性。

① 空间物体上相互平行的直线，它们的轴测投影仍相互平行。

② 物体上与坐标轴平行的直线，在轴测图中仍平行于相应的轴测轴。

本图由圆（椭圆）和直线组成。绘制本图时，可以先画出物体上特征面的轴测图，再按照厚度或高度画出其他可见轮廓。

5.1.3 知识链接

1．正等轴测图的环境设置

（1）轴测轴和轴向伸缩系数

正等轴测图通常采用简化的轴向伸缩系数 $p=q=r=1$，即凡与轴测轴平行的线段，作图时按实际长度直接量取。用这种方法画出的图形比实际物体放大了约 1.22 倍，但对形状没有影响。正等测中轴测轴的位置和立方体的正等轴测图如图 5.2（a）和图 5.2（b）所示。

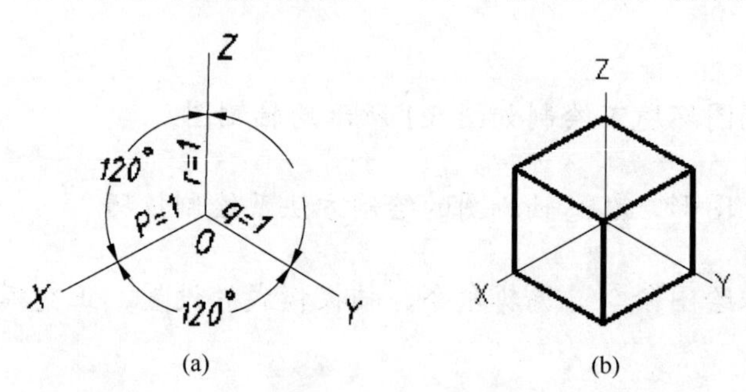

图 5.2 轴测轴的位置和立方体的正等轴测图

（2）轴测平面的组成

一个实体的轴测投影只有三个可见平面，为了便于绘图，我们将这三个面作为画线、找点等操作的基准平面，并称它们为轴测平面，根据其位置不同，分别称为左等轴测面、右等轴测面和上等轴测平面。如图 5.3 所示。

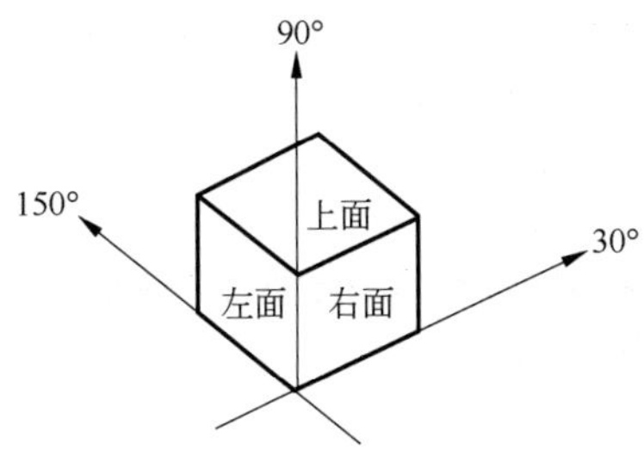

图 5.3　三个不同的等轴测平面

（3）等轴测捕捉的设置

➢ 菜单栏：单击“工具”菜单中的“草图设置”命令，打开“草图设置”对话框，在“捕捉和栅格”选项卡中的“捕捉类型”选项区，选中“等轴测捕捉”单选按钮，然后单击“确定”按钮退出对话框。

➢ 右击状态栏中的“对象捕捉”按钮，在弹出的快捷菜单中选择“设置”命令，打开“草图设置”对话框，在“捕捉和栅格”选项卡中的“捕捉类型”选项区，选中“等轴测捕捉”单选按钮，然后单击“确定”按钮退出对话框。

等轴测捕捉的设置如图 5.4 所示。

进入等轴测作图模式后，可按“Ctrl+E”组合键或 F5 快捷键在 3 个等轴测平面之间快速切换。

2．正等轴测图的绘制方法

正等轴测图包含线段、椭圆和圆等基本图素，下面分别介绍这些图素的画法。

（1）线段的画法

➢ 极轴追踪法

右击状态栏中的“极轴追踪”按钮，在弹出的快捷菜单中选择“设置”命令，打开“草图设置”对话框，在“极轴追踪”选项卡中勾选“启用极轴追踪”复选框，将“增量角”设置为 30°，如图 5.5 所示，然后单击“确定”按钮，即可绘制 30°的倍数线。

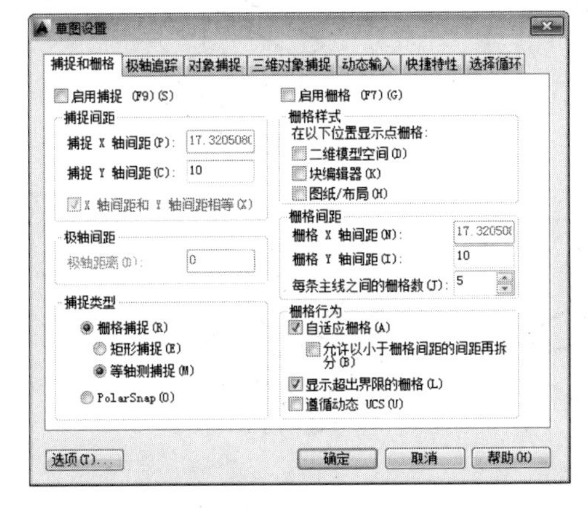

图 5.4　在“草图设置”对话框中设置“等轴测捕捉”

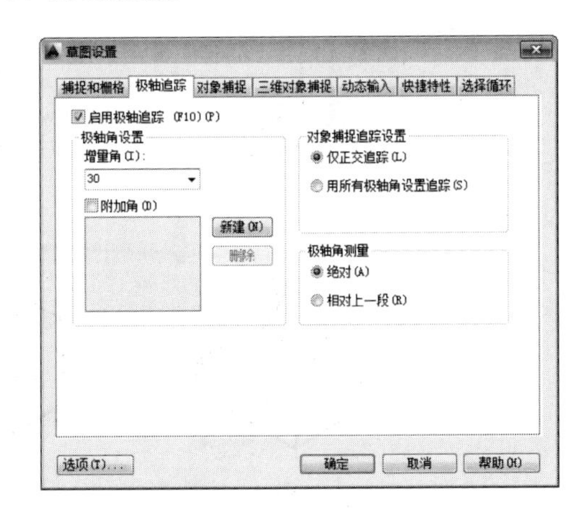

图 5.5　在“极轴追踪”选项卡中设置“增量角”

➢ 正交模式控制法

使用这种方式绘制直线，须打开“正交”模式。绘制直线时，光标会自动沿 30°，90°和 150°方向移动，可绘制与轴测图平行的线段。绘制与轴测图不平行的线段时，先关闭正交模式。然后找出直线上的两点，连接这两个点即可。

（2）轴测圆的画法

圆的轴测投影是椭圆，当圆位于不同的轴测面时，投影椭圆长轴和短轴的位置是不同的，其具体绘制方法是：激活等轴测作图模式——选定画圆投影面——“椭圆”工具——等轴测圆（i）——指定圆心——指定半径——确定。

说明：

画圆之前一定要利用面转换工具，切换到与圆所在的平面对应的轴测面，这样才能使椭圆看起来像是在轴测面内，否则将显示不正确。

在轴测图中经常要画线与线间的过渡圆角，如倒圆角，此时过渡圆滑也得变为椭圆弧。方法是：在相应的位置上画一个完整的椭圆，然后使用“修剪”工具剪除多余的线段即可。

（3）轴测面内平行线的画法

在轴测面内绘制平行线，不能直接用“偏移”命令，因为“偏移”命令偏移的距离为两线之间的垂直距离，而此时的绘图环境是沿 30°方向，因此距离不是垂直距离。

为了避免出错，在轴测面内画平行线，我们一般采用“复制”命令或“偏移”命令中的“T”选项；也可结合自动捕捉、自动追踪及正交状态来作图，这样可以保证所画直线与轴测轴的方向一致。

5.1.4 绘图步骤

① 设置正等轴测图的作图环境，将捕捉类型设为“等轴测捕捉”，并打开“正交”模式。

② 将“粗实线”图层设为当前图层，根据左侧面的尺寸利用“直线”命令，绘制出其图形，如图 5.6（a）所示。

③ 绘制长为 60mm 的直线，如图 5.6（b）所示。

④ 复制所需的直线，如图 5.6（c）所示。

⑤ 开槽，用“复制”“修剪”“删除”命令去除多余的线条，如图 5.6（d）所示。

⑥ 在上等轴测面绘制圆（椭圆），用“修剪”命令去除多余的线条，如图 5.6（e）所示。

⑦ 复制不同高度的圆（椭圆），并用“修剪”命令去除多余的线条，如图 5.6（f）所示。

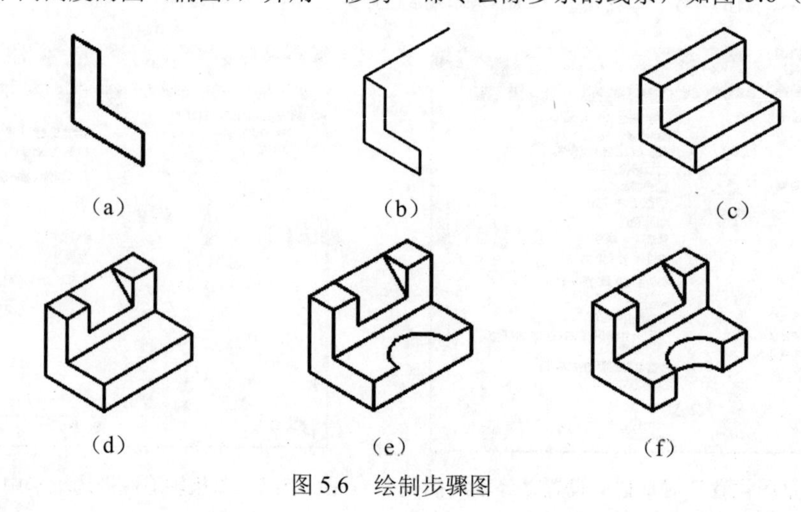

图 5.6 绘制步骤图

> ***说明：***
>
> 在绘制轴测图的时候，一定要分清楚将要绘制的是哪一个侧面上的线条。如果绘制线条时发现不是所需要的，按“Ctrl+E”或 F5 键在 3 个等轴测平面之间切换即可。

5.1.5　技能训练

【课堂实训一】绘制如图 5.7 所示的轴测图。

【课堂实训二】绘制如图 5.8 所示的轴测图。

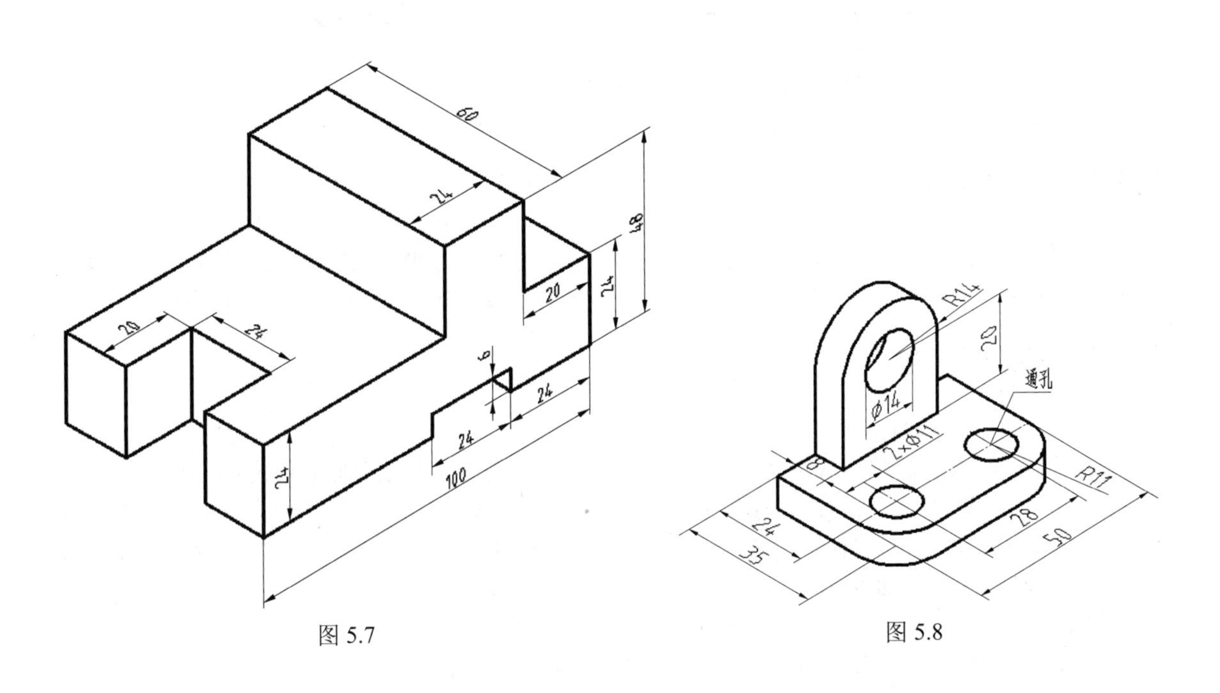

图 5.7　　　　图 5.8

任务 5.2　斜二测图的绘制

任务　绘制如图 5.9 所示填料压盖的斜二测图形

目的　通过绘制此图形，熟悉斜二测图形的绘制方法及绘制技巧

知识的储备　基本绘图命令、编辑命令、极轴追踪模式的设置

5.2.1 案例导入

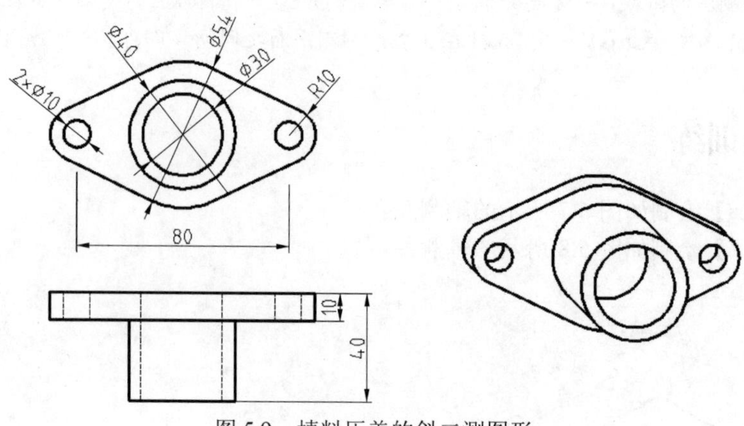

图 5.9 填料压盖的斜二测图形

5.2.2 案例分析

斜二轴测图属于平行投影，所以与正等轴测图一样它也具有平行投影的基本特性。本图形仍由由圆（椭圆）和直线构成。故画斜二轴测图时，同样需要先把轴测轴的方向确定下来。

5.2.3 知识链接

（1）轴测轴和轴向伸缩系数

在斜二测图中，轴测轴 *OX* 和 *OZ* 仍为水平方向和铅垂方向，其轴向伸缩系数 $p=r=1$；*OY* 轴与水平线成 45°，即轴间角∠*XOY*=∠*YOZ*=135°，其轴向伸缩系数 $q=0.5$。斜二测中轴测轴的位置如图 5.10 所示。绘图步骤中，只要得到角度 45°即可画出斜二测图。还需要特别注意的是轴向伸缩系数 *q*。

（2）极轴追踪方式的设置

应用极轴追踪方式可以方便地捕捉到所设角度线上的任意点，使绘制斜二等轴测图变得简单。极轴追踪的设置是通过下列方法之一实现的。

➢ 菜单栏：单击“工具”菜单中的“草图设置”下的“极轴追踪”命令。
➢ 右击状态栏中的“极轴追踪”按钮，在弹出的快捷菜单中选择“设置”命令，打开“草图设置”对话框，在“极轴追踪”选项卡中勾选“启用极轴追踪”复选框，将“增量角”设置为 45°，如图 5.11 所示，然后单击“确定”按钮，即可绘制 45°的倍数线。

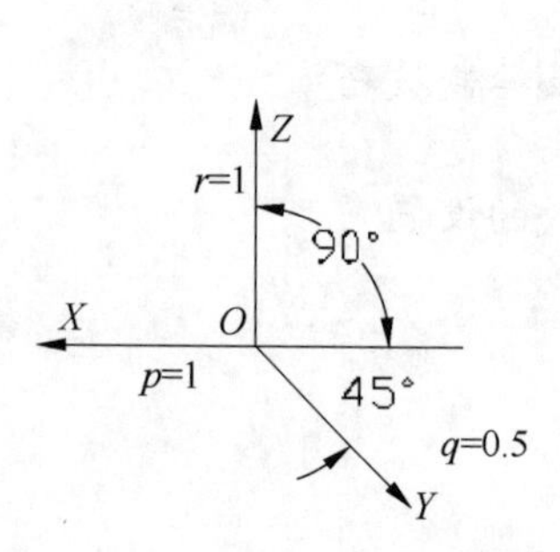

图 5.10 斜二测轴测轴和轴向变形系数

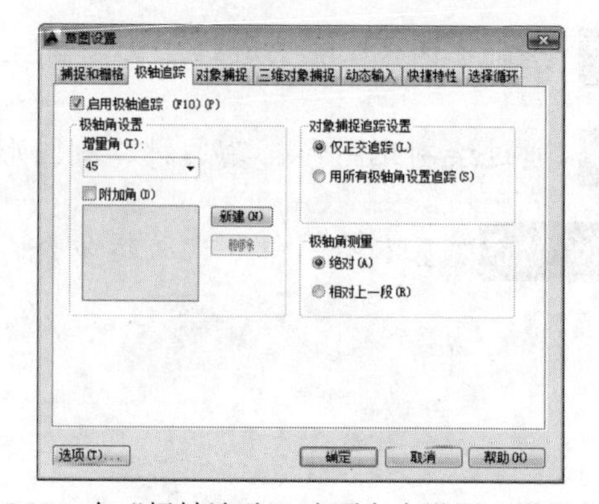

图 5.11 在“极轴追踪”选项卡中设置“增量角”

5.2.4　绘图步骤

① 设置斜二等轴测图的作图环境，将“极轴追踪”中“增量角”设为 45°。

② 将“粗实线”图层设为当前图层，按尺寸绘制ϕ30、ϕ40 两圆，如图 5.12 所示。

③ 将画好的ϕ30、ϕ40 两圆向后复制“15”mm（30×0.5=15），命令行提示如下：

```
命令: _copy
选择对象: 找到 2 个                                    【选择ϕ30、ϕ40 圆】
选择对象:                                              【回车】
当前设置:  复制模式 = 多个
指定基点或 [位移(D)/模式(O)] <位移>:指定第二个点或 [阵列(A)] <使用第一个点作为位移>:
15                     【指定圆心作为基点，在极轴的导向下输入距离（40-10）×0.5=15
                       回车。执行结果如图 5.13 所示】
指定第二个点或 [阵列(A)/退出(E)/放弃(U)] <退出>:            【回车】
```

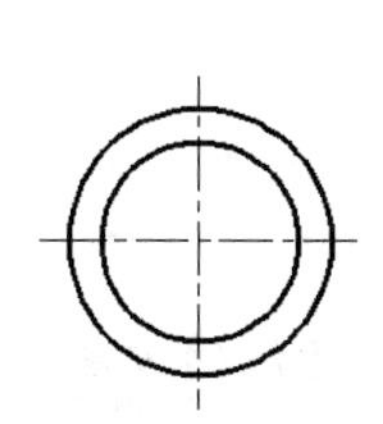

图 5.12　绘制ϕ30、ϕ40 两圆

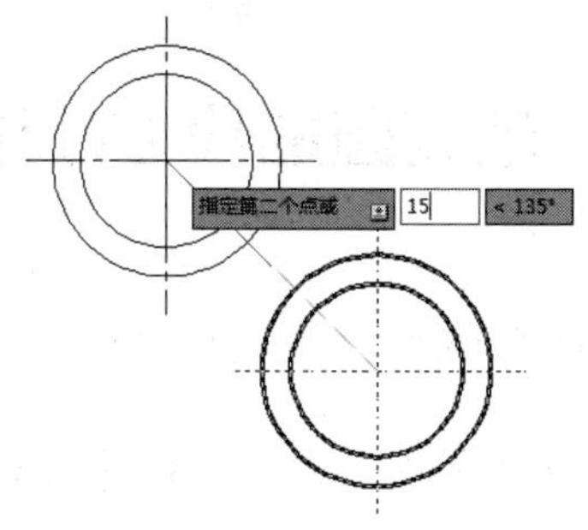

图 5.13　向后复制ϕ30、ϕ40 两圆

④ 以ϕ30 的圆心为圆心，绘制圆柱体后端面圆的斜二测和底板前端面的实形，并作出圆柱体的投影轮廓线，修剪掉多余的线条后，执行结果如图 5.14 所示。

⑤ 以底板前端面圆心 A 点为圆心，将绘制好的底板前端面向后复制“5”mm（10×0.5=5），从而画出底板后端面的轮廓，如图 5.15 所示。

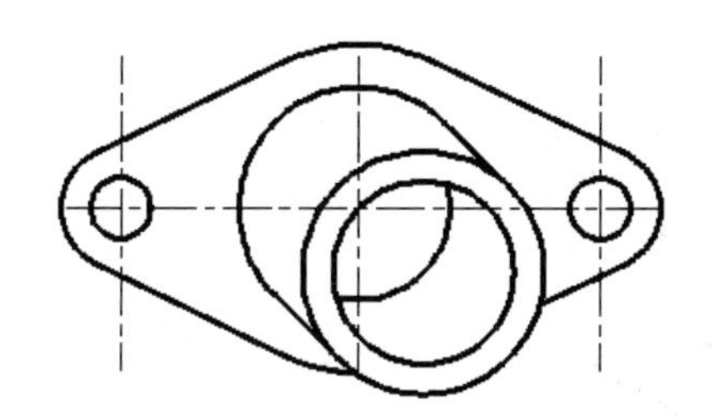

图 5.14　圆柱体后端面和底板前端面图形绘制

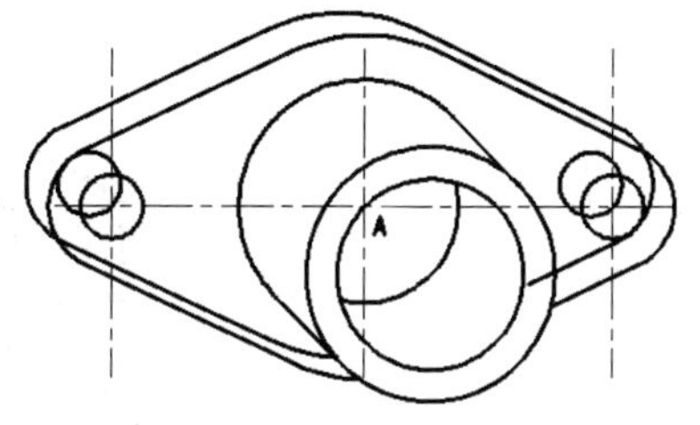

图 5.15　复制“5”mm 后效果图

⑥ 利用“修剪”、“删除”命令去除多余的线条，最终执行结果如图 5.16 所示。

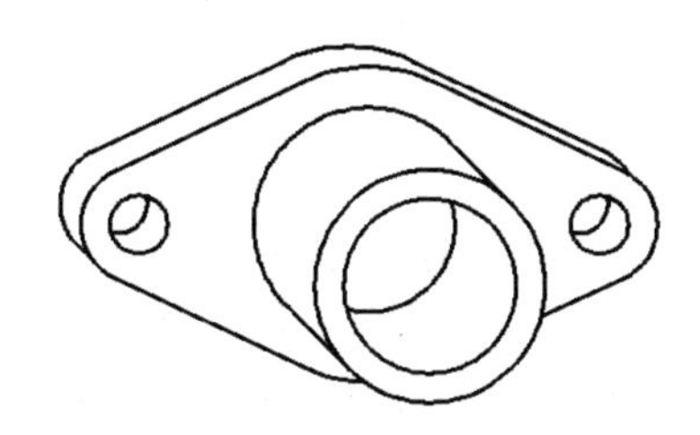

图 5.16　最终成型图

5.2.5 技能训练

【课堂实训】绘制如图题 5.17 所示图形的斜二测轴测图。

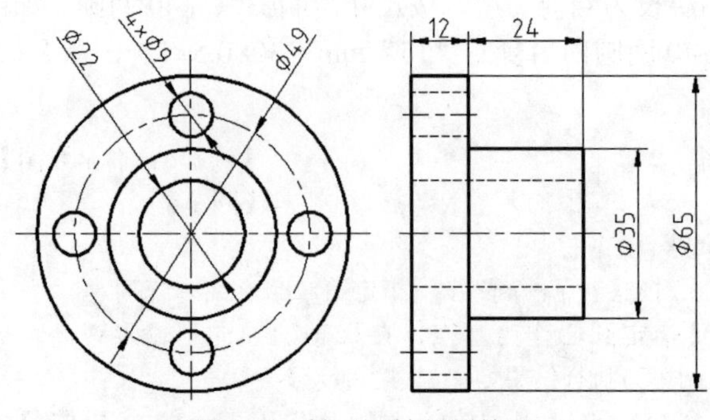

图 5.17 斜二测轴测图练习

任务 5.3 轴测图的尺寸标注

任务	标注如图 5.18 所示的轴测图尺寸
目的	通过绘制此图形，熟悉轴测图上文字的书写及尺寸标注的方法
知识的储备	文字样式及尺寸标注样式的设置、尺寸标注的方法

5.3.1 案例导入

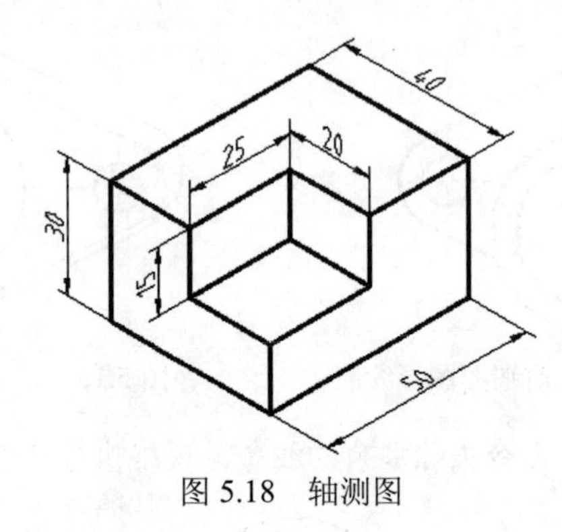

图 5.18 轴测图

5.3.2 案例分析

从图中可以看出，标注轴测图上的尺寸时，其尺寸界线应沿轴测轴方向倾斜，尺寸数字方向也应与相应的轴测轴方向一致。而用基本尺寸标注命令标注的尺寸，其尺寸界线及尺寸数字总是与尺寸线垂直。因此，需要在尺寸标注后，调整尺寸界线及文字的倾斜角度。

5.3.3　知识链接

1．轴测图上文字的标注

在轴测面上的文字应沿一轴测轴方向排列，且文字的倾斜方向与另一轴测轴平行。在轴测图上书写文字时应控制两个角度：一是文字旋转角度，二是文字倾斜角度。

（1）文字倾斜角度的设置

文字的倾斜角度是由文字的样式决定的，在轴测图中文字有两种倾斜角度：30°和-30°，因此要建立两个文字样式“+30”和“-30”，以备输入文字时选择。

① 执行命令的方法

➢ “样式”工具栏：单击“文字样式”命令按钮。

➢ 菜单：单击“格式”菜单中的“文字样式”命令。

➢ 命令行：输入 STYLE。

② 操作步骤

选择“格式”|“文字样式”菜单，如图 5.19 所示具体设置文字样式为“+30”的内容，一定注意的是“倾斜角度”设置为“30”。如果是文字样式“-30”，则具体内容是将“倾斜角度”设置为“-30”。

（2）文字旋转角度的设置

文字的旋转角度是在输入文本时确定的。其遵循的规律是：

a．在左等轴测面上，文本需采用-30°倾斜角，同时旋转-30°。

b．在右等轴测面上，文本需采用 30°倾斜角，同时旋转 30°。

c．在上等轴测面上，平行于 X 轴时，文本需采用-30°倾斜角，旋转角为 30°；平行于 Y 轴时需采用 30°倾斜角，旋转角为-30°。效果如图 5.20 所示。

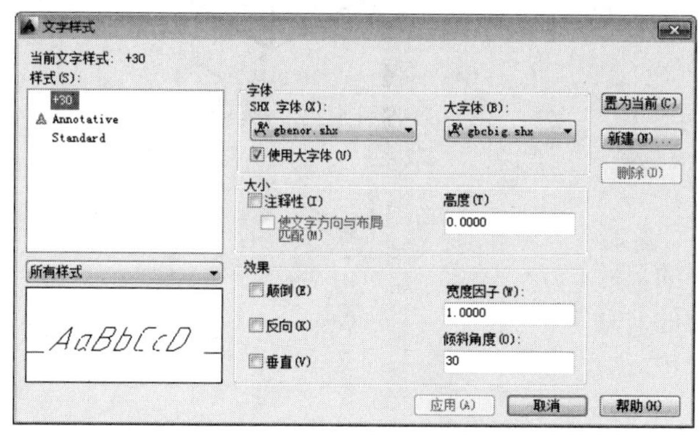

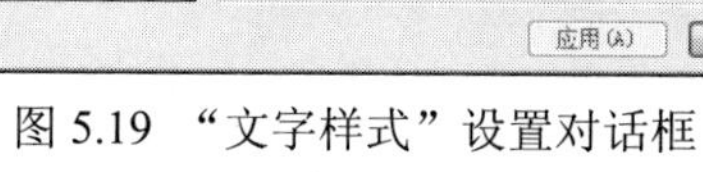

图 5.19　“文字样式”设置对话框

图 5.20　各轴测面上文字效果

2．轴测图上尺寸的标注

（1）轴测图上尺寸数字的倾斜角度（见表 5.1）

表格 5.1　轴测图上尺寸数字的倾斜角度

尺寸所属轴测面	尺寸线平行轴测轴	文字倾斜角度/（°）
右	X	30
左	Z	30
顶	Y	30
右	Z	−30
左	Y	−30
顶	X	−30

（2）轴测图上尺寸界线的倾斜角度

尺寸界线的倾斜角度是指尺寸界线相对 X 轴的夹角，与轴测轴 X 平行的尺寸界线倾斜角为 30°，与轴测轴 Y 平行的尺寸界线倾斜角为-30°，与轴测轴 Z 平行的尺寸界线倾斜角为 90°。

5.3.4 标注过程

（1）建立两种文字样式，样式名称分别是“+30”和“-30”。

（2）新建两种尺寸标注样式，样式名分别是“DIM1”和“DIM2”。“DIM1”样式中文字样式采用“+30”，“DIM2”中文字样式采用“-30”。

（3）选择“DIM1”尺寸样式，用“对齐”命令标注尺寸“30、25、40”；选择“DIM2”尺寸样式，用“对齐”命令标注尺寸“50、20、15”，如图 5.21 所示。

（4）通过菜单“标注”|“倾斜”命令修改尺寸界线的倾斜角度，使尺寸界线的方向与轴测轴的方向一致。其中“40、15”倾斜角度为 30°，“30、50”倾斜角度为-30°，“20、25”倾斜角度为 90°，效果如图 5.22 所示。

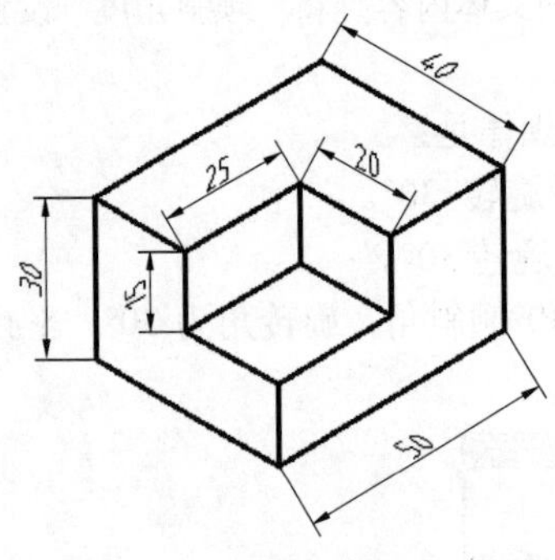

图 5.21 轴测图标注尺寸

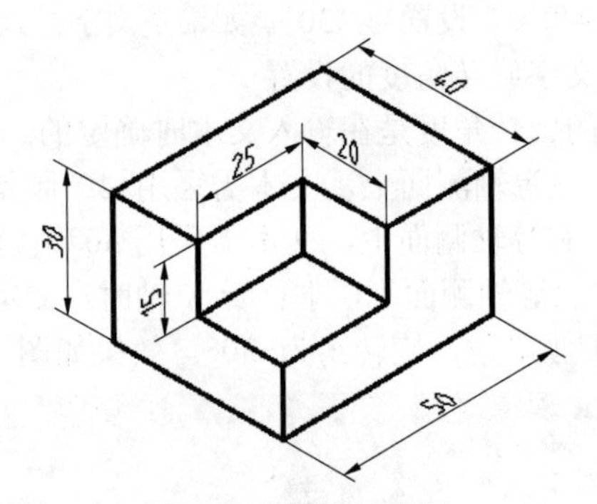

图 5.22 最终效果图

5.3.5 技能训练

【课堂练习一】标注如图 5.23 中的尺寸。

【课堂练习二】标注如图 5.24 中的尺寸。

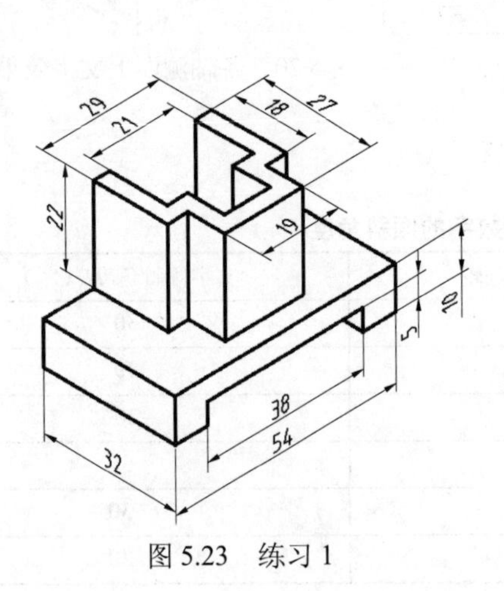

图 5.23 练习 1

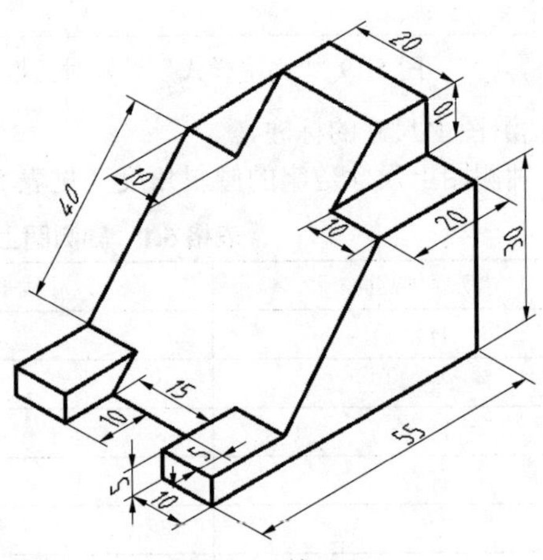

图 5.24 练习 2

综合案例应用

1．绘制如图 5.25 和图 5.26 所示的正等轴测图，并标注尺寸。

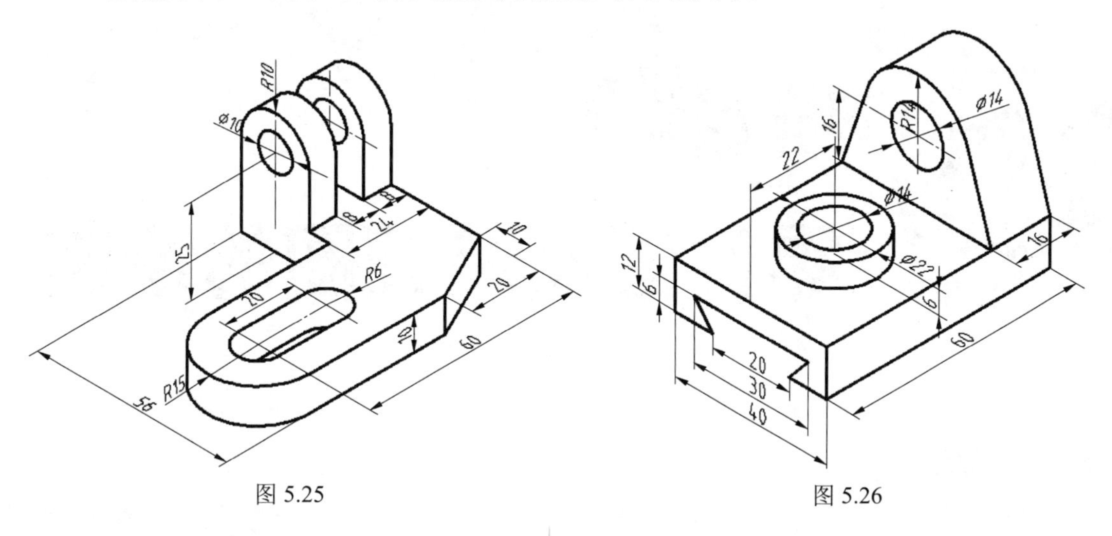

图 5.25　　　　图 5.26

2．根据如图 5.27 和图 5.28 所示三视图绘制它们的斜二轴测图。

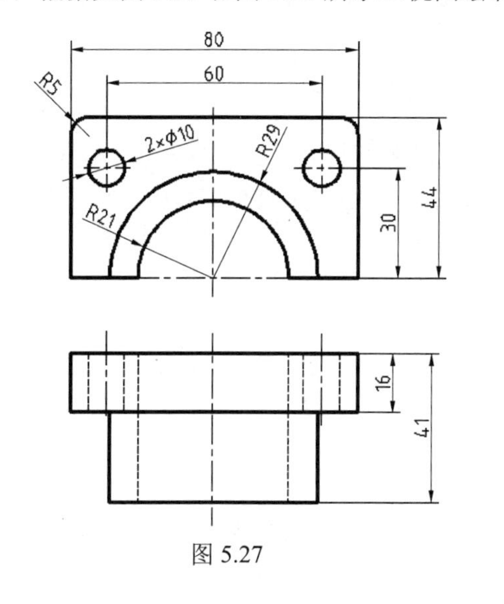

图 5.27

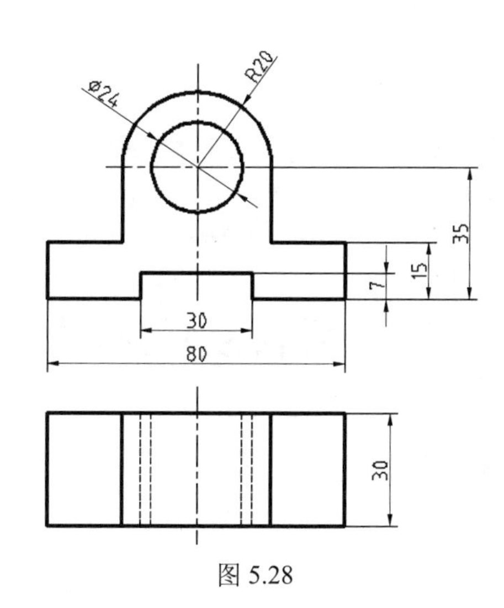

图 5.28

项目6 零件图及装配图的绘制

项目要点

在掌握了前几章介绍的 AutoCAD 二维图形的绘制、编辑命令以及尺寸标注和文本标注等相关内容后，本章将通过典型机械图样，介绍图块、样板图等知识，通过学习，使读者掌握机械图样的绘制方法。

教学提示

在机械工程中，机器或部件都是由许多相互联系的零件装配而成的，这些零件就是构成机械工程的基本元素。本章通过零件图和装配图的绘制实例，综合运用前面所学知识，介绍了机械图样的绘制方法，以及绘制机械图样时应注意的一些问题。

任务 6.1 零件图的绘制

任务	绘制如图 6.1 所示泵轴的零件图
目的	通过此实例，了解块、样板图等相关知识，掌握机械图样的绘制方法
知识的储备	基本绘图命令、编辑命令、文字及尺寸标注

6.1.1 案例导入

6.1.2 案例分析

泵轴属轴套类零件，是回转体。其视图表达比较简单，为一个轴向主视图，外加剖面图、局部放大图等。其中主视图关于回转轴对称，绘制时可以先绘制出一半轮廓，然后利用“镜像”命令完成另一半轮廓的绘制，可提高绘图效率；剖面图用于表达键槽结构，可以利用对象捕捉（追踪）功能来确定位置；至于泵轴上的倒角结构，可以利用对应的“倒角”命令来实现。

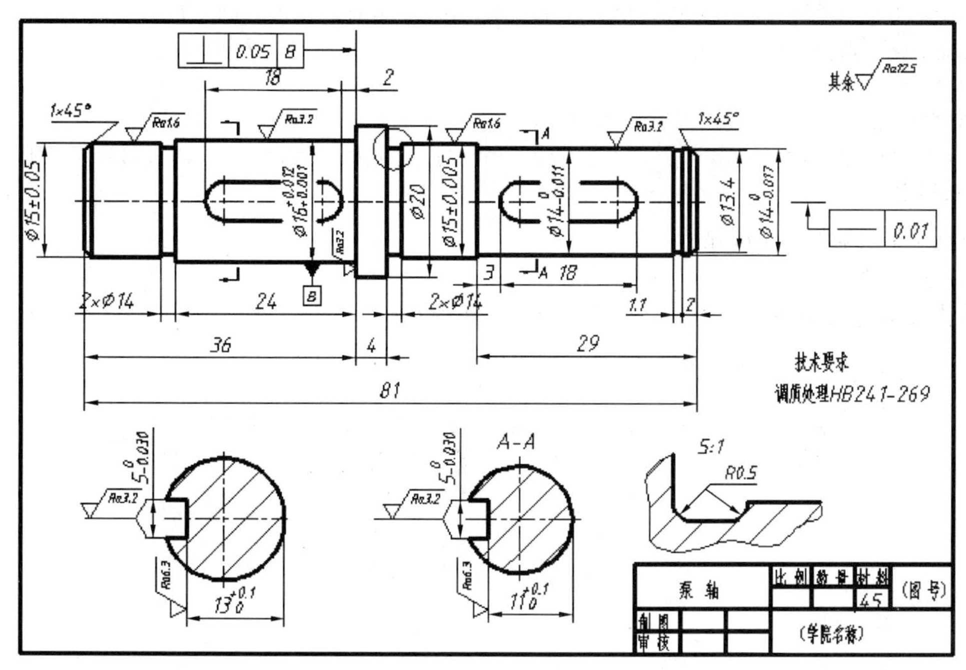

图 6.1　泵轴

6.1.3　知识链接

零件图应包含的内容。

一张零件图的检验标准是能够制作出一个合格的零件，因此，在绘制出的机械零件图中，不仅应将零件的材料、内外部结构的形状和大小表达清楚，还应对零件的加工、检验、测量提供必要的技术要求。一张完整的零件图通常应有以下一些内容：

① 一组表达零件的图形：用视图、剖视、断面及其他规定画法，正确、完整、清晰地表达零件的各部分形状和结构。

② 零件尺寸：正确、完整、清晰、合理地标注零件制造、检验时的全部尺寸。

③ 技术要求：标注或说明零件制造、检验、装配、调整过程中要达到的一些技术要求。如表面粗糙度、尺寸公差、形位公差、热处理要求等。

④ 标题栏：位于零件图的右下角，用以填写零件名称、材料、图样编号、比例、数量、制图人、校核人、绘图日期等内容。

知识点 1　样板图的创建

当我们用 AutoCAD 绘制机械图样时，首先要进行大量的设置工作，包括图框、图幅、图层、文字样式和标注样式等。如果每次进行设置是非常繁琐的，为了提高绘图效率，使图样标准化，可以将这些设置一次完成，并且将其保存为样板图，以便每次绘图时直接调用。

AutoCAD 提供了一些样板图，但是与我国国家标准不符，因此我们可以自行建立样板图。下面以 A3 图纸为例，介绍建立样板图的具体过程。

1．设置图幅

以 acadiso.dwt 文件为模板，新建一空白文件。设置 A3 图幅（420×297）命令如下：

```
命令: '_limits
重新设置模型空间界限:
指定左下角点或 [开(ON)/关(OFF)] <0.0000,0.0000>:          【回车】
指定右上角点 <420.0000,297.0000>:                         【回车】
命令: ZOOM
指定窗口的角点，输入比例因子 (nX 或 nXP)，或者
[全部(A)/中心(C)/动态(D)/范围(E)/上一个(P)/比例(S)/窗口(W)/对象(O)] <实时>: a 正在重生成模型
```

这时 A3 图幅将会全屏显示。

2．建立图层

按需要创建以下图层，并设定颜色及线型，如图 6.2 所示。

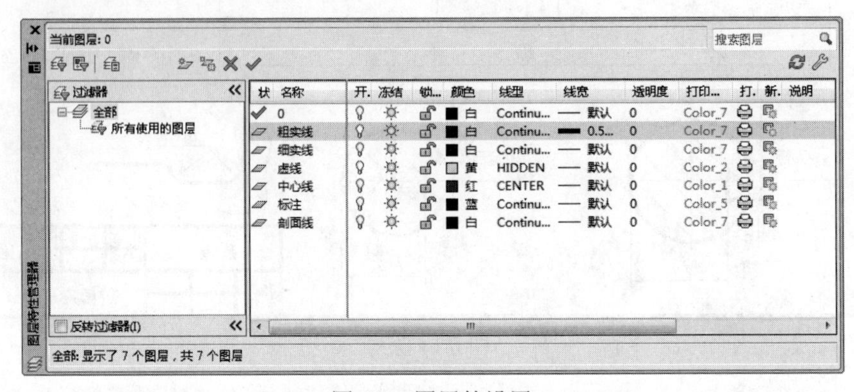

图 6.2 图层的设置

说明：

图层的颜色可以随意，但线型必须按标准设定。

3．建立文字样式

设置常用的几种文字样式如下：

① 汉字：字体为“仿宋”，宽度比例为 0.7，倾斜角度为 0°。

② 工程字 3.5：SHX 字体采用 gbeitc.shx 字体，大字体采用 gbcbig.shx 字体，字高为 3.5。

③ 工程字 5：SHX 字体采用 gbeitc.shx 字体，大字体采用 gbcbig.shx 字体，字高为 5。

4．建立尺寸标注样式

设置常用的几种文字样式如下：

① 线性标注：标注线性尺寸。

② 角度标注：标注角度尺寸（尺寸数字为水平放置）。

③ 直径标注：在直线段上标注直径尺寸。

5．绘制边框线

绘制两个矩形作为 A3 图纸的大小和边框线，尺寸如图 6.3 所示。

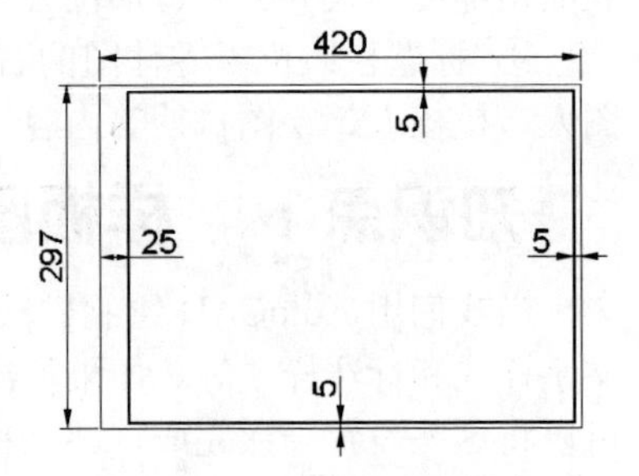

图 6.3 A3 图纸的边框线

6．保存图形文件

① 单击“文件”菜单中的“另存为”命令，打开“图形另存为”对话框，在“文件类型”栏中选择“AutoCAD 图形样板（*.dwt）”，在“文件名”中输入样板文件的名称“A3”，如图 6.4 所示。

② 单击“保存”按钮，系统弹出“样板选项”对话框，如图6.5所示。在“说明”栏中输入文字“自定义的A3图幅样板图”，单击“确定”按钮，样板文件保存成功。

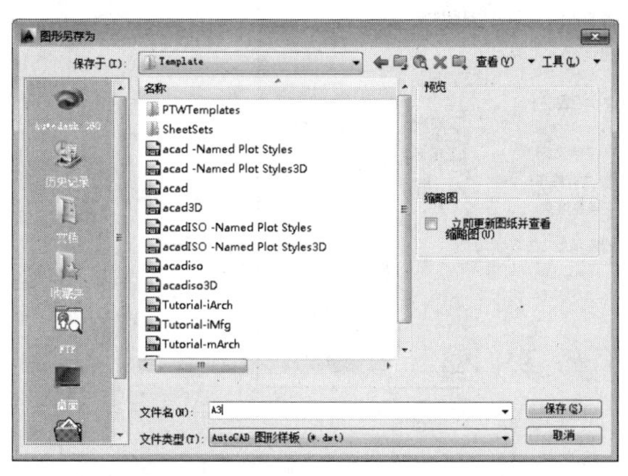

图6.4 “图形另存为”对话框

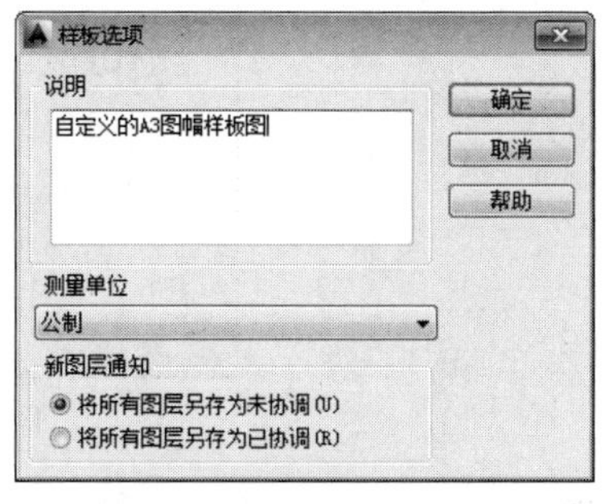

图6.5 “样板选项”对话框

说明:

用同样的方法，可以建立A0、A1、A2、A4样板图。

知识点2 块的创建与使用

在绘制图形时，经常遇到图形中有大量相同或相似的内容，或者所绘制的图形与已有的图形文件相同，为提高绘图速度，则可以把重复绘制的图形创建成块。即：块就是组合若干简单的图形元素并加以统一定义和命名的对象。

通过建立块，用户可以随时将块作为单个对象插入到当前图形中的指定位置上，而且在插入时可以指定不同的缩放系数和旋转角度。块在图形中可以被移动、复制和删除。用户还可以给块定义属性，在插入时附加上不同的信息。

下面以创建如图6.6所示的带属性的表面粗糙度块为例讲述相关知识。

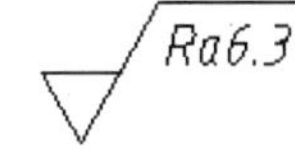

图6.6　表面粗糙度符号

1．定义块的属性

属性类似于商品的标签，是将数据（如材料、型号、零件编号等）附着到块上的标签或标记。存储在属性中的信息一般称为属性值。当创建块时，将已定义的属性与图形一起生成块，这样块中就包含属性了。

（1）绘制表面粗糙度符号图形

当尺寸数字高度设为3.5时，表面粗糙度符号各部分尺寸如图6.7所示。

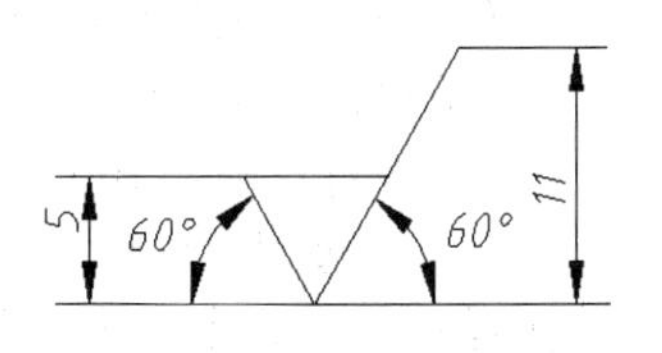

图6.7　表面粗糙度符号尺寸

（2）定义属性（定义块中需要变化的文字）命令执行方式

➢ 菜单：单击“绘图”菜单中“块”下拉菜单中的“定义属性”命令。

➢ 命令行：输入ATTDEF（ATT）。

操作过程及说明

执行命令后，弹出“属性定义”对话框，按图6.8所示内容进行设置。

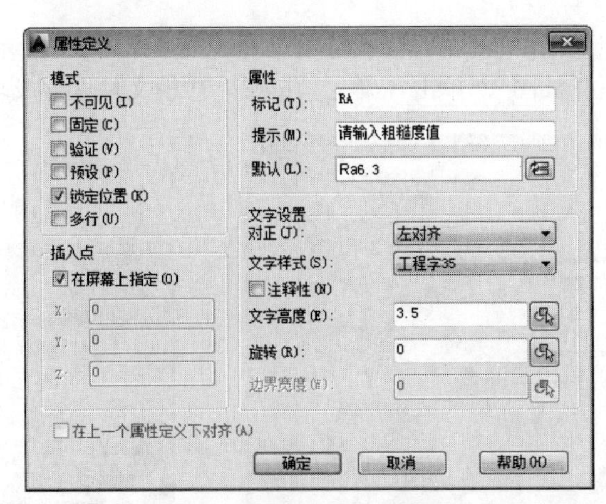

图 6.8 “属性定义”对话框

说明:

①“模式”选项区的内容根据实际情况进行勾选。一般遵从默认设置。

②“属性”选项区:【标记】可由字母、数字、字符组成,但字符之间不能有空格,且必须输入属性标记,不能为空;【提示】文本框中输入的内容是插入块时命令行显示的提示内容;【默认】文本框中一般把最常出现的数值作为默认值。

③“文字设置”选项区中的对正、文字样式、文字高度、旋转等可根据实际情况进行设置。

设置完成后,单击“确定”按钮,进入绘图区,指定插入点(即:属性标记值的书写位置),效果如图 6.9 所示。

如果要修改创建的属性,只需要在定义的属性上双击即可弹出“编辑属性定义”对话框,如图 6.10 所示。

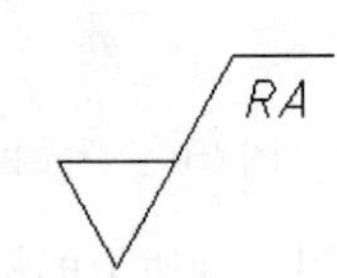

图 6.9 属性标记

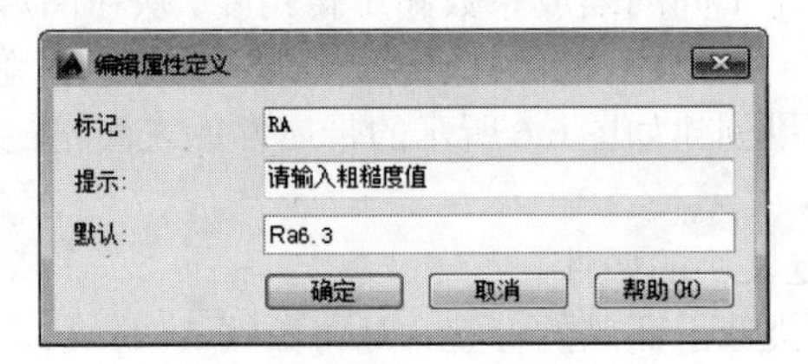

图 6.10 “编辑属性定义”对话框

2. 创建带属性的块

(1)命令执行方式

- “绘图”工具栏:单击“创建块”命令按钮。
- 菜单:单击“绘图”菜单中“块”下拉菜单中的“创建”命令。
- 命令行:输入 BLOCK(B)。

(2)操作过程及说明

执行命令后,弹出“块定义”对话框,如图 6.11 所示。

说明:

① 在“名称”文本框中输入所定义的块名(粗糙度符号)。

② 单击“拾取点”按钮,在绘图区指定一点作为插入点后,自动返回对话框。

③ 单击“选择对象”按钮,选取要创建成块的元素,然后按“回车”键将自动返回对话框。

图 6.11　“块定义”对话框

全部设置完成后，单击“确定”按钮，弹出“编辑属性”对话框，如图 6.12 所示，还可以进一步对块的属性值进行修改，不做修改的话直接单击“确定”按钮，至此属性块定义完毕，执行结果如图 6.13 所示。

图 6.12　“编辑属性”对话框

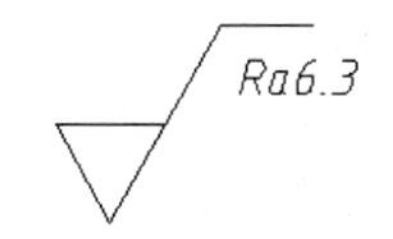

图 6.13　最终效果图

如果要修改创建好的块值，只需要在定义的块上双击即可弹出“增强属性编辑器”对话框，如图 6.14 所示。

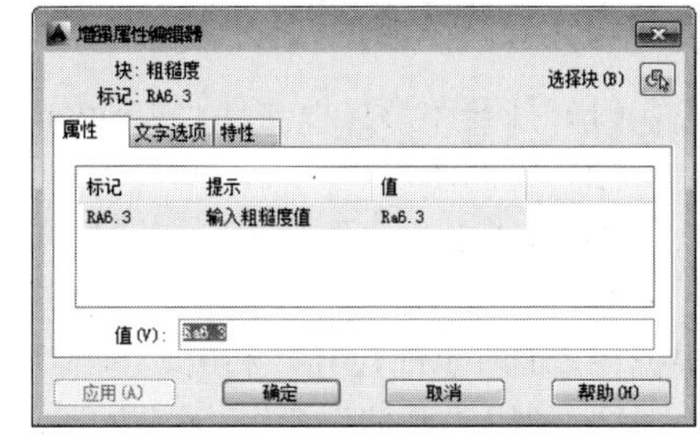

图 6.14　“增强属性编辑器”对话框

3．块的存储

在“块定义”对话框中创建的块只能在创建它的图形中应用，而不能用于新建或其他的图形文件。如果希望创建的块能应用于任何其他图形，将块作为一个独立的文件写入磁盘中即可。

（1）命令执行方式

➢　命令行：输入 WBLOCK（W）。

（2）操作过程及说明

执行命令后,弹出“写块”对话框，在“源”选项区中选择“块”单选钮，单击右边的下拉箭头，选择刚刚创建的名为“粗糙度符号”的块。在“目标”选项区中设置存储的文件名和路径后，单击“确定”按钮，完成写块操作。如图 6.15 所示。

4．插入块

打开需要插入“粗糙度符号”的图形文件，选择定义好的带属性的块进行插入即可。

（1）命令执行方式

➢　“绘图”工具栏：单击“插入块”命令按钮。

➢ 菜单：单击“插入”菜单中的“块”命令。
➢ 命令行：输入 INSERT（I）。

（2）操作过程及说明

执行命令后,弹出“插入块”对话框，如图 6.16 所示。

图 6.15 “写块”对话框

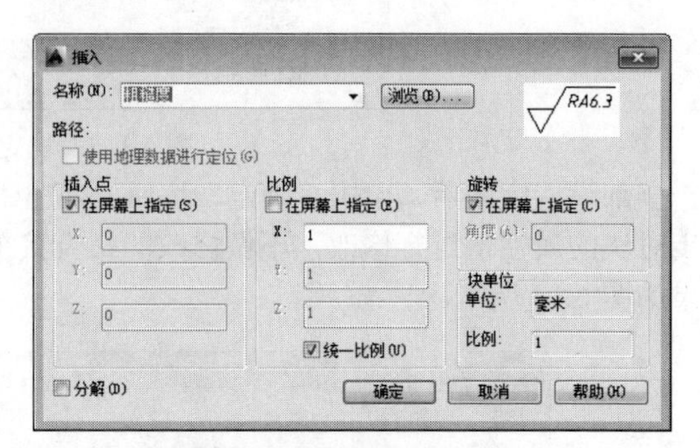

图 6.16 “插入块”对话框

说明:

① 在“名称”下拉列表框中选择要插入的块名；也可单击其右侧的“浏览”按钮，在弹出的“选择图形文件”对话框中进行选择。

② “插入点”选项区：用于设置块插入时的插入点位置。

③ “比例”选项区：用于设置块插入时的缩放比例。

④ “旋转”选项区：用于设置块插入时的旋转角度。若输入的角度是正值，则块插入时逆时针旋转；若输入负值，则顺时针旋转。

6.1.4 绘图步骤

（1）打开图形样板文件“A3.dwt”。

（2）绘制图形。

① 将“中心线”设为当前图层，绘制泵轴的中心线。

② 将“粗实线”图层设为当前图层，打开“对象捕捉”、“追踪”、“正交”，在图框适当位置根据图 6.1 所示的尺寸，利用“直线”命令绘制如图 6.17（a）所示的轮廓线。

③ 利用“延伸”命令，以中心线作为延伸边界的边，将图 6.17（a）变为图 6.17（b）。

④ 利用“镜像”命令，以中心线作为镜像线，将图 6.17（b）变为图 6.17（c）。

⑤ 利用“倒角”命令对轴两端面倒直角，并补画倒角后的直线，如图 6.17（d）所示。

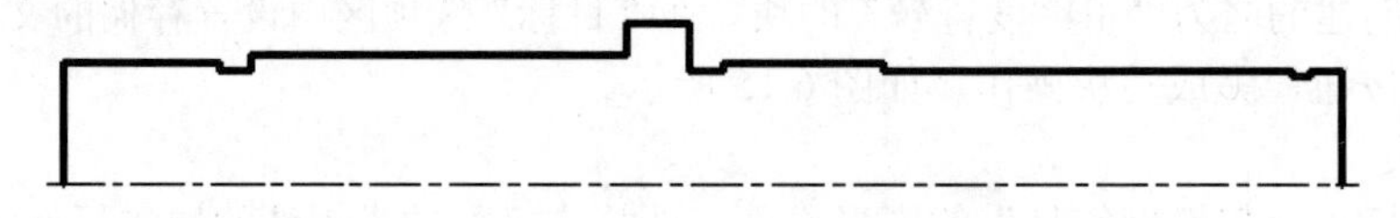

（a）

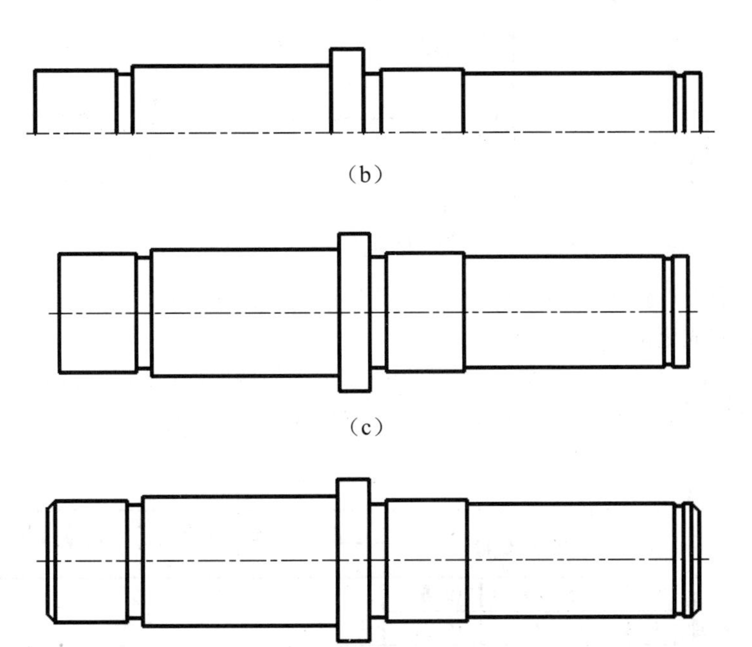

（b）

（c）

（d）

图 6.17　绘制泵轴轮廓线

⑥ 利用“偏移”、“圆”、“直线”命令绘制键槽轮廓，并用“修剪”、“删除”命令去除多余线条。如图 6.18 所示。

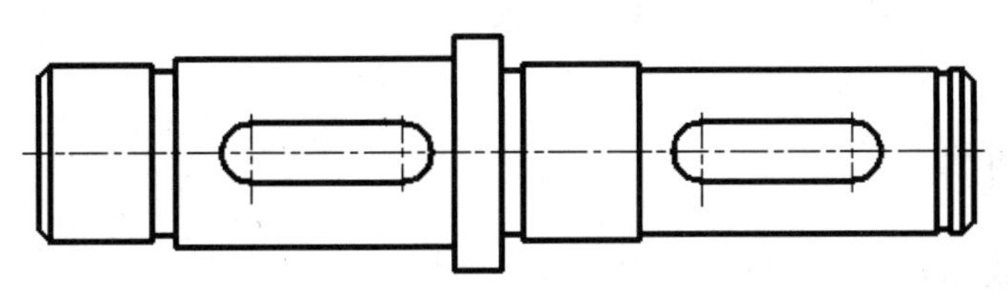

图 6.18　绘制键槽

⑦ 画剖面图。将“中心线”设为当前图层，利用“直线”命令做定位辅助线以确定剖面线的位置后，再通过“偏移”、“圆”、“修剪”等命令完成键槽剖面图的绘制，最后填充剖面线图案，最终执行结果如图 6.19 所示。

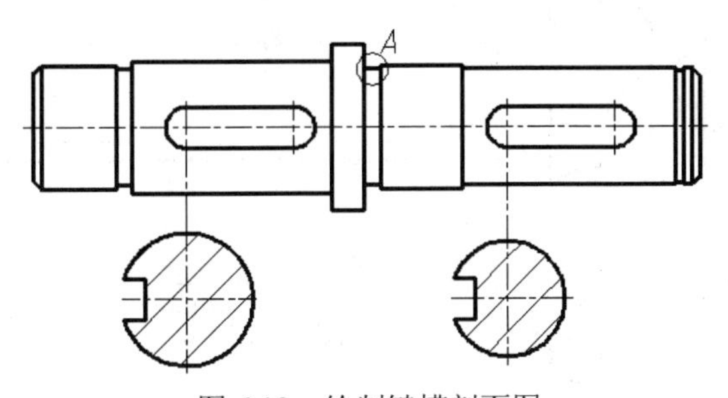

图 6.19　绘制键槽剖面图

⑧ 画局部放大图。将图形 A 复制到作图区一空白位置，然后使用缩放命令将图形放大 5 倍，画出细节特征，如图 6.20 所示。

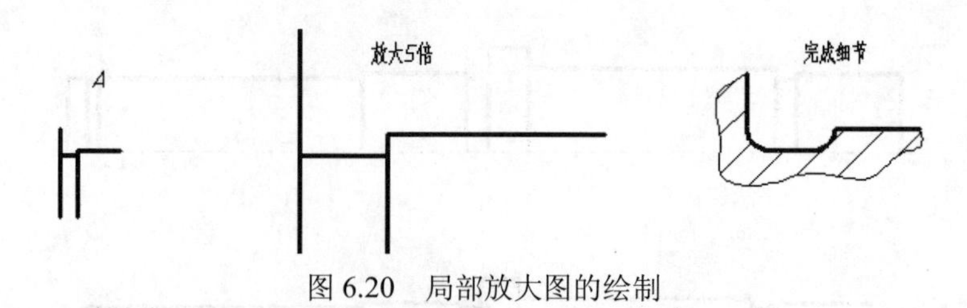

图 6.20　局部放大图的绘制

（3）为每一类尺寸新建标注样式，分别设置线性尺寸标注样式、非圆直径标注样式。执行相应的标注命令，完成全部标注。

（4）绘制粗糙度符号，定义成块。输入相应大小的粗糙度值，插入到需要的位置即可。

（5）完成标题栏的绘制，尺寸及文字具体内容如图 6.21 所示。

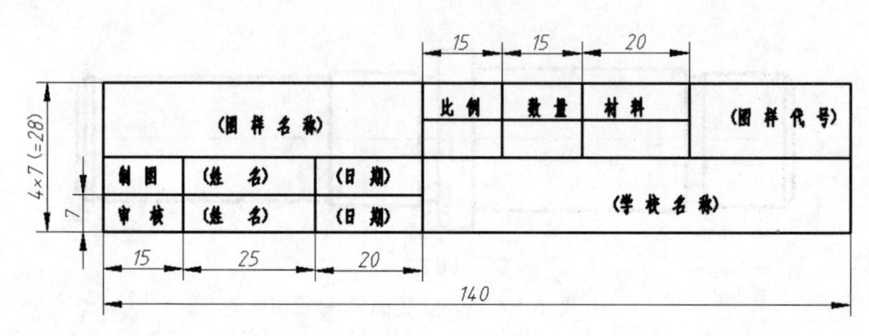

图 6.21　标题栏

标题栏也可定义成带属性的块保存为独立文件（WBLOCK），以供其他文件使用。

（6）利用“多行文字”命令书写“技术要求”。

（7）保存文件。

6.1.5 技能训练

【课堂实训】绘制如图题 6.22 所示零件图。

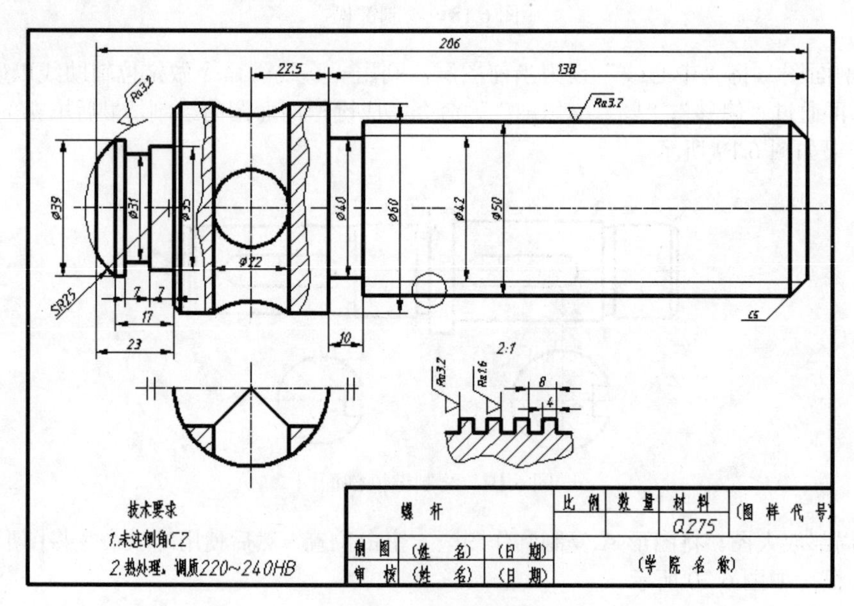

图 6.22　螺杆零件图

任务 6.2　装配图的绘制

任务	根据如图 6.23 所示的零件图，绘制如图 6.24 所示顶尖的装配图
目的	通过该任务的绘制，掌握由零件图到完整装配图的绘制过程
知识的储备	基本绘图命令、编辑命令

6.2.1　案例导入

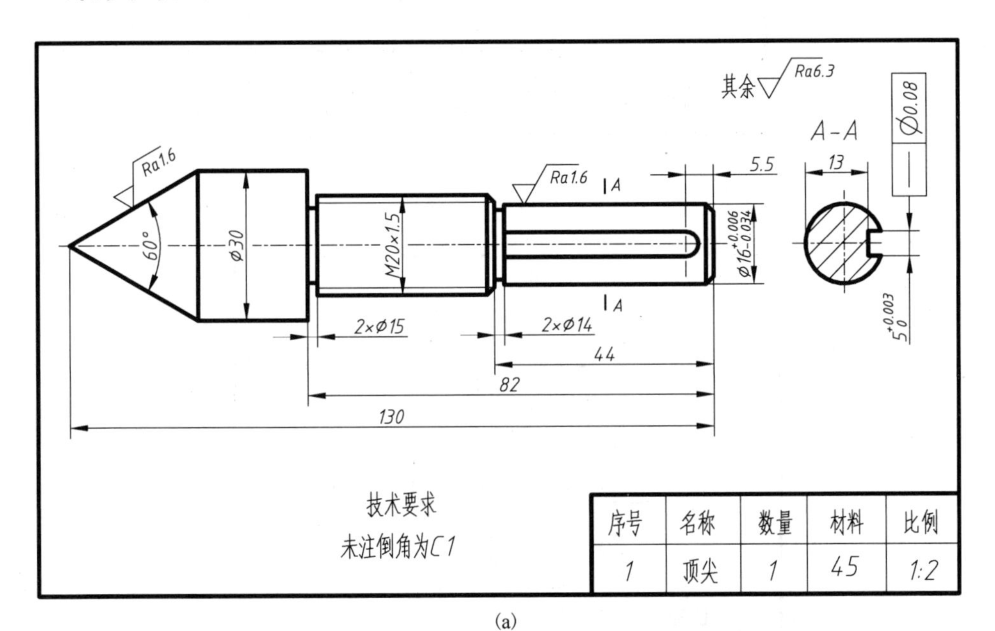

(a)

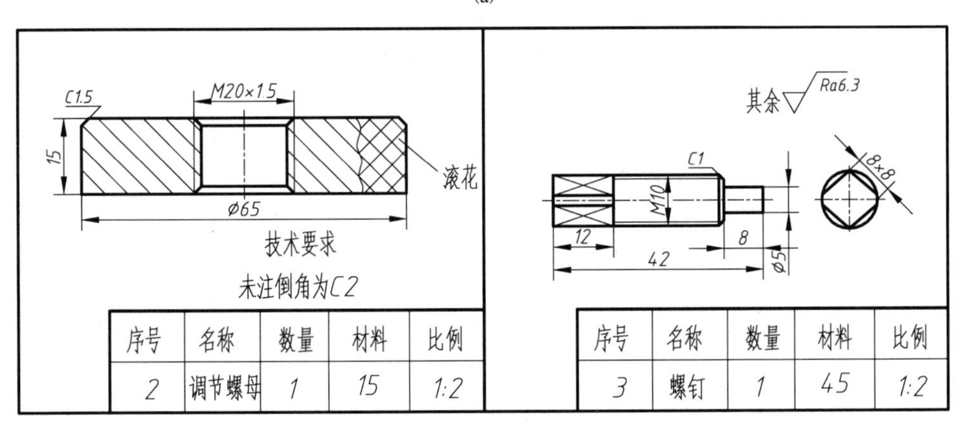

(b)

图 6.23

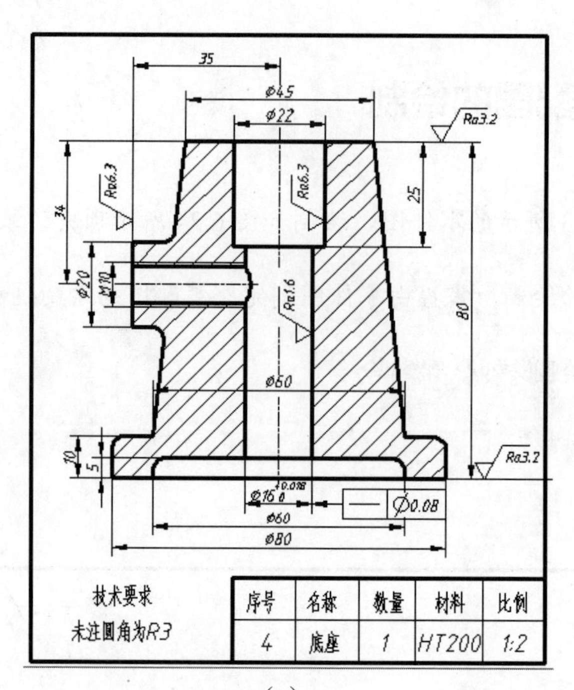

（c）

图 6.23 零件图

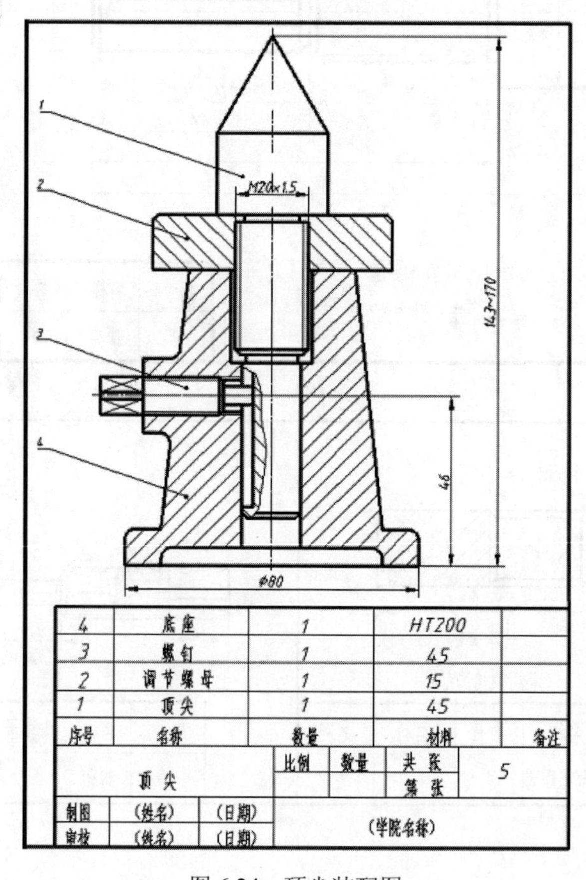

图 6.24 顶尖装配图

6.2.2　案例分析

装配图是表达机器或部件装配关系及整体结构的一种图样，其是由零件图组合而成的。故，本图绘制思路是：先将装配图所需要的零件图绘制出来；再将所需的视图利用“移动”命令插入到装配图中合适的位置，利用“修剪”命令删除图中多余的线条；最后，标注装配图配合尺寸，给各个零件编号，填写标题栏和明细表。

6.2.3　知识链接

装配图应包含的内容

1．一组视图

表达产品的工作原理，各组成零部件的连接方式、装配关系及主要零件的结构形状等。

2．必要的尺寸

一般应标注产品的规格（性能）、外形、安装及零件之间的装配等必要尺寸。

3．技术要求

说明产品在装配、安装、检验及运转时应达到的技术要求。

4．零部件序号、明细栏和标题栏

对各种零部件进行编号并在明细栏中依次填写各种零件的编号及相应名称、数量等。在标题栏中填写产品名称、比例等内容。

知识点　多重引线的应用

该功能是引线功能的延伸，主要用在序号标注中。多重引线不像引线那样是由引线和文字两个对象构成，而是一个完整的图形对象，故其整体性要好于引线，用户在复制、移动、修改多重引线时会更方便一些。

下面以图 6.24 中的序号（1、2、3、4）标注为例进行讲述。

1．多重引线样式的设置

（1）命令执行方式

➢ “多重引线”工具栏：“样式”按钮。
➢ 菜单栏：“格式”菜单中的“多重引线样式”命令。
➢ 命令行：MLEADERSTYLE。

（2）操作步骤

① 执行命令后，弹出“多重引线样式管理器”对话框，如图 6.25 所示。

② 单击“新建”按钮，将弹出“创建新多重引线样式”对话框，在“新样式名”文本框中输入“装配图序号标注”，如图 6.26 所示。

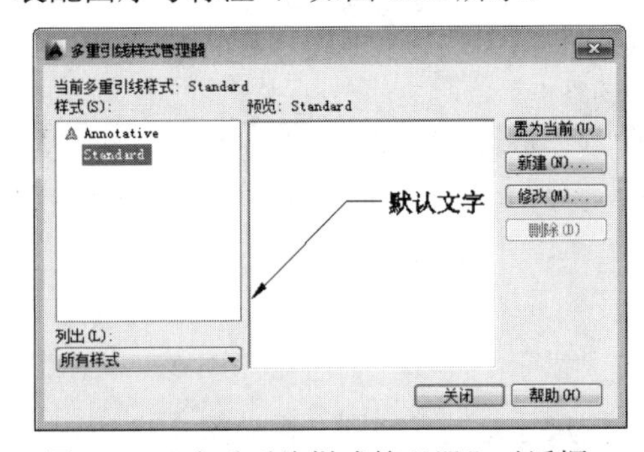

图 6.25　“多重引线样式管理器”对话框

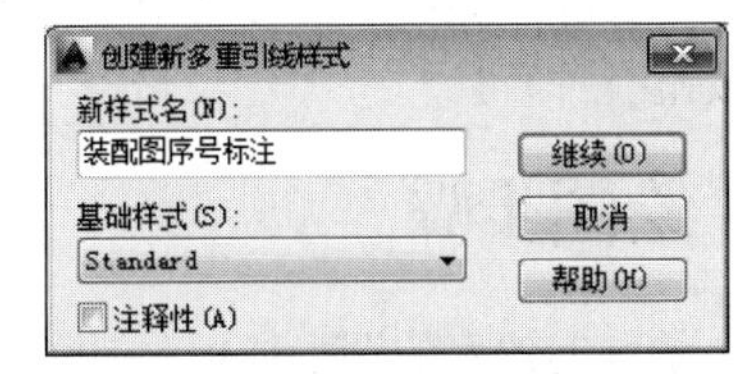

图 6.26　“创建新多重引线样式”对话框

③ 单击“继续”按钮，弹出“修改多重引线样式”对话框，如图 6.27 所示。

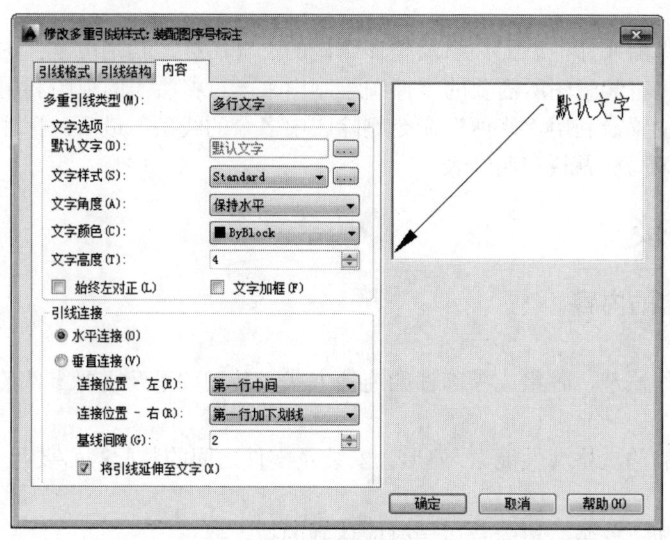

图 6.27 “修改多重引线样式”对话框

④ 单击“引线格式”按钮，设置引线“类型”为“直线”，选择引线箭头的“符号”为“小点”，大小设为 3。

⑤ 单击“引线结构”选项卡，“最大引线点数”设为“2”，勾选“基线设置”选项卡中的“自动包含基线”和“设置基线距离”选项，并设距离值为“0.1”。

⑥ 单击“内容”选项卡，选择“多重引线类型”为“多行文字”，在“默认文字”文本框中输入“1”，“文字样式”设为“工程字 3.5”，“文字角度”为“保持水平”；“文字高度”设为“5”，“引线连接”为“水平连接”，“基线间距”设为“0.1”，勾选“将引线延伸至文字”。

⑦ 单击“确定”按钮，完成多重引线样式的创建。

2．多重引线的标注

（1）命令执行方式

➢ “多重引线”工具栏：“多重引线”按钮。
➢ 菜单栏：“标注”菜单中“多重引线”命令。
➢ 命令行：MLEADER。

（2）操作过程及说明

执行命令后，命令行提示如下：

```
命令: _mleader
指定引线箭头的位置或 [引线基线优先(L)/内容优先(C)/选项(O)] <选项>:
                                    【指定引线的起点】
指定引线基线的位置:                   【指定引线的终点】
覆盖默认文字[是(Y)/否(N)]:y          【在弹出的"文字格式"对话框中输入需要输入的文字】
```

序号全部标注完成后，多重引线并不能完全对齐，单击“多重引线”工具栏上的“多重引线对齐”按钮即可。

6.2.4 绘图步骤

（1）通过创建好的图形样板文件“A3.dwt”，按尺寸绘制零件图，详见图 6.23 所示。

（2）将绘制好的零件图组合成装配图。

① 重新调用图形样板文件“A3.dwt”，另存为一个名为“顶尖装配图”的文件。

② 打开绘制好的零件图，并将“尺寸图层”关闭，然后将所需的视图全部复制到名为“顶尖装配图”的文件中。

③ 打开“对象捕捉”功能，按照装配关系，依次将视图“移动”到A3图框中。

具体操作过程如图6.28所示。

```
命令: _move
选择对象:                                    【选择需要移动的对象】
选择对象:                                    【回车】
指定基点或 [位移(D)] <位移>:                  【选择点"1"】
指定第二个点或 <使用第一个点作为位移>:          【选择点"2"】
```

④ 完成其余零部件的装配。同时在装配的过程中，利用“修剪”、“删除”、“打断于点”等命令，检查、删除多余的线条。

⑤ 标注装配图的尺寸。

装配图的尺寸标注一般只标注性能、装配、安装和其他一些重要尺寸。

⑥ 利用“多重引线”命令标注序号。

装配图中的所有零件都必须编写序号，其中相同的零件采用同样的需要，且只能编写一次。

⑦ 利用“表格”命令，创建标题栏及明细表，并完成内容的填写。

⑧ 利用“多行文字”命令，书写技术要求。

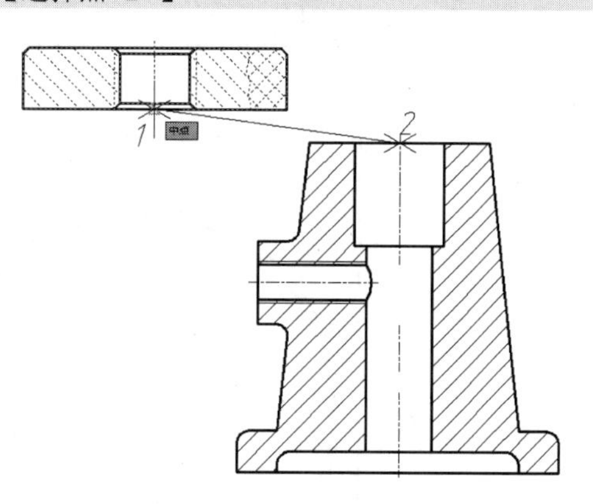

图6.28　通过“移动”命令和“对象捕捉”功能实现装配

6.2.5　技能训练

【课堂实训】绘制由如图6.29所示零件图装配成的联轴器装配图6.30。

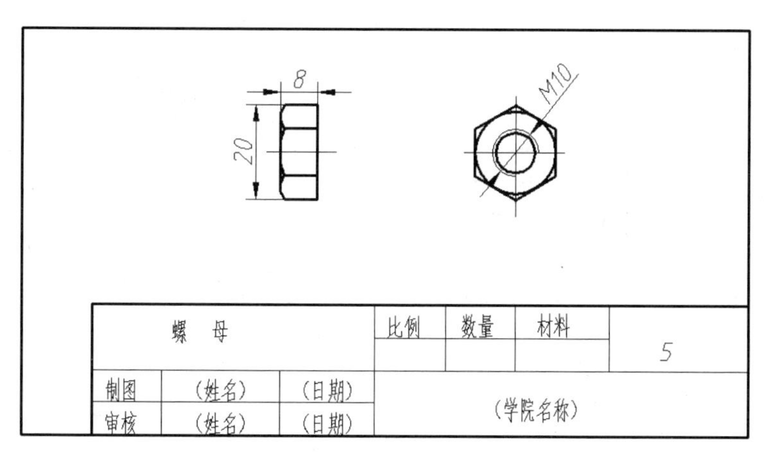

（a）

图6.29

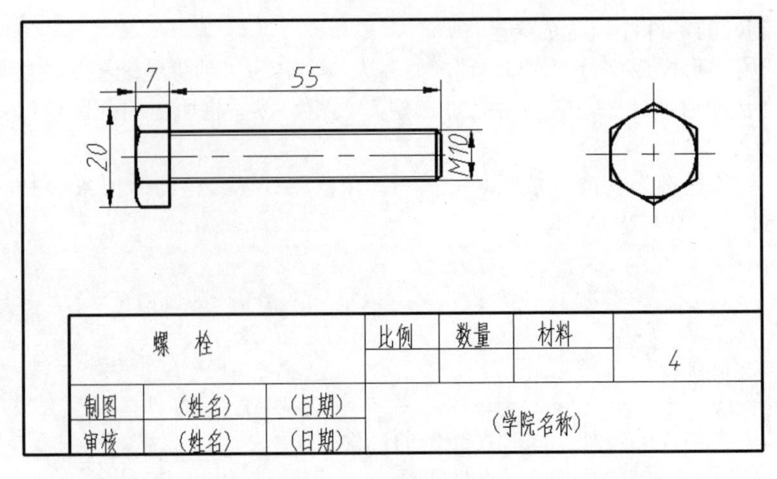
7
55
20
M10
螺 栓
比例
数量
材料
4
制图
(姓名)
(日期)
审核
(姓名)
(日期)
(学院名称)

（b）

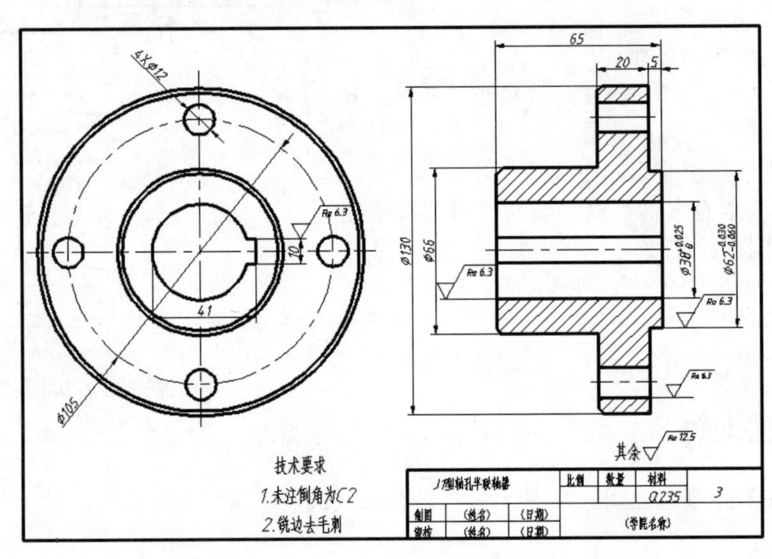
4X⌀12
65
20
5
10
41
⌀105
⌀130
⌀66
Ra 6.3
其余
技术要求
1.未注倒角为C2
2.锐边去毛刺
比例
数量
材料
Q235
3
制图
(姓名)
(日期)
审核
(姓名)
(日期)
(学院名称)

（c）

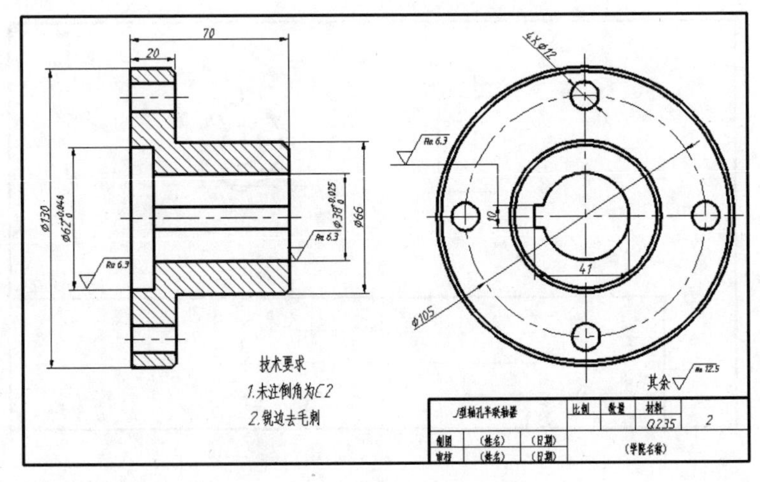
70
20
⌀130
⌀66
4X⌀12
10
41
⌀105
Ra 6.3
其余
技术要求
1.未注倒角为C2
2.锐边去毛刺
比例
数量
材料
Q235
2
制图
(姓名)
(日期)
审核
(姓名)
(日期)
(学院名称)

（d）

图 6.29

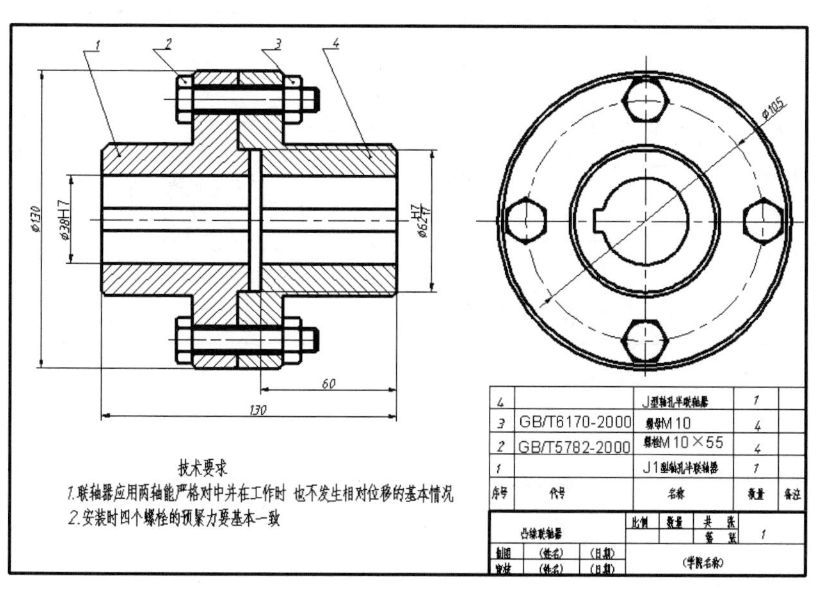

图 6.30　凸缘联轴器装配图

综合案例应用

根据图 6.31 所示的零件图，按 1∶1 比例绘制其装配图（见图 6.32 所示装配参考图），并标注零件序号及必要的尺寸。

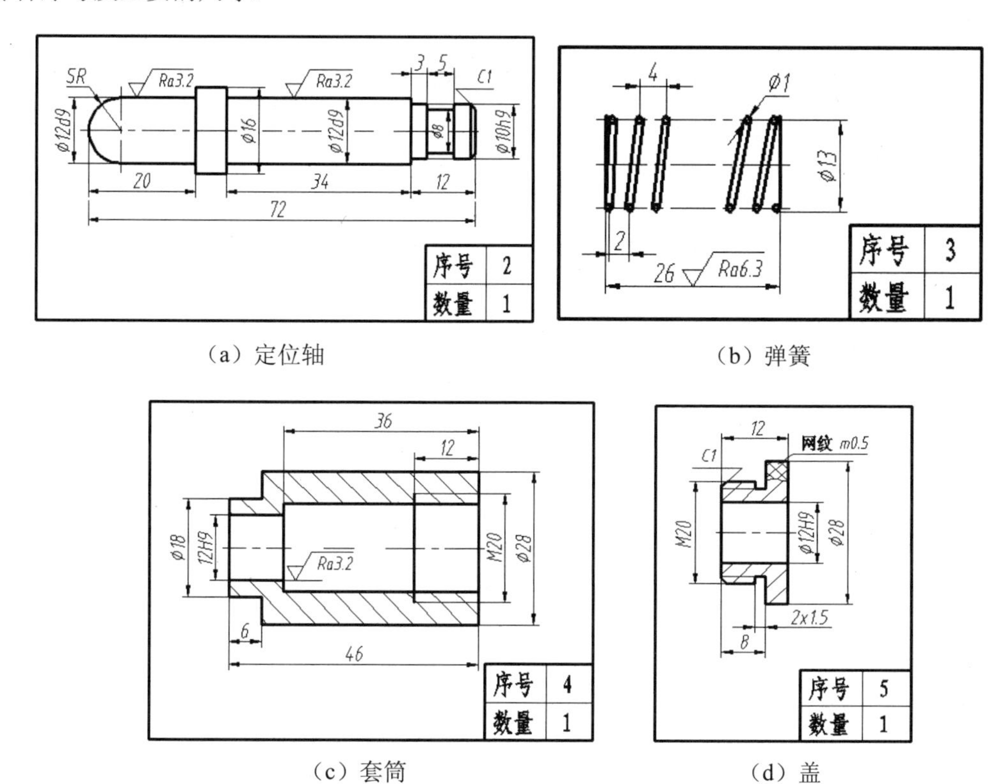

（a）定位轴　　（b）弹簧

（c）套筒　　（d）盖

图 6.31

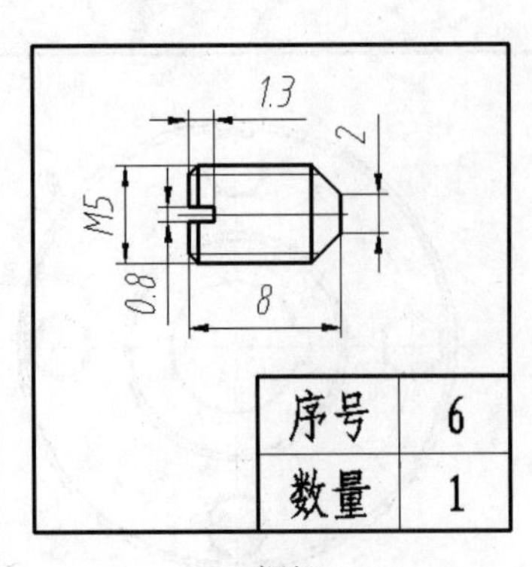

（e）螺钉

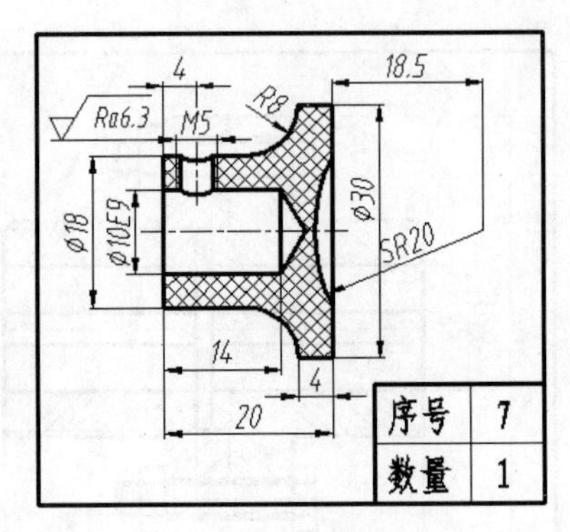

（f）把手

图 6.31　零件图

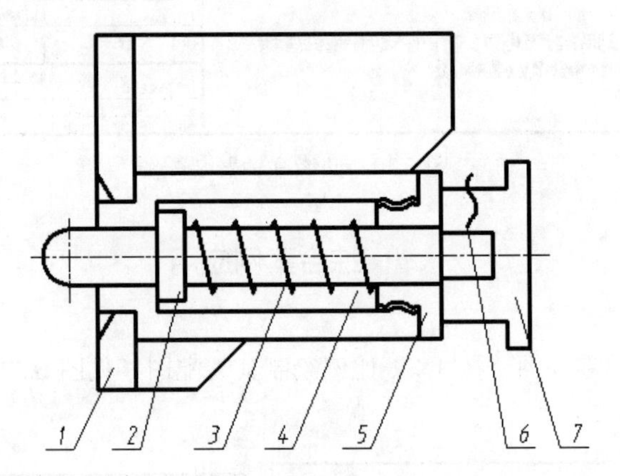

图 6.32　装配示意图

项目7 简单零件的三维实体造型

项目要点

本节主要向用户介绍在“AutoCAD 经典”模式下三维绘图的基础知识，以及基本的三维图形绘制和编辑命令，使用户对 AutoCAD 三维造型的特点、使用方法及使用技巧有基本的了解，掌握一定三维图形的看图和绘图能力。

教学提示

虽然在实际工程中大多数设计是通过二维投影图来表达设计思想并组织施工或加工的，但有很多场合，也需要建立三维模型来直观表达设计效果，进行干涉检查或构造动画模型等。AutoCAD 具有较强的三维造型功能，利用其三维造型功能，可以创建长方体、圆柱体、圆锥体等基本实体单元，也可通过拉伸、旋转的方法将二维图形对象创建成三维实体，并可对三维实体进行编辑、布尔运算等操作，从而创建复杂的实体模型。

任务 7.1 三维基础知识

任务	三维实体造型的环境设置
目的	掌握用户坐标系 UCS 在三维空间的使用方法
知识的储备	二维平面坐标系组成

7.1.1 三维坐标系

AutoCAD 使用的是笛卡尔坐标系。它包括两种类型：一种是系统默认坐标系——世界坐标系 WCS。另一种是用户坐标系 UCS，用户可根据自己的需要设定自己的坐标系。

1．世界坐标系（WCS）

世界坐标系（WCS）是一个固定的坐标系，是所有用户坐标系的基准，不能被重新定义。三维 WCS 由水平的 X 轴、垂直的 Y 轴和垂直于 X-Y 平面的 Z 轴组成，在默认状态下，坐标原点位于图纸的左下角。

世界坐标系的平面图标如图 7.1 所示，其 X 轴正向向右，Y 轴正向向上，Z 轴正向由屏幕指向操作者，坐标原点位于屏幕左下角。当用户从三维空间观察世界坐标系时，其图标如图 7.2 所示。

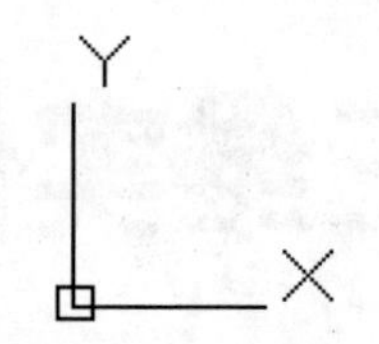

图 7.1　平面世界坐标系

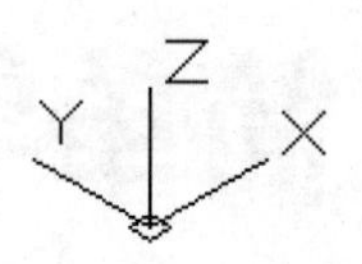

图 7.2　三维世界坐标系

在三维空间作图时，需要指定 X、Y 和 Z 的坐标值才能确定点的位置。在绘图中常用输入直角坐标的方式来实现精确位置。其中既可以用绝对坐标值（X,Y,Z）来表示，例如“10,20,30”来表示，也可以用相对坐标值（@X,Y,Z）来表示，例如“@10,20,30”。

2．用户坐标系（UCS）

在 AutoCAD 中，使用适当的用户坐标系，可以容易地绘制出各个平面内的三维面、体，从而组合为三维实体图形。用户坐标系原点既可以设置在世界坐标系的任意位置，也可以任意转动或倾斜坐标系，以满足绘制复制图形的需要。在用户坐标系中 XY 平面称为工作平面。

启用“用户坐标系”的命令如下：

- 利用“UCS”工具栏进行创建用户坐标系的选择，如图 7.3 所示。
- 菜单：“工具”菜单中的“新建 UCS（W）”子菜单下提供的选项，如图 7.4 所示。

图 7.3 “UCS”工具栏

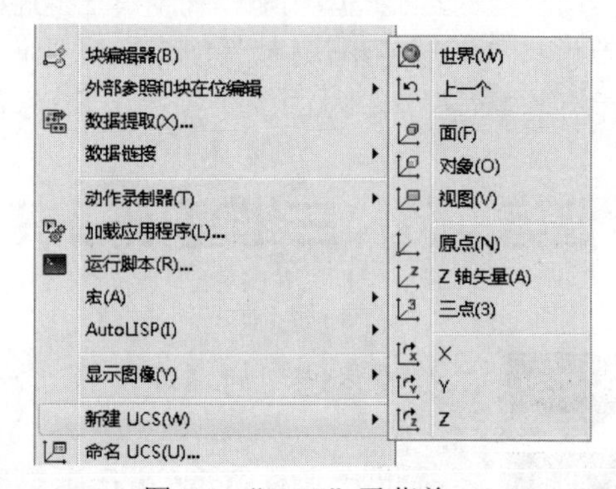

图 7.4 “UCS”子菜单

- 命令行：输入 UCS。

7.1.2　设置视点和观察三维视图

在缺省的状态下，AutoCAD 是沿 Z 轴反方向察看，因此看起来没有立体感，通过确定观察视点，就可以改变观察三维模型的角度。AutoCAD 提供多种方法设置观察视点。下面介绍两种简便的方法。

1．快速确定特殊视点

选择标准视点对模型进行观察，有两种方法。

➢ 菜单栏：“视图”菜单中的“三维视图”子菜单下提供的选项，如图 7.5 所示。
➢ 利用“视图”工具栏设置视点，如图 7.6 所示。

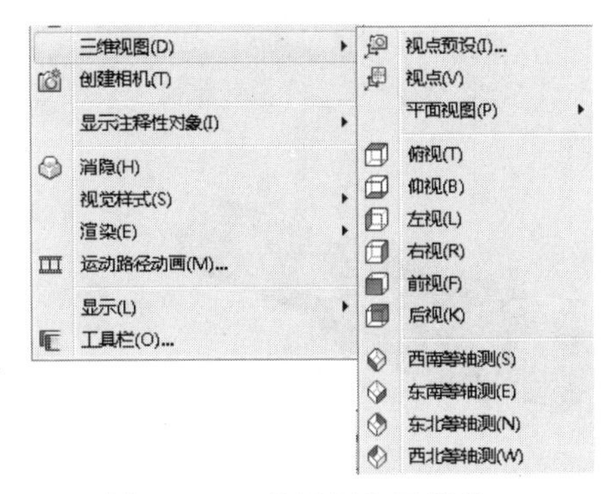

图 7.5 “三维视图”子菜单

图 7.6 “视图”工具栏

2．三维动态观察器

利用“动态观察器”对三维模型进行观察，有两种方法。
➢ 菜单栏：“视图”菜单中的“动态观察”下拉菜单提供的选项，如图 7.7 所示。
➢ 利用“动态观察”工具栏，如图 7.8 所示。

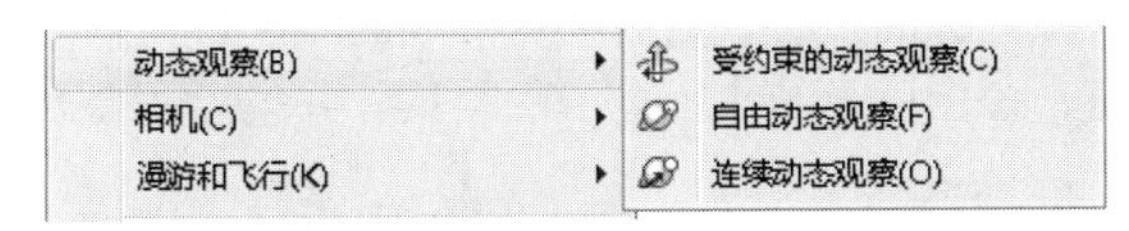

图 7.7 “动态观察”子菜单

图 7.8 “动态观察”工具栏

7.1.3 视觉样式

视觉样式是一组设置，用来控制视口中边和着色的显示。

利用菜单栏中“视图”菜单中的“视觉样式”命令或调用“视觉样式”工具栏（如图 7.9 所示）均可方便快捷地设置视觉样式。

图 7.9 “视觉样式”工具栏

任务 7.2 输出轴的三维实体造型

任务 绘制如图 7.10 所示的输出轴的实体造型图

目的 通过该实体的绘制，熟悉简单零件的三维造型过程

知识的储备 基本绘图命令、编辑命令、三维作图空间环境设置

7.2.1 案例导入

绘制如图 7.10 所示的输出轴。

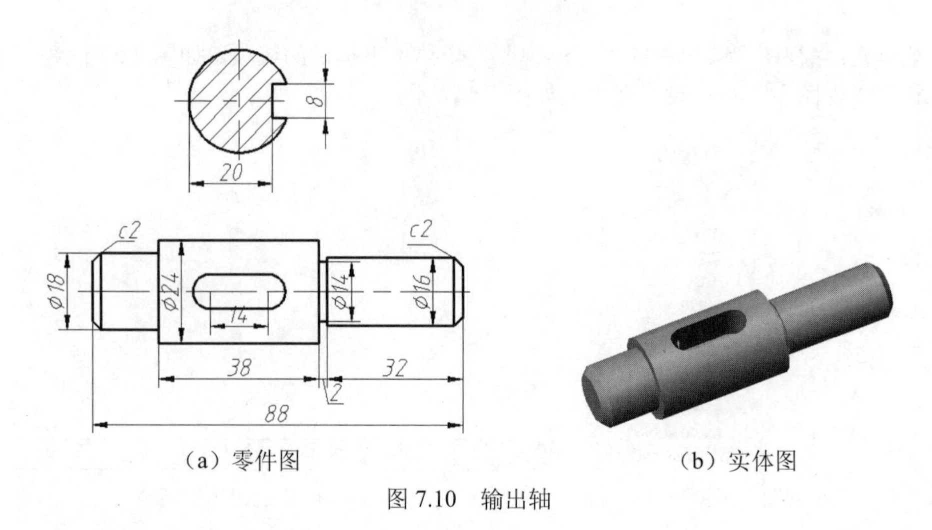

（a）零件图　　（b）实体图

图 7.10　输出轴

7.2.2　案例分析

从图 7.10 可以看出，轴类零件的主体部分可以看作是由几段圆柱体按同一轴线顺次叠加而成的回转体，除此之外在圆柱上还有键槽以及倒角。在本例中，绘制轴主体部分时，可以使用圆柱体叠加的方法绘制；也可以先绘制轴外部轮廓的一半，然后利用形成的二维封闭多段线进行三维旋转创建轴主体部分。另外再结合倒角、拉伸以及布尔运算中的差集、并集等命令完成圆柱的倒角和键槽的实体创建。

7.2.3　知识链接

右击常用工具栏空白区域，出现“AutoCAD”后单击，从弹出的快捷菜单中选择“UCS”、“动态观察”、“视图”、“实体编辑”、“建模”五个工具栏。

1．“建模”工具栏

如图 7.11 所示。单击该工具栏中的按钮可以绘制多段体、长方体、楔体、圆锥体、球体、圆柱体、圆环体、棱锥及弹簧等基本实体模型，也可通过拉伸、扫掠、旋转等方法创建实体模型，能实现实体模型的三维移动、三维旋转和三维对齐等操作。

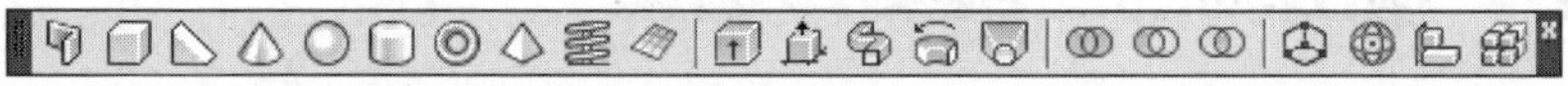

图 7.11　“建模”工具栏

2．“实体编辑”工具栏

如图 7.12 所示。单击该工具栏中的按钮可以对三维实体进行布尔运算，实现面拉伸、面旋转、面倾斜、面着色及压印、切割和抽壳等编辑操作。

图 7.12　“实体编辑”工具栏

“UCS”、“视图”、“动态观察”工具栏分别见图 7.3，图 7.6 和图 7.8。

知识点 1　利用二维图形创建实体

1．拉伸

利用拉伸命令，可沿 Z 轴或某个方向将二维对象拉伸生成三维实体。可作为拉伸对象的二维图形有：多段线、多边形、矩形、圆、圆环、椭圆、面域、封闭的样条曲线等。而利用直线、圆弧等命令绘制的一般闭合图形则不能直接进行拉伸，此时用户需要将其定义为面域，形成一个封闭的整体后方可进行拉伸。

（1）命令执行方式

➢ “建模”工具栏：单击“拉伸”命令按钮。

➢ 菜单：单击“绘图”菜单中“建模”下拉菜单中的“拉伸”命令。

➢ 命令行：输入 EXTRUDE（EXT）。

（2）操作过程及说明

执行命令后，命令行提示如下信息：

```
选择要拉伸的对象或 [模式(MO)]:
```

选择一个封闭的整体对象后，系统接着提示：

```
指定拉伸的高度或 [方向(D)/路径(P)/倾斜角(T)/表达式(E)]:
```

① 指定拉伸的高度：此选项是默认选项，直接输入高度值，就可以拉伸出实体。拉伸的方向默认为 Z 轴正方向，输入正值沿 Z 轴正方向拉伸，输入负值沿 Z 轴负方向拉伸。

② 方向（D）：通过指定方向的起点与端点，确定拉伸实体的方向。

③ 路径（P）：将沿着用户指定的路径拉伸实体。拉伸路径可以是闭合的，也可以是开放的。

④ 倾斜角（T）：设置倾斜角可以在拉伸实体时使实体收缩或扩张，输入正值向内收缩，输入负值向外扩张。

2．旋转

利用旋转命令可将二维对象绕某一轴旋转生成三维实体。用于旋转成实体的二维对象可以是封闭的多段线、多边形、矩形、圆、椭圆、闭合样条曲线、圆环和面域等。

（1）命令执行方式

➢ “建模”工具栏：单击“旋转”命令按钮。

➢ 菜单：单击“绘图”菜单中“建模”下拉菜单中的“旋转”命令。

➢ 命令行：输入 REVOLVE。

（2）操作过程及说明

执行命令后，命令行提示如下信息：

```
选择要旋转的对象或 [模式(MO)]:
```

选择一个封闭的整体对象后，命令行接着提示：

```
指定轴起点或根据以下选项之一定义轴 [对象(O)/X/Y/Z] <对象>:
```

① 指定轴起点：通过指定两个点确定一条进行旋转操作的轴线，系统再提示：

```
指定旋转角度或 [起点角度(ST)/反转(R)/表达式(EX)] <360>:
```

输入旋转的角度，默认为 360°，即旋转一周，输入后确定，即可完成实体。

② 对象（O）：指定一个对象作为回转轴，形成回转体。

③ X/Y/Z：选择坐标轴作为回转轴，形成回转体。

知识点 2 布尔运算

1．并集

实体的并集可将两个或多个相交的实体合并成一个实体。

（1）命令执行方式

➢ “建模”工具栏：单击“并集”命令按钮。

➢ 菜单：单击“修改”菜单中“实体编辑”下拉菜单中的“并集”命令。
➢ 命令行：输入 UNION。

（2）操作过程及说明

执行并集命令后，选择要进行合并的实体对象，不分先后顺序，确定后即可生成组合实体。

2．差集

实体的差集是从一组实体中删除与另一组实体的公共部分，所剩余的部分。

（1）命令执行方式

➢ “建模”工具栏：单击“差集”命令按钮。
➢ 菜单：单击“修改”菜单中“实体编辑”下拉菜单中的“差集”命令。
➢ 命令行：输入 SUBSTRACT。

（2）操作过程及说明

执行差集命令后，命令行依次提示下列信息：

```
命令：_subtract 选择要从中减去的实体、曲面和面域...
选择对象：找到 1 个
选择对象：
选择要减去的实体、曲面和面域...
选择对象：找到 1 个
```

必须先选择被减的实体，然后选择要减去的实体，确定后得到剩余部分。

3．交集

实体的交集可以将两个或两个以上相交实体的公共部分创建成一个实体，而删除非重叠部分。

（1）命令执行方式

➢ “建模”工具栏：单击“交集”命令按钮。
➢ 菜单：单击“修改”菜单中“实体编辑”下拉菜单中的“交集”命令。
➢ 命令行：输入 INTERSECT。

（2）操作过程及说明

执行交集命令后，选择要进行交集的多个相交实体对象，不分先后顺序，确定后即刻生成一个实体。

知识点 3 三维实体的倒角

对三维实体倒直角的命令与二维的倒角命令相同，都是 Chamfer 命令。对三维实体进行倒角操作，可将实体上的任何一处拐角切去，使之变成斜角。

（1）命令执行方式

➢ “修改”工具栏：单击“倒角”命令按钮。
➢ 菜单：单击“修改”菜单中的“倒角”命令。
➢ 命令行：输入 CHAMFER（CHA）。

（2）操作过程及说明

```
命令：_chamfer
("修剪"模式) 当前倒角距离 1 = 0.0000，距离 2 = 0.0000
选择第一条直线或 [放弃(U)/多段线(P)/距离(D)/角度(A)/修剪(T)/方式(E)/多个(M)]:
                                                    【选择实体前表面的一条边】
基面选择...
输入曲面选择选项 [下一个(N)/当前(OK)] <当前(OK)>:      【选择需要倒角的基面】
指定基面倒角距离或 [表达式(E)]:                       【输入基面倒角距离值】
```

指定其他曲面倒角距离或 [表达式(E)]:　　【输入其他倒角距离值或按回车键结束输入】
选择边或 [环(L)]:　　【单击需要倒角的边】
选择边或 [环(L)]:　　【按回车键结束目标选择】

图 7.13 为三维实体倒角后经过消隐的效果图。

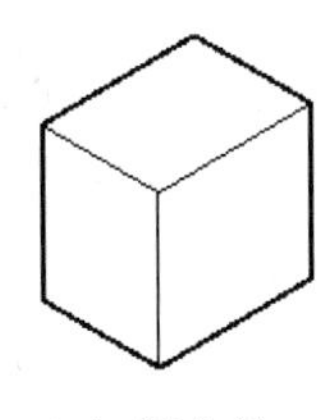
(a) 倒角前

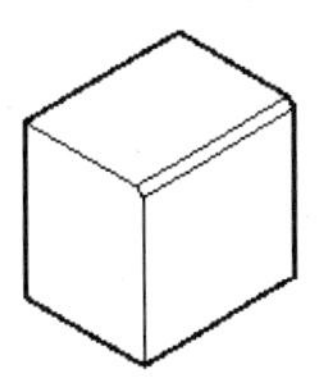
(b) 倒角后

图 7.13　三维实体倒角

7.2.4　绘图步骤

创建轴的实体模型时，因其是回转类零件，故选用的创建方法是：先绘制出轴主体部分一半的轮廓，然后将其绕轴线旋转生成实体后，再进行后续的操作，如倒角和创建键槽等。

(1) 绘制轴主体部分的一半轮廓，并“面域”成一个二维封闭线框。

选择“视图”菜单中“三维视图”“平面视图”下的“当前 UCS”命令，切换到平面视图。

根据图 7.10 所注尺寸，利用“直线”命令绘制轴的半轮廓图，如图 7.14 所示。

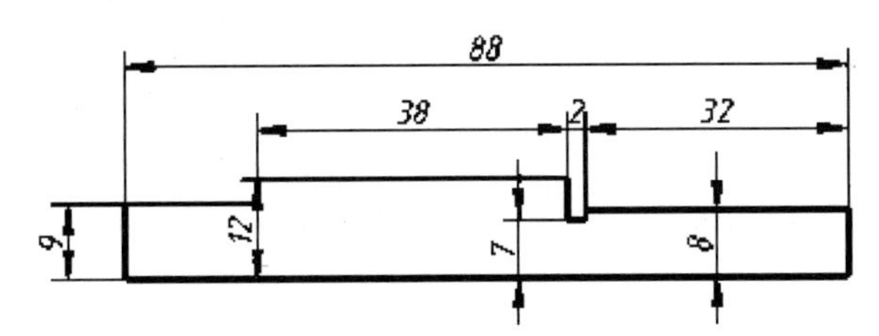

图 7.14　半轮廓图

单击“绘图”工具栏上的“面域”按钮，命令行提示：

命令: _region
选择对象:　　【选择构成轴主体部分轮廓的每一条线，总计 10 条】
选择对象:　　【回车】
已提取 1 个环。
已创建 1 个面域。

执行“面域”命令后，对应线段将成为一个整体的封闭二维图形。

(2)“旋转”形成实体

单击“建模”工具栏上的“旋转”按钮，命令行提示：

选择要旋转的对象或 [模式(MO)]:　　【选择图 7.14 中面域后的二维封闭线框】
选择要旋转的对象或 [模式(MO)]:　　【回车】
指定轴起点或根据以下选项之一定义轴 [对象(O)/X/Y/Z] <对象>:
　　【捕捉图 7.14 中线框下方中心轴线的左端点】
指定轴端点:　　【捕捉图 7.14 中线框下方中心轴线的右端点】
指定旋转角度或 [起点角度(ST)/反转(R)/表达式(EX)] <360>:　　【回车】

执行结果如图 7.15 所示。

（3）改变视点

单击“视图”工具栏上的“西南等轴测”按钮，执行结果如图 7.16 所示。

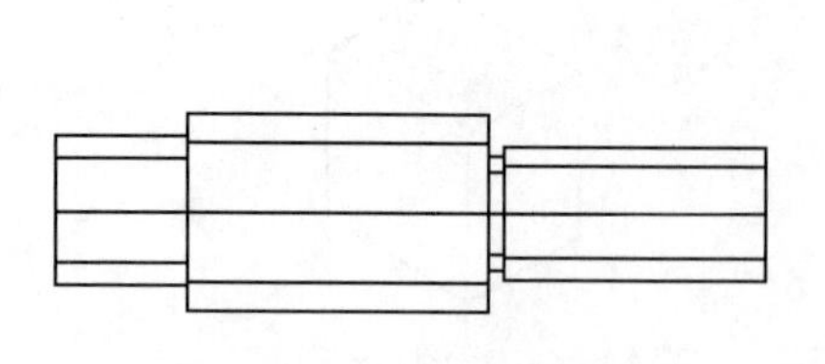

图 7.15　旋转后效果图

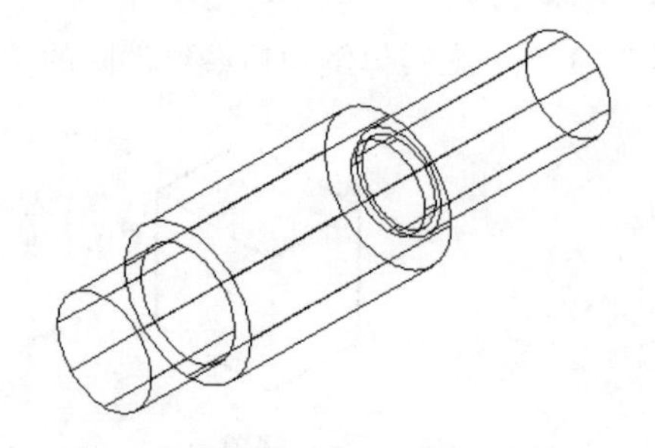

图 7.16　“西南等轴测”视点下的轴实体

（4）倒角

单击“修改”工具栏上的“倒角”按钮，命令行提示：

```
选择第一条直线或 [放弃(U)/多段线(P)/距离(D)/角度(A)/修剪(T)/方式(E)/多个(M)]:
                        【拾取图 7.16 中左端面的棱边，即图中位于最左面的圆】
基面选择...
输入曲面选择选项 [下一个(N)/当前(OK)] <当前(OK)>:      【回车】
指定基面倒角距离或 [表达式(E)]: 2                     【输入倒角距离"2"后回车】
指定其他曲面倒角距离或 [表达式(E)] <2.0000>:          【回车】
选择边或 [环(L)]:                                    【再次拾取图 7.16 中的左端面棱边】
选择边或 [环(L)]:                                    【回车】
```

执行结果如图 7.17 所示。

用同样的方法，在需要倒角的另外的端面上创建倒角，执行结果如图 7.18 所示。

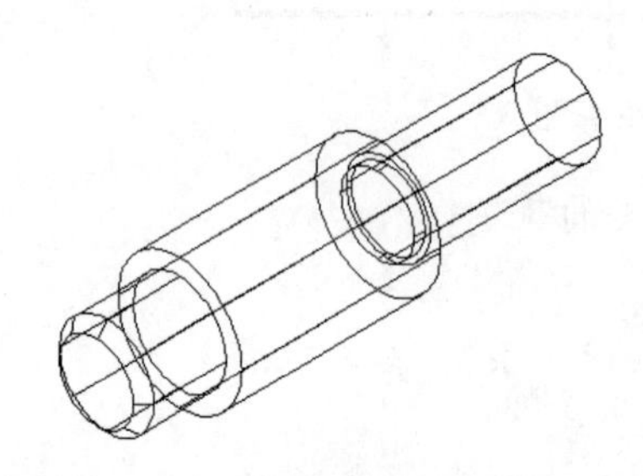

图 7.17　左端面棱边倒角后效果图

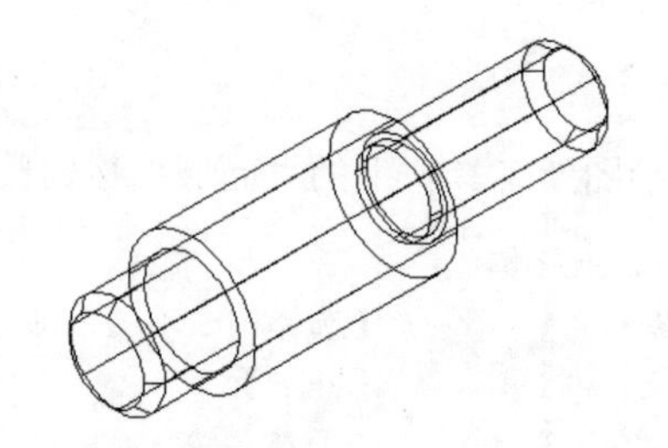

图 7.18　右端面棱边倒角后效果图

（5）创建键槽

① 新建 UCS

单击 UCS 工具栏上的“原点”按钮，命令行提示：

```
指定新原点 <0,0,0>:                【捕捉图 7.18 中左端面的圆心】
```

执行结果如图 7.19 所示。图中的坐标图标表明了当前用户坐标系的坐标方向和原点位置。

② 继续建立新的 UCS

单击 UCS 工具栏上的“原点”按钮，命令行提示：

```
指定新原点 <0,0,0>: 28,0,8    【尺寸参考图 7.10 所注，通过计算得：键槽左侧半圆的圆心与
                  相连端面 X 方向的距离是 28，键槽底面与中心线所在平面 Z 方向的距离是 8】
```

执行结果如图 7.20 所示。

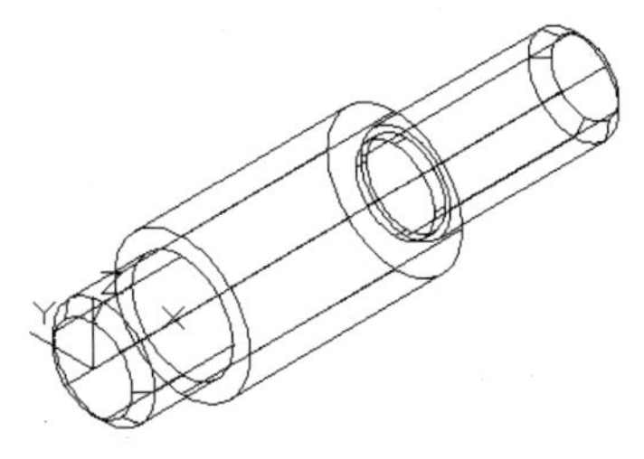

图 7.19　新建 UCS（1）

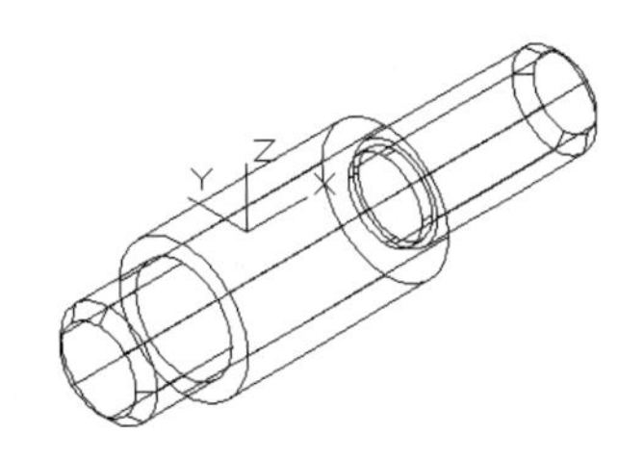

图 7.20　新建 UCS（2）

③ 切换到平面视图

选择“视图”菜单中“三维视图”“平面视图”下的“当前 UCS”命令，执行结果如图 7.21 所示。

④ 绘制键槽轮廓线

选择“圆”命令绘制直径为 8、圆心相距为 14 的两个圆。选择“直线”命令通过“捕捉到切点”绘制对应的两条水平切线，并利用“修剪”命令去除多余的线条，如图 7.22 所示。

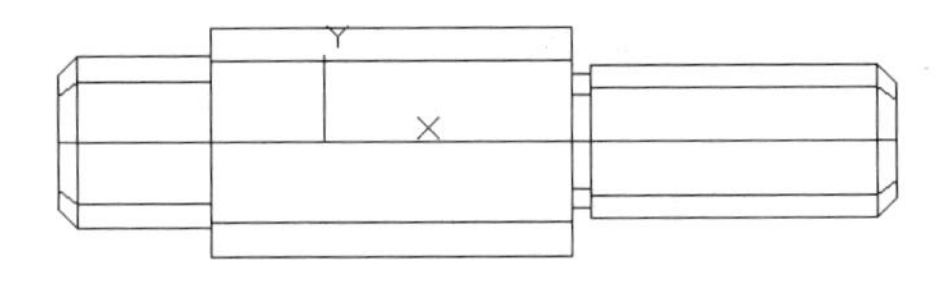

图 7.21　以平面视图形式显示图形

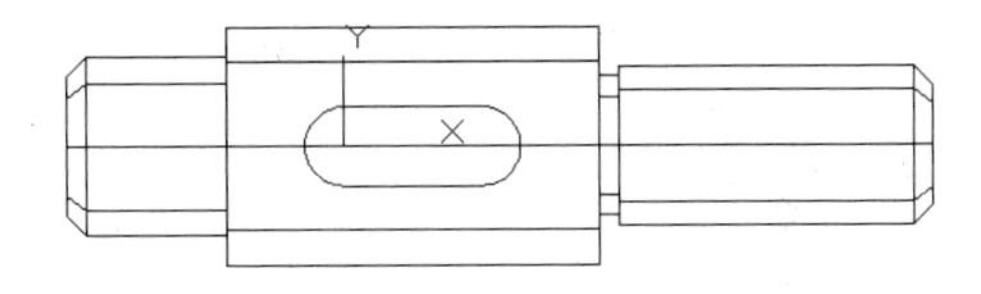

图 7.22　修剪后的键槽轮廓线

⑤ 将键槽轮廓线面域，形成一个封闭的二维线框

单击“绘图”工具栏上的“面域”按钮，命令行提示：

```
命令: _region
选择对象:              【选择构成键槽轮廓的每一条线，总计 4 条】
选择对象:              【回车】
已提取 1 个环。
已创建 1 个面域。
```

执行“面域”命令后，对应线段将成为一个整体的封闭二维图形。

⑥ 单击“视图”工具栏上的“西南等轴测”按钮，执行结果如图 7.23 所示。

⑦ 拉伸

单击“建模”工具栏上的“拉伸”按钮，命令行提示：

```
选择要拉伸的对象或 [模式(MO)]:         【选择图 7.23 中面域后的键槽轮廓线框】
选择要拉伸的对象或 [模式(MO)]:         【回车】
指定拉伸的高度或 [方向(D)/路径(P)/倾斜角(T)/表达式(E)]: 13     【输入拉伸高度值】
```

执行结果如图 7.24 所示。

⑧ 差集操作

单击“建模”工具栏上的“差集”按钮，命令行提示；

```
命令: _subtract 选择要从中减去的实体、曲面和面域...
选择对象:          【选择图 7.24 中的轴实体】
选择对象: 选择要减去的实体、曲面和面域...
```

选择对象：	【选择图 7.24 中的拉伸键槽实体】
选择对象：	【回车】

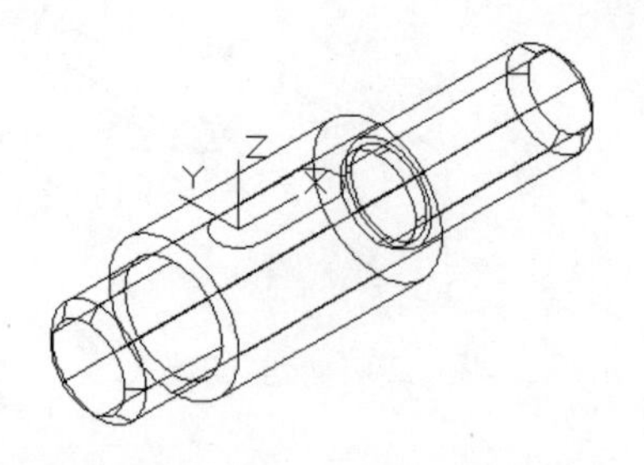

图 7.23 “西南等轴测”视点下的轴实体

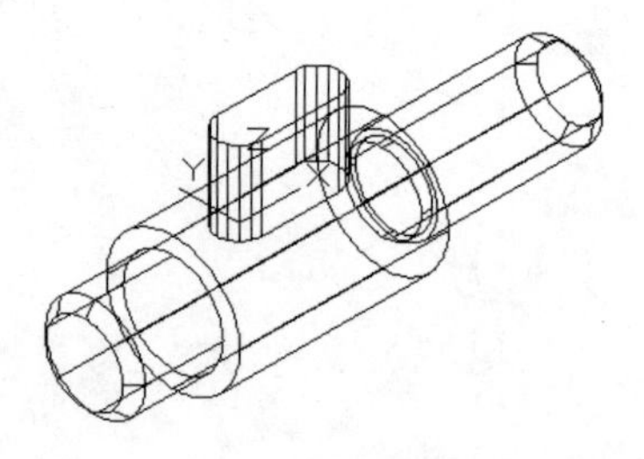

图 7.24 拉伸后的键槽轮廓

执行结果如图 7.25 所示。经过“真实”视觉样式后的最终执行结果如图 7.26 所示。

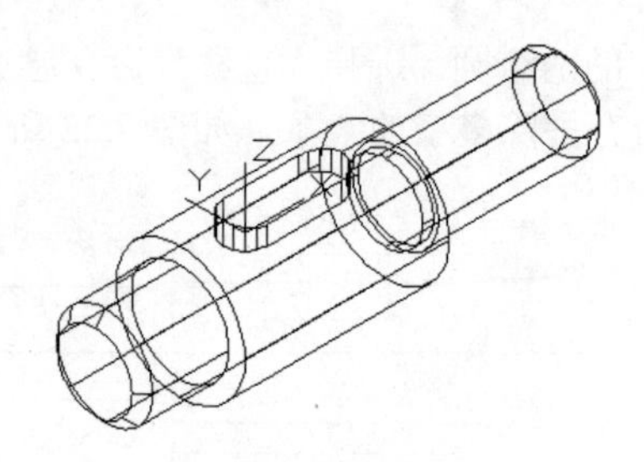

图 7.25 差集后效果

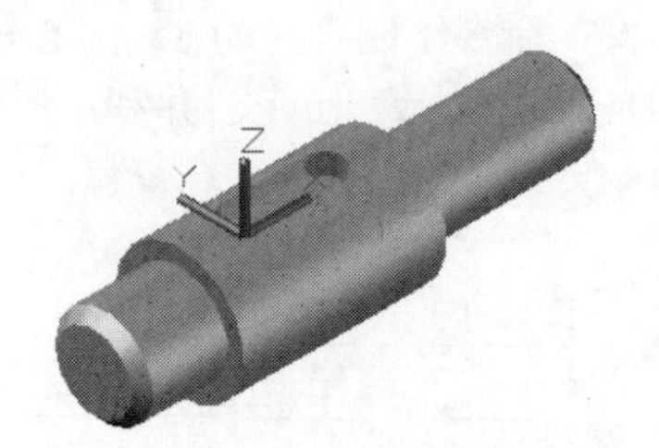

图 7.26 “真实”视觉样式下的输出轴实体

7.2.5 技能训练

【课堂实训】绘制如图 7.27 所示的输出轴实体模型。

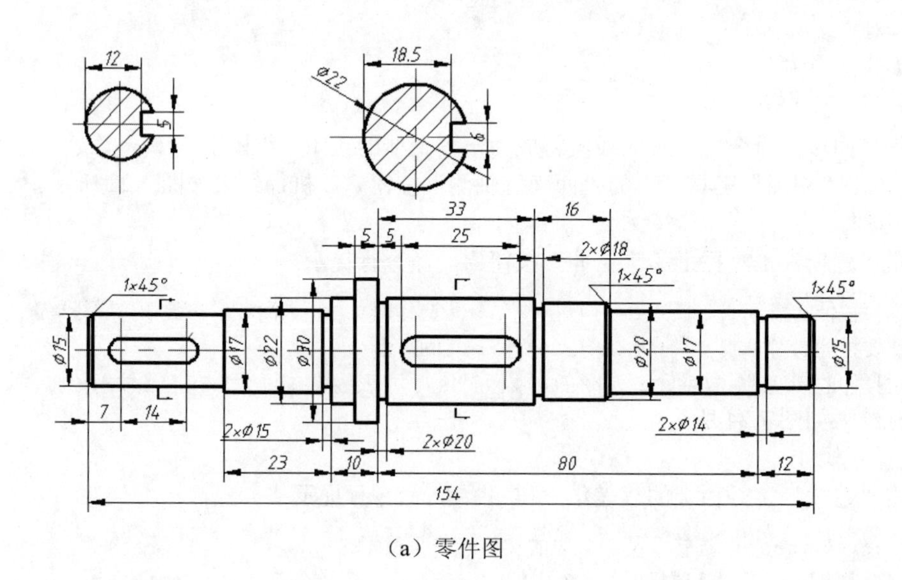

（a）零件图

（b）输出轴的实体模型

图 7.27　输出轴

任务 7.3　轴承座的三维实体造型

任务　绘制如图 7.28 所示的轴承座实体造型图

目的　通过该实体的绘制，熟悉简单零件的三维造型过程

知识的储备　基本绘图命令、编辑命令、三维作图空间环境设置

7.3.1　案例导入

绘制如图 7.28 所示的轴承座实体。

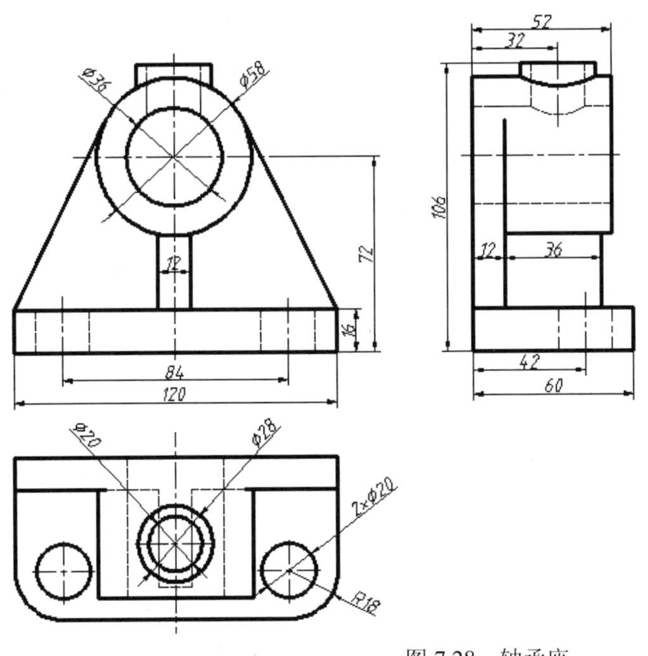

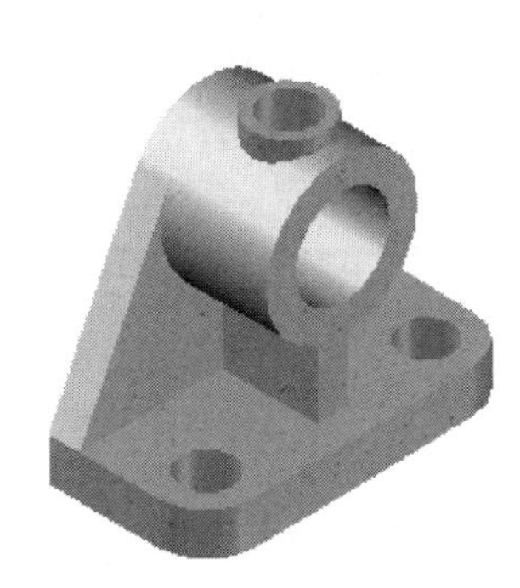

图 7.28　轴承座

7.3.2 案例分析

从图中可以看出，这类零件由于结构上的特点，不可能像轴类零件那样通过简单的旋转或拉伸步骤来实现。该轴承座由底板、支撑板 、肋板和筒体组成，在底板上还有对称的两个直径为ϕ 20 的孔。其中，筒体可利用圆柱体命令及布尔运算等编辑命令实现；底板是一个长方体减去两个圆柱体并圆角后完成，也可利用拉伸来实现；支撑板和肋板是有固定截面的形状，可绘制截面后用拉伸实现。

7.3.3 知识链接

知识点1 创建基本实体

1．创建长方体

（1）命令执行方式

➢ “建模”工具栏：单击“长方体”命令按钮。

➢ 菜单：单击“绘图”菜单中“建模”下拉菜单中的“长方体”命令。

➢ 命令行：输入 BOX。

（2）操作过程及说明

执行命令后，命令行依次提示下列信息：

```
指定第一个角点或 [中心(C)]:
指定其他角点或 [立方体(C)/长度(L)]:
```

① 指定第一个角点：此为默认选项，按要求依次指定长方体底面的两个角点，确定一个矩形底面，然后输入长方体高度，创建长方体。

② 中心（C）：通过先指定底面的中心，再指定一个角点，确定底面，然后输入长方体高度，创建出长方体。

③ 立方体（C）：指定一个角点或中心点确定位置，再输入边长，创建出一个立方体。

④ 长度（L）：分别指定长方体的长、宽、高，创建出一个立方体。

2．创建楔体

（1）命令执行方式

➢ “建模”工具栏：单击“楔体”命令按钮。

➢ 菜单：单击“绘图”菜单中“建模”下拉菜单中的“楔体”命令。

➢ 命令行：输入 WEDGE。

（2）操作过程及说明

楔体的创建方法与长方体的创建方法相同。

3．创建圆锥体

（1）命令执行方式

➢ “建模”工具栏：单击“圆锥体”命令按钮。

➢ 菜单栏：单击“绘图”菜单中“建模”下拉菜单中的“圆锥体”命令。

➢ 命令行：输入 CONE。

（2）操作过程及说明

执行命令后，命令行提示如下信息：

```
指定底面的中心点或 [三点(3P)/两点(2P)/切点、切点、半径(T)/椭圆(E)]:
```

选择相应绘制圆与椭圆的方法确定底面，再输入圆锥体的高度，就可以按指定底面和高度创建圆锥体。

4．创建球体

（1）命令执行方式

➢ “建模”工具栏：单击“球体”命令按钮。

➢ 菜单：单击“绘图”菜单中“建模”下拉菜单中的“球体”命令。

➢ 命令行：输入 SPHERE。

（2）操作过程及说明

执行命令后，命令行提示如下信息：

```
指定中心点或 [三点(3P)/两点(2P)/切点、切点、半径(T)]:
```

① 指定中心点：通过指定中心点，再输入半径的方法创建球体。

② 三点（3P）：通过指定空间的三点创建一个球体。

③ 两点（2P）：通过指定一个直径的两个端点来创建球体。

④ 切点、切点、半径（T）：通过指定与球体三个相切条件来创建该球体。

5．创建圆柱体

（1）命令执行方式

➢ “建模”工具栏：单击“圆柱体”命令按钮。

➢ 菜单：单击“绘图”菜单中“建模”下拉菜单中的“圆柱体”命令。

➢ 命令行：输入 CYLINDER。

（2）操作过程及说明

圆柱体的创建方法与圆锥体的创建方法相同。

6．创建圆环体

（1）命令执行方式

➢ “建模”工具栏：单击“圆环体”命令按钮。

➢ 菜单：单击“绘图”菜单中“建模”下拉菜单中的“圆环体”命令。

➢ 命令行：输入 TORUS。

（2）操作过程及说明

执行命令后，按系统提示分别指定圆环体的中心、圆环体中心圆半径或直径、圆管的半径或直径，就可完成圆环体的创建。

知识点 2 三维实体的圆角

对三维实体倒圆角的命令与二维的倒圆角命令相同，都是 Fillet 命令。

（1）命令执行方式

➢ “修改”工具栏：单击“倒角”命令按钮。

➢ 菜单：单击“修改”菜单中的“圆角”命令。

➢ 命令行：输入 FILLET（F）。

（2）操作过程及说明

```
选择第一个对象或 [放弃(U)/多段线(P)/半径(R)/修剪(T)/多个(M)]:
【选择倒圆角的边 AB】
输入圆角半径或 [表达式(E)]:                    【输入圆角半径值】
选择边或 [链(C)/环(L)/半径(R)]:                【再次选择倒圆角的边 AB】
选择边或 [链(C)/环(L)/半径(R)]:                【回车】
```

三维实体倒圆角后经过消隐的效果图如图 7.29 所示。

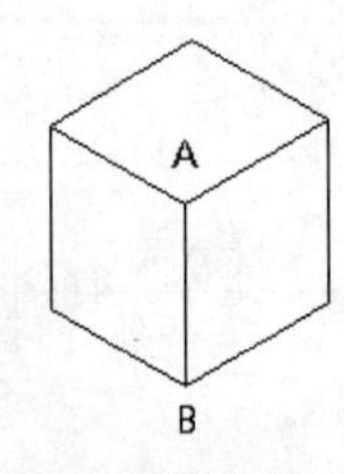

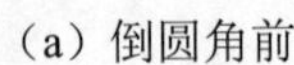
（a）倒圆角前

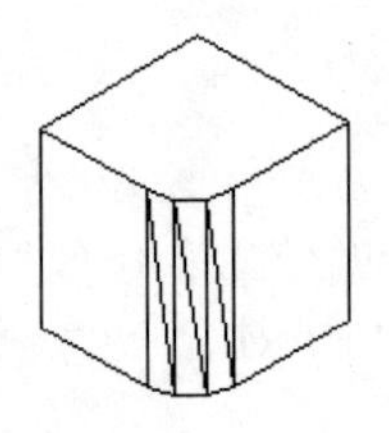
（b）倒圆角后

图 7.29 三维实体的圆角

知识点 3 三维阵列

该命令用于将指定对象在三维空间实现矩形和环形阵列。除了指定列数（*X* 方向）和行数（Y 方向）以外，还要指定层数（*Z* 方向）。矩形阵列中：输入正值将沿 *X*、*Y*、*Z* 轴的正向生成阵列；输入负值将沿 *X*、*Y*、*Z* 轴的负向生成阵列。环形阵列中：在指定角度时，正值表示沿逆时针方向旋转，负值表示沿顺时针方向旋转。

（1）命令执行方式

- “建模”工具栏：单击“三维阵列”命令按钮。
- 菜单：单击“修改”菜单中“三维操作”下拉菜单中的“三维阵列”命令。
- 命令行：输入 3DARRAY。

（2）操作过程及说明

假设对如图 7.30 所示的半径为 5 的球体做 2 行、3 列、2 层的三维矩形阵列，行间距为 30、列间距为 30，层间距为 40。则命令行操作提示如下：

```
命令: _3darray
选择对象:                                   【选择 R5 的球体】
选择对象:                                   【回车】
输入阵列类型 [矩形(R)/环形(P)] <矩形>:      【默认选项为矩形阵列，按回车确认】
输入行数 (---) <1>: 2              【输入矩形阵列的行方向数值 2】
输入列数 (|||) <1>: 3              【输入矩形阵列的列方向数值 3】
输入层数 (...) <1>: 2              【输入矩形阵列的 Z 轴方向的层数 2】
指定行间距 (---): 30               【输入行间距值 30】
指定列间距 (|||): 30               【输入列间距值 30】
指定层间距 (...): 40               【输入 Z 轴方向层与层之间的距离值 40】
```

按 Enter 键后，系统完成阵列操作。对图形作“消隐”显示后，执行结果如图 7.30 所示。

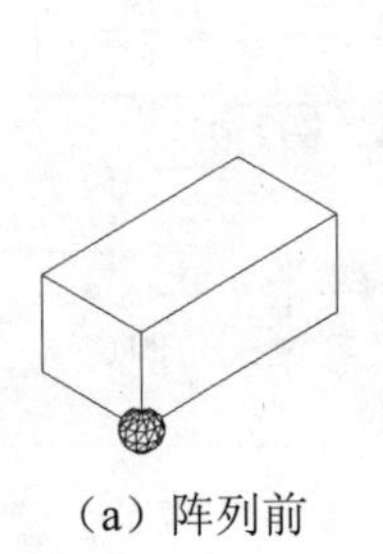
（a）阵列前

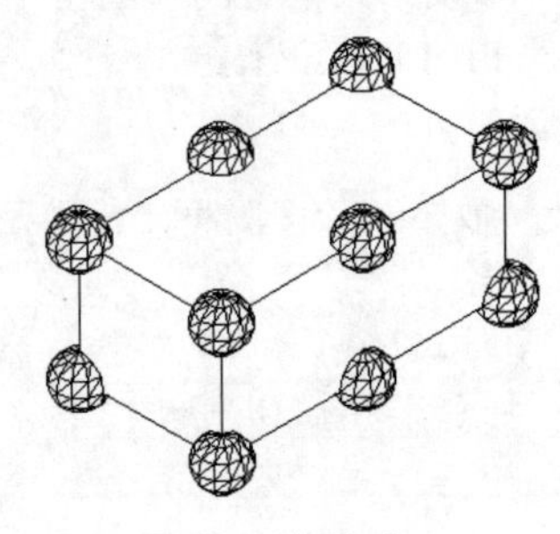
（b）阵列后

图 7.30 三维阵列

7.3.4　绘图步骤

（1）创建带圆角的长方体底座

① 单击“视图”工具栏上的“西南等轴测”按钮改变视点。

② 单击“绘图”工具栏上的“矩形”按钮，命令行提示如下：

```
命令： _rectang
指定第一个角点或 [倒角(C)/标高(E)/圆角(F)/厚度(T)/宽度(W)]:
                                    【在屏幕任意位置单击确定第一角点位置】
指定另一个角点或 [面积(A)/尺寸(D)/旋转(R)]: d   【按指定尺寸的方式确定矩形大小】
指定矩形的长度 <120.0000>:       【输入矩形的长度值 120】
指定矩形的宽度 <60.0000>:        【输入矩形的宽度值 60】
指定另一个角点或 [面积(A)/尺寸(D)/旋转(R)]: 【在屏幕任意位置单击确定第二角点位置】
```

③ 倒圆角。单击“修改”工具栏上的“圆角”按钮，命令行提示如下：

```
命令： _fillet
当前设置：模式 = 修剪，半径 = 0.0000
选择第一个对象或 [放弃(U)/多段线(P)/半径(R)/修剪(T)/多个(M)]: r
指定圆角半径 <0.0000>: 18               【输入圆角半径值 18】
选择第一个对象或 [放弃(U)/多段线(P)/半径(R)/修剪(T)/多个(M)]: m
选择第一个对象或 [放弃(U)/多段线(P)/半径(R)/修剪(T)/多个(M)]:
选择第二个对象，或按住 Shift 键选择对象以应用角点或 [半径(R)]:
```

依次完成两个圆角的创建。

④ 拉伸底座的轮廓线，形成实体。

单击“建模”工具栏上的“拉伸”按钮，命令行提示如下：

```
选择要拉伸的对象或 [模式(MO)]:               【选择已经绘制好的轮廓线】
选择要拉伸的对象或 [模式(MO)]:               【回车】
指定拉伸的高度或 [方向(D)/路径(P)/倾斜角(T)/表达式(E)] <50.0000>: 16   【输入底板的
承                                                                      高度值 16】
```

执行结果如图 7.31 所示。

（2）创底座上 2 个φ20 的圆柱体

① 新建 UCS。

单击 UCS 工具栏上的“原点”按钮，命令行提示：

```
UCS 指定新原点 <0,0,0>:                 【捕捉长方体上表面
                                        后侧棱边的中点】
```

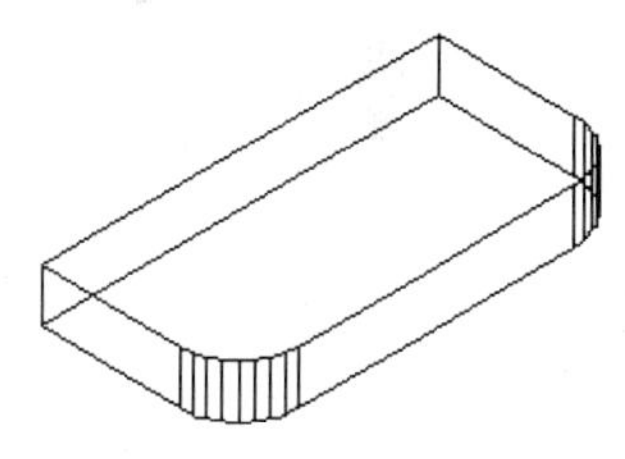

图 7.31　底座轮廓线的“西南等轴测”视图

执行结果如图 7.32 所示。

② 创建一个φ20 的圆柱体。

单击“建模”工具栏上的“圆柱体”按钮，命令行提示如下：

```
命令： _cylinder
指定底面的中心点或 [三点(3P)/两点(2P)/切点、切点、半径(T)/椭圆(E)]: 42,-42,0
                                        【根据图 8.28 所注尺寸计算】
指定底面半径或 [直径(D)] <10.0000>: 10   【指定圆柱半径值 10】
指定高度或 [两点(2P)/轴端点(A)] <16.0000>: -16   【指定圆柱高度值 16】
```

执行结果如图 7.33 所示。

③ 矩形阵列另一个φ20 的圆柱体。

单击“建模”工具栏上的“三维阵列”按钮，命令行提示如下：

```
命令: _3darray
选择对象:                                      【选择要阵列的φ20 圆柱体】
选择对象:                                      【回车】
输入阵列类型 [矩形(R)/环形(P)] <矩形>:         【回车】
输入行数 (---) <1>: 1                          【输入矩形阵列的行方向数值 1】
输入列数 (|||) <1>: 2                          【输入矩形阵列的列方向数值 2】
输入层数 (...) <1>:1                           【输入矩形阵列的 Z 轴方向层数 1】
指定列间距 (|||): -84                          【输入列间距值 84】
```

执行结果如图 7.34 所示。

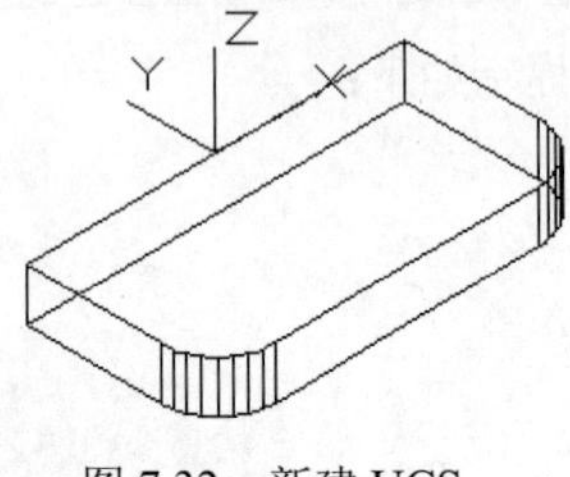

图 7.32　新建 UCS

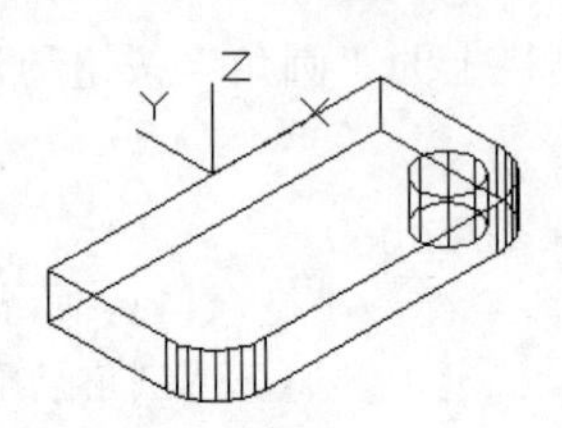

图 7.33　创建圆柱体

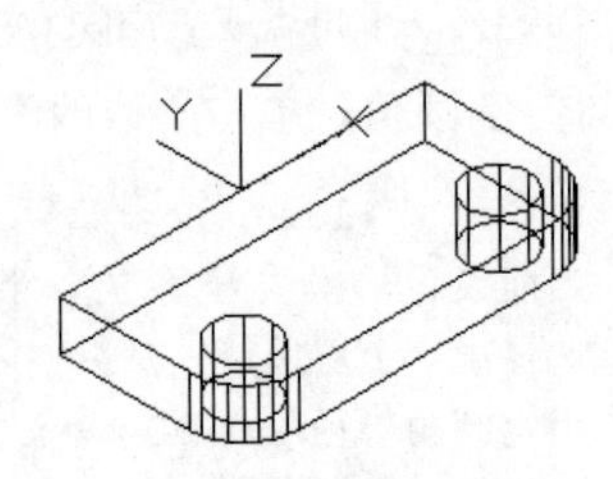

图 7.34　圆柱体的阵列结果

（3）差集操作

单击“建模”工具栏上的“差集”按钮，命令行提示如下：

```
命令: _subtract 选择要从中减去的实体、曲面和面域...
选择对象:             【选择图 7.34 中的长方体】
选择对象: 选择要减去的实体、曲面和面域...
选择对象:             【选择图 7.34 中的两个φ20 圆柱体】
选择对象:             【回车】
```

经“消隐”视觉样式后的差集操作结果如图 7.35 所示。

（4）创建水平圆柱体

① 新建 UCS。

单击“UCS”工具栏上的“X”按钮，命令行提示如下：

```
指定绕 X 轴的旋转角度 <90>:            【回车】
```

经消隐后的执行结果如图 7.36 所示。

图 7.35 “消隐”视觉样式后的差集操作结果

② 创建φ58 的圆柱体。

单击“建模”工具栏上的“圆柱体”按钮，命令行提示如下：

```
命令: _cylinder
指定底面的中心点或 [三点(3P)/两点(2P)/切点、切点、半径(T)/椭圆(E)]: 0,56,0
                                                    【根据图 7.28 所注尺寸计算】
指定底面半径或 [直径(D)] <18.0000>: 29              【输入圆柱体半径尺寸值 29】
指定高度或 [两点(2P)/轴端点(A)] <52.0000>: 52       【输入圆柱体高度值 52】
```

经消隐后的执行结果如图 7.37 所示。

③ 创建φ36 的圆柱体。

单击“建模”工具栏上的“圆柱体”按钮，命令行提示如下：

```
命令: _cylinder
指定底面的中心点或 [三点(3P)/两点(2P)/切点、切点、半径(T)/椭圆(E)]: 0,56,0
指定底面半径或 [直径(D)] <29.0000>: 18
指定高度或 [两点(2P)/轴端点(A)] <52.0000>: 52
```

经消隐后的执行结果如图 7.38 所示。

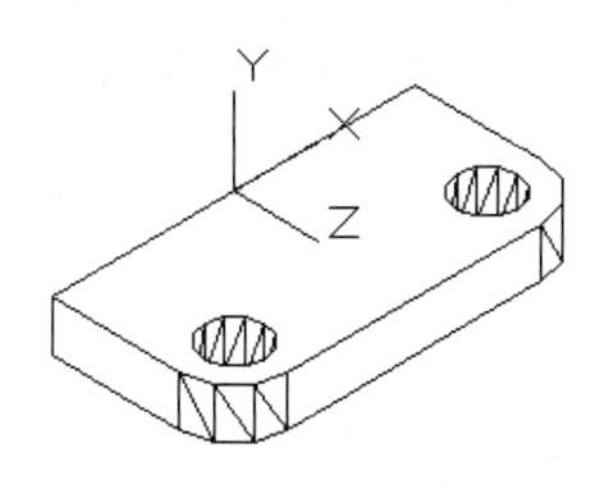

图 7.36　新建 UCS

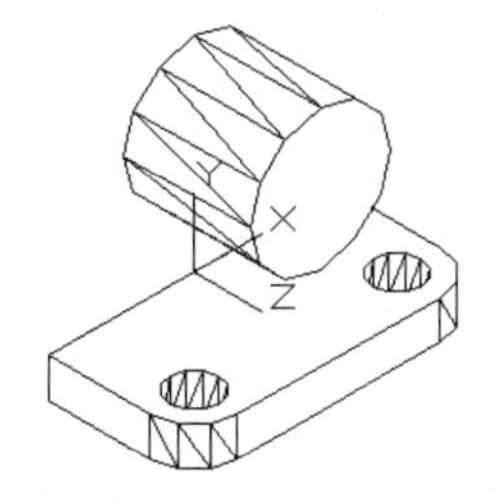

图 7.37　创建ϕ58 水平圆柱体

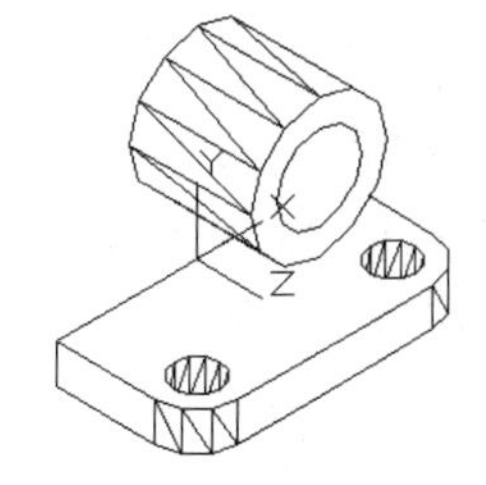

图 7.38　创建ϕ36 水平圆柱体

（5）创建支撑板

① 绘制支撑板二维封闭线。

绘制如图 7.39 所示用粗实线表示的封闭线段。

绘制方法是：分别从底座长方体的两角点向圆绘制切线，再用直线连接切线的对应端点。然后执行“面域”命令，将 4 条直线整合为 1 条封闭线段。

② 拉伸。

单击“建模”工具栏上的“拉伸”按钮，命令行提示如下：

```
选择要拉伸的对象或 [模式(MO)]:                【选择图 7.39 中的封闭线段】
选择要拉伸的对象或 [模式(MO)]:                【回车】
指定拉伸的高度或 [方向(D)/路径(P)/倾斜角(T)/表达式(E)] <52.0000>: 12
                                              【输入支撑板的拉伸高度值 12】
```

执行结果如图 7.40 所示。

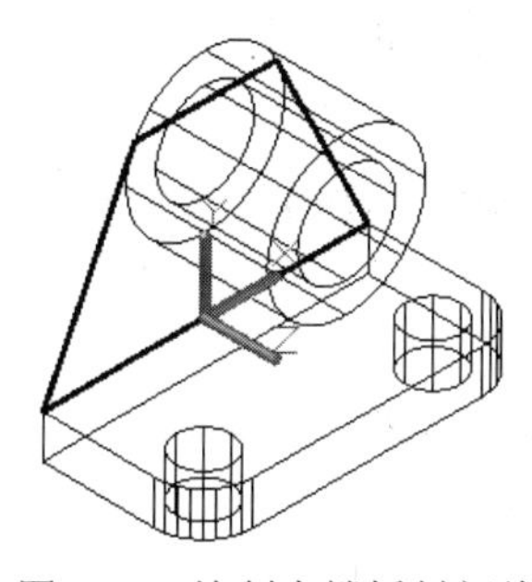

图 7.39　绘制支撑板封闭线

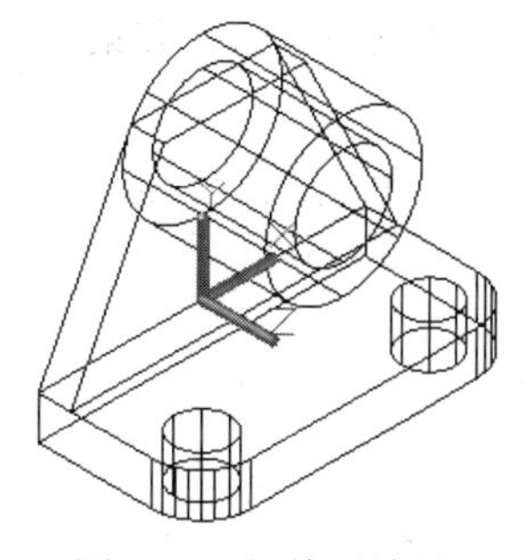

图 7.40　拉伸后结果

（6）创建筒体上方的小凸台

① 新建 UCS。

单击 UCS 工具栏上的“原点”按钮，命令行提示：

```
UCS 指定新原点 <0,0,0>:                       【捕捉ϕ58 的圆柱体的后端面圆心】
```

然后利用“UCS”工具栏上的“X”按钮旋转坐标系，旋转角度为 90°，最终执行结果如图 7.41 所示。

② 创建ϕ28 的圆柱体。

单击“建模”工具栏上的“圆柱体”按钮，命令行提示如下：

```
命令: _cylinder
指定底面的中心点或 [三点(3P)/两点(2P)/切点、切点、半径(T)/椭圆(E)]: 0,32,0
                                                    【根据图 7.28 所注尺寸计算】
指定底面半径或 [直径(D)] <18.0000>: 14              【输入圆柱体半径尺寸值 14】
指定高度或 [两点(2P)/轴端点(A)] <52.0000>: -34      【输入圆柱体高度值 34】
```

执行结果如图 7.42 所示粗实线轮廓。

③ 创建ϕ20 的圆柱体。

单击“建模”工具栏上的“圆柱体”按钮，命令行提示如下：

```
命令: _cylinder
指定底面的中心点或 [三点(3P)/两点(2P)/切点、切点、半径(T)/椭圆(E)]: 0,32,0
指定底面半径或 [直径(D)] <18.0000>: 10
指定高度或 [两点(2P)/轴端点(A)] <52.0000>: -34
```

执行结果如图 7.43 所示粗实线轮廓。

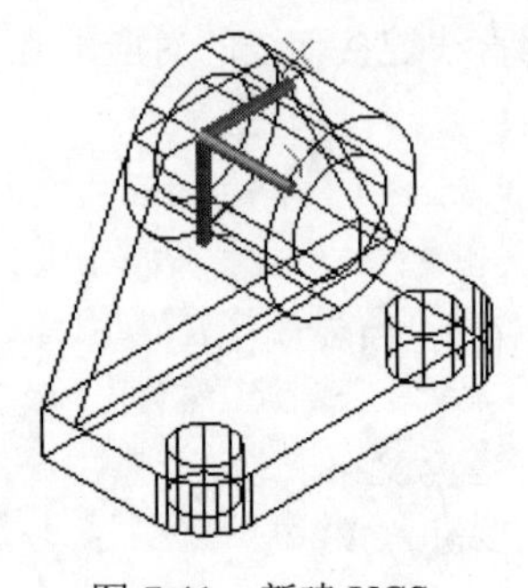

图 7.41 新建 UCS

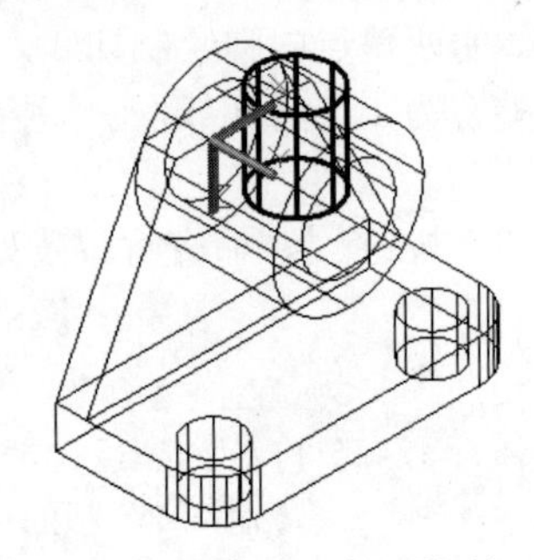

图 7.42 创建ϕ28 的圆柱体

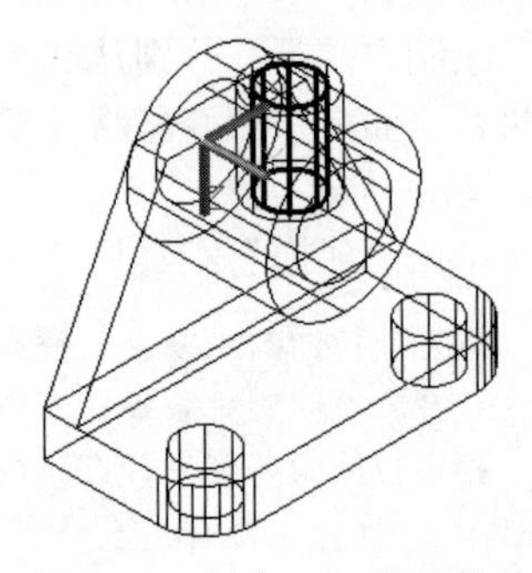

图 7.43 创建ϕ20 的圆柱体

（7）并集操作

单击“建模”工具栏上的“并集”按钮，命令行提示如下：

```
命令: _union
选择对象:        【选择图 7.43 中φ58 圆柱体、φ28 圆柱体、支撑板实体及底座实体】
选择对象:        【回车】
```

（8）差集操作

单击“建模”工具栏上的“差集”按钮，命令行提示如下：

```
命令: _subtract 选择要从中减去的实体、曲面和面域...
选择对象:        【选择通过并集操作得到的实体】
选择对象: 选择要减去的实体、曲面和面域...
选择对象:        【选择图 7.43 中φ36 圆柱体、φ20 圆柱体】
选择对象:        【回车】
```

经“消隐”视觉样式显示后的执行结果如图 7.44 所示。

（9）绘制肋板

① 新建 UCS

单击“UCS”工具栏上的“三点”按钮，将 UCS 原点移动到支撑板棱边的中点，指定相应

的 X、Y 轴的方向，创建新的 UCS，创建好的 UCS 如图 7.45 所示。

② 绘制矩形

绘制如图 7.46 所示由粗实线显示的矩形。

单击“绘图”工具栏上的“矩形”按钮，命令行提示如下：

```
命令: _rectang
指定第一个角点或 [倒角(C)/标高(E)/圆角(F)/厚度(T)/宽度(W)]: 0,-6
                                              【根据图 7.28 所注尺寸计算】
指定另一个角点或 [面积(A)/尺寸(D)/旋转(R)]: 36,6      【确定矩形另一角点位置】
```

③ 拉伸。

单击“建模”工具栏上的“拉伸”按钮，命令行提示如下：

```
选择要拉伸的对象或 [模式(MO)]:                【选择图 7.46 中的矩形】
选择要拉伸的对象或 [模式(MO)]:                【回车】
指定拉伸的高度或 [方向(D)/路径(P)/倾斜角(T)/表达式(E)] <52.0000>: 34
```

执行结果如图 7.47 所示。

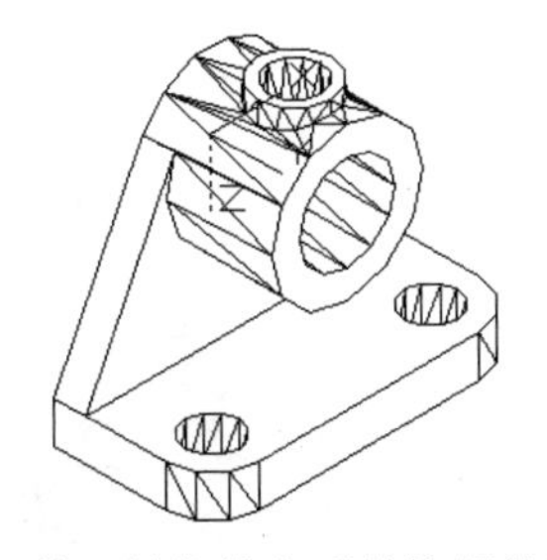

图 7.44　并、差集操作后的执行效果图

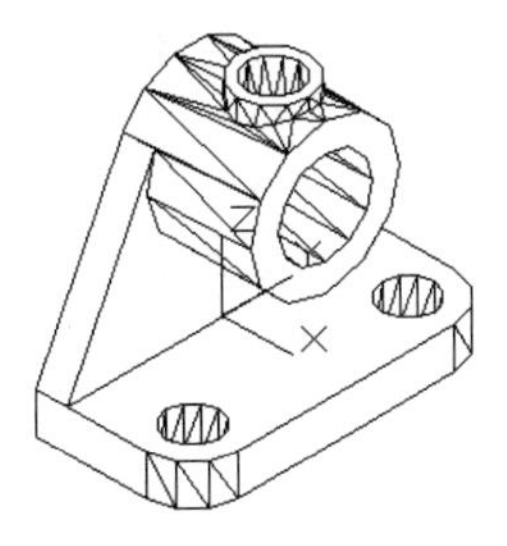

图 7.45　新建 UCS

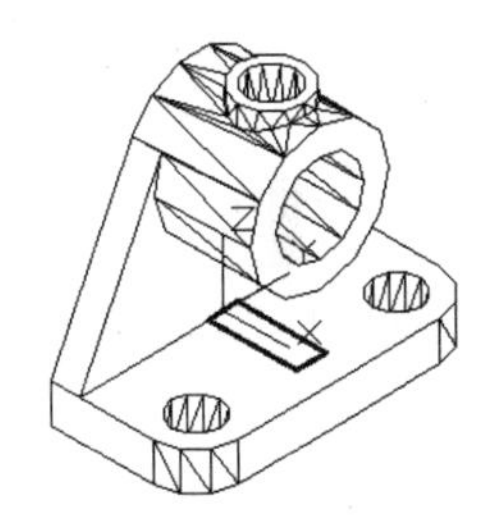

图 7.46　绘制矩形

（10）并集操作

单击“建模”工具栏上的“并集”按钮，命令行提示如下：

```
命令: _union
选择对象:        【选取图 7.47 中的所有实体】
选择对象:        【回车】
```

经“真实”视觉样式后的执行结果如图 7.48 所示。

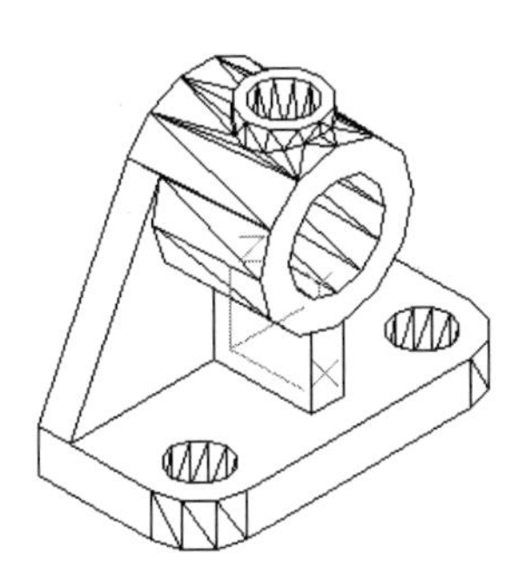

（a）西南等轴测图

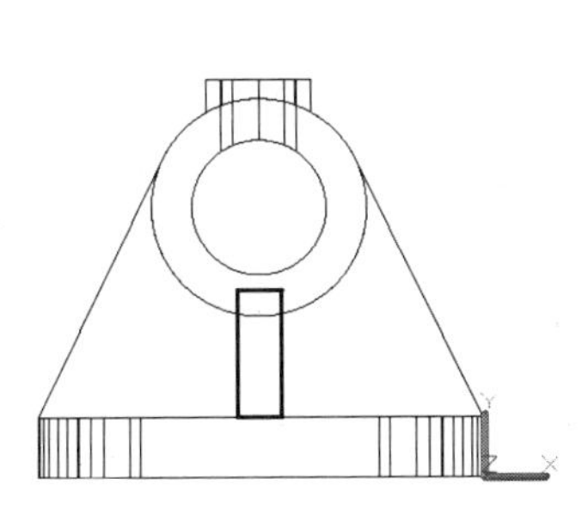

（b）前视图

图 7.47　肋板拉伸后效果

图 7.48　最终成型图

7.3.5 技能训练

【课堂实训】绘制如图 7.49 所示的三维实体。

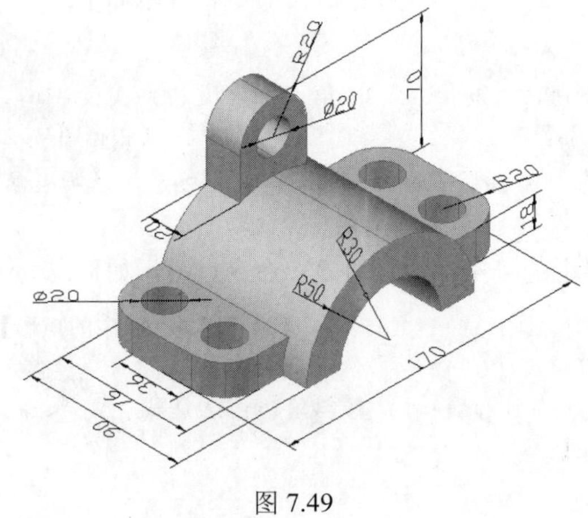

图 7.49

综合案例应用

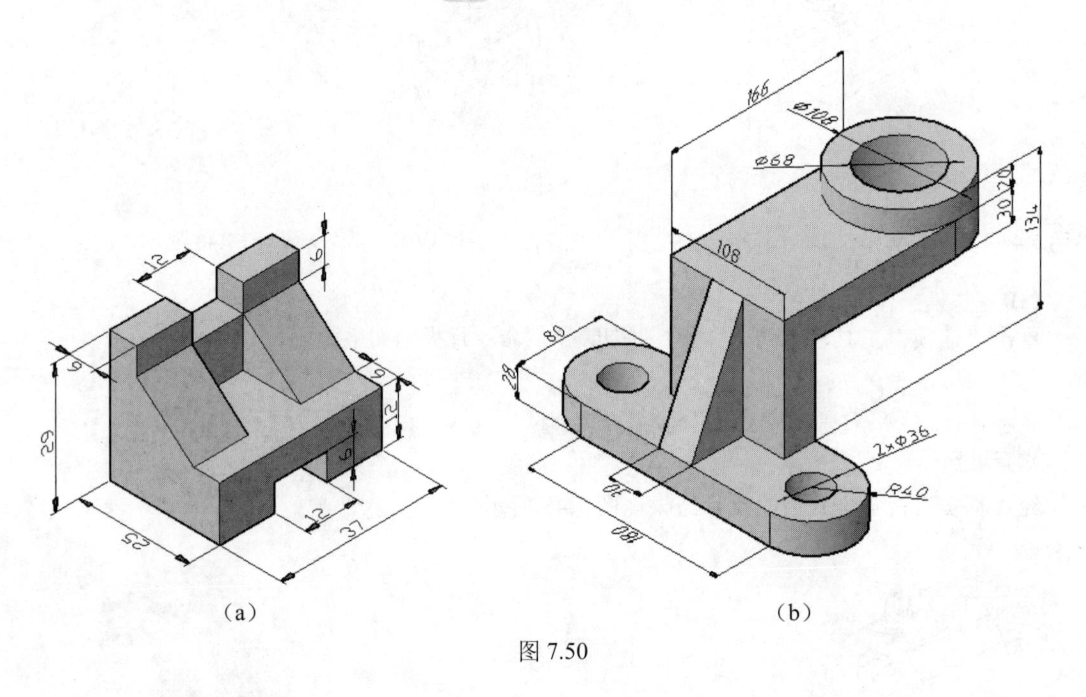

(a)　　(b)

图 7.50

项目8 图纸的打印

项目要点

本项目主要介绍布局的创建、设置与管理的基础知识；添加打印机的方法以及打印的操作方法；打印样式的创建与编辑等操作。

任务 8.1 布局和图纸空间

布局是一种图纸空间环境，它模拟图纸页面，提供直观的打印设置。在布局中可以创建并放置视口对象，还可以添加标题栏或其他几何图形。可以在图形中创建多个布局以显示不同视图，每个布局可以包含不同的打印比例和图纸尺寸。布局显示的图形与图纸页面上打印出来的图形完全一样。

8.1.1 模型空间和图纸空间的概念

在 AutoCAD 2014 中绘制和编辑图形时，可以采用不同的工作空间，即模型空间和图纸空间（布局空间）。在不同的工作空间中可以完成不同的操作，如绘图和编辑操作、注释和显示控制等。

无论是在模型空间还是在图纸空间，AutoCAD 都允许使用多个窗口，但多视图的性质和作用并不是相同的。在模型空间中，多视图只是为了方便观察图形和绘图，一次其中的各个视图与原绘图窗口类似。在图纸空间中，多视图主要是便于进行图纸的合理布局，用户可以对其中任何一个视图进行复制、移动等基本编辑操作。多视图操作大大方便了用户从不同视点观察同一实体，这对于三维绘图非常有利。

8.1.2 创建布局

前面各个章节中所有的内容都是在模型空间中进行的，模型空间是一个三维坐标空间，主要用于几何模型的构建。而在对几何模型进行打印输出时，则通常在图纸空间中完成。图纸空间就像一张图纸，打印之前可以在上面排放图形。图纸空间用于创建最终的打印布局，而不用于绘图或设计工作。

在 AutoCAD 中，图纸空间是以布局的形式来使用的。一个图形文件可包含多个布局，每个布局代表一张单独的打印输出图纸。在绘图区域底部选择布局选项卡，就能查看相应的布局。单一图形中，用户可以创建 255 个布局空间，而系统默认的布局空间就两个，若想创建更多的布局空间，可执行“布局-布局-新建-新建布局”命令，根据命令行的提示，输入布局名称即可。如图 8.1 所示：

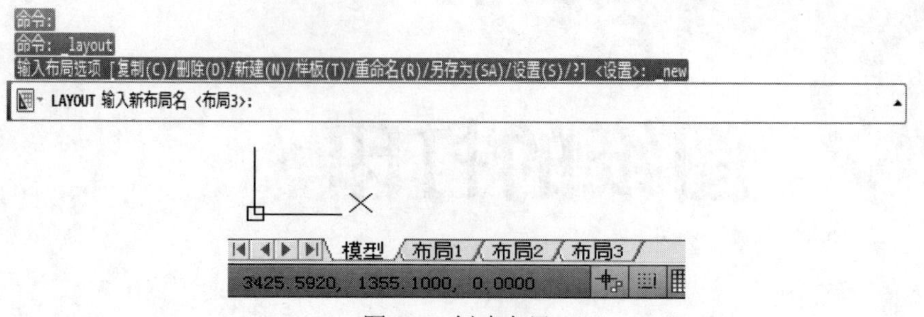

图 8.1 创建布局

除了以上直接新建方法外，还可以通过样板文件创建，执行“布局-布局-新建-从样板”命令，打开“从文件选择样板”对话框，如图，选择所需图形样板文件，单击“打开”按钮，在“插入布局”对话框中，选择所需布局样板，即可实现样板布局的创建。如图 8.2、图 8.3 所示。

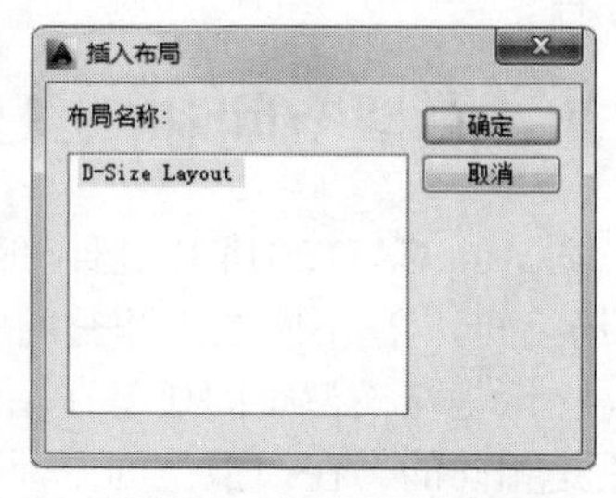

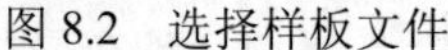

图 8.2 选择样板文件 图 8.3 创建样板布局

8.1.3 布局的页面设置

页面设置就是随布局一起保存的打印设置。指定布局的页面设置时，可以保存并命名某个布局的页面设置，将命名的页面设置应用到其他布局中。

用户可执行“布局-布局-页面设置”命令，在打开的“页面设置管理器”对话框中，选择所需布局名称，单击“新建”按钮，在打开的“页面设置”对话框中，根据需要进行相关设置即可。如图 8.4、图 8.5、图 8.6 所示。

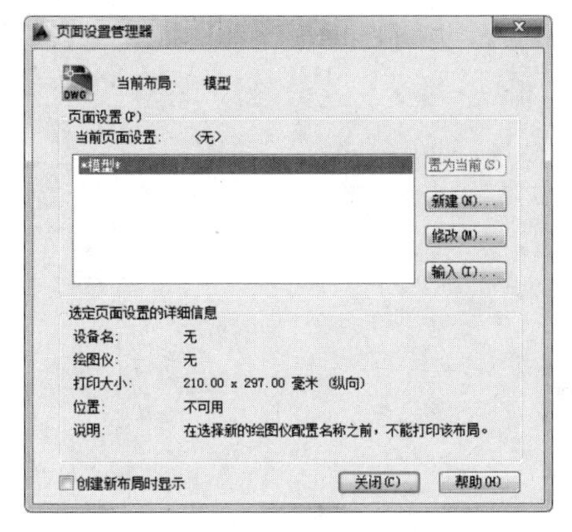

图 8.4 “页面设置管理器”对话框

图 8.5 “新建页面设置”对话框

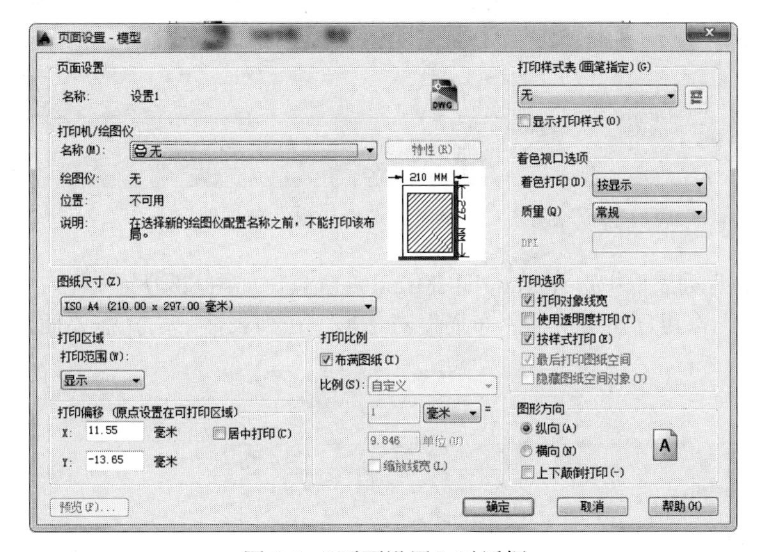

图 8.6 “页面设置”对话框

“页面设置管理器”对话框中各选项说明如下：

① 当前布局：该选项显示要设置的当前布局名称。

② 页面设置：该选项组主要是对当前页面进行创新、修改以及从其他图纸中输入设置。

③ 置为当前：该按钮是将所选页面置为当前页面设置。

④ 新建：单击该按钮可打开“新建页面设置”对话框，可在其中为新建页面输入新名称，并指定使用的基础页面设置选项。

⑤ 修改：单击该按钮可打开“页面设置”对话框，从中对所需的选项参数进行设置。

⑥ 输入：单击该按钮可打开“从文件选择页面设置”对话框，选择一个或多个页面设置，单击“打开”按钮，在“输入页面设置”对话框中，单击“确定”按钮即可。

⑦ 选定页面设置的详细信息：该选项组主要显示所选页面设置的详细信息。

⑧ 创建新布局时显示：勾选该复选框，用来指定当选中新的布局选项卡或创建新的布局时，是否显示“页面设置”对话框。

8.1.4　使用布局样板

在 AutoCAD 2014 中，用户可以使用样板布局。

1．在命令行中输入 LAYOUT（新建布局）命令，按【Enter】键确认，输入 T（样板）并确认，弹出“从文件选择样板”对话框，如图 8.7 所示。

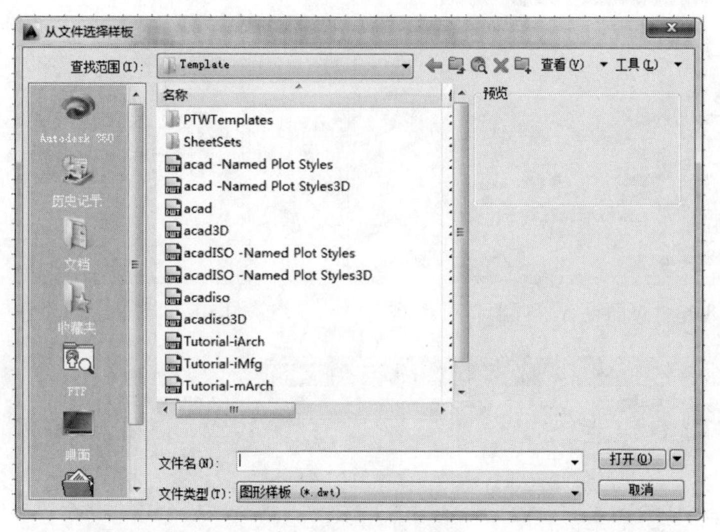

图 8.7 “从文件选择样板”对话框

2．在“名称”列表框中选择 Tutorial-iMfg.dwt 选项，如图 8.8 所示。

单击“打开”按钮，弹出“插入布局”对话框，在列表框中选择需要插入的布局名称，如图 8.9 所示。

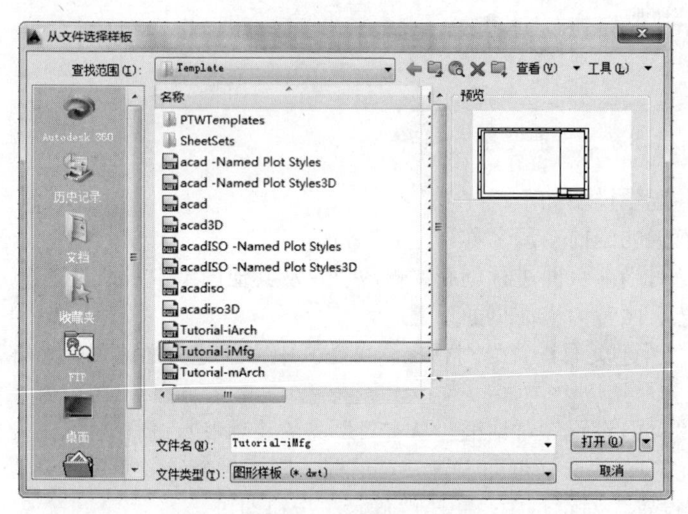

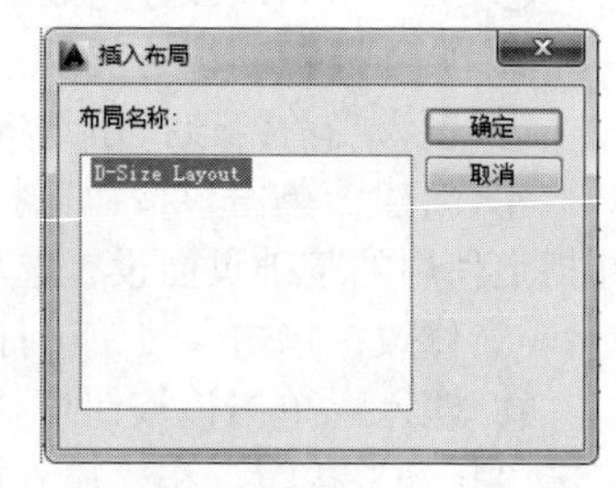

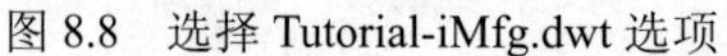

图 8.8 选择 Tutorial-iMfg.dwt 选项

图 8.9 “插入布局”对话框

3．单击“确定”按钮，返回绘图区，单击 D-Size Layout 选项卡，即可查看使用的样板布局效果，如图 8.10 所示。

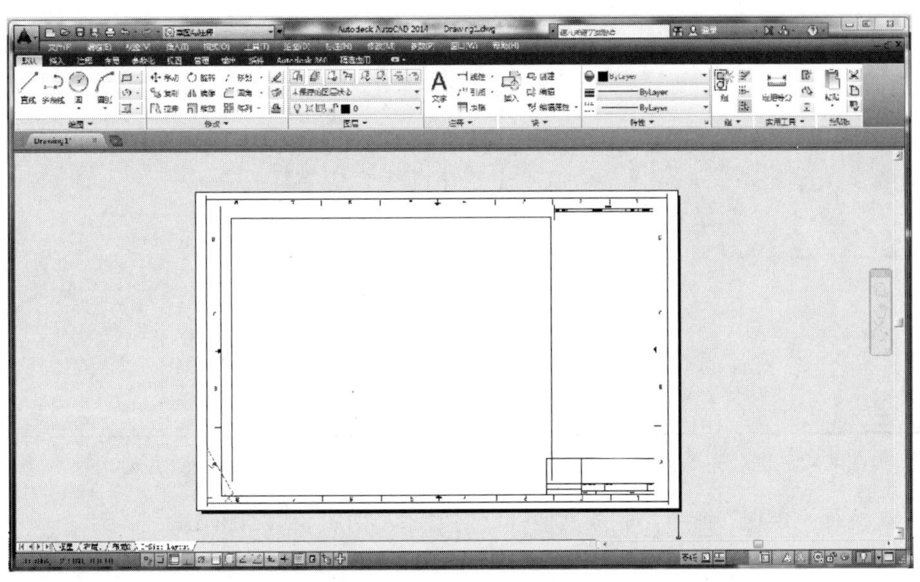

图 8.10 使用样板布局效果

8.1.5 创建和使用布局视口

在 AutoCAD 中用户可在布局空间创建多个视口，以方便从不同角度查看图形。而在新建的视图中，用户可根据需要设置视口的大小，也可以将其移动至布局任何位置。

8.1.6 创建布局窗口

系统默认情况下，在布局空间中只显示一个视口。如果用户想创建多个视口，就需要进行简单的设置，下面将对其具体操作进行介绍。

① 打开所需设置的图形文件，单击命令行上方“布局 1”，打开相应的布局空间。如图 8.11 所示。

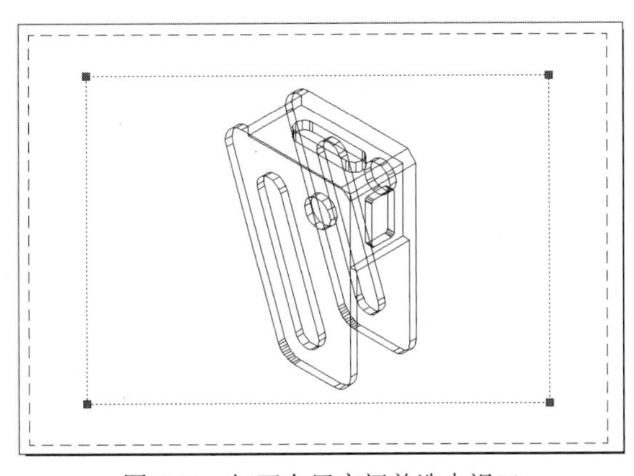

图 8.11 打开布局空间并选中视口

② 选中视口边框，按 Delete 键将其删除。

③ 执行“布局-布局视口-矩形”命令，在布局空间中，指定视口起点，按住鼠标左键拖动鼠标框选出视口范围，如图 8.12 所示。

④ 视口范围框选完成后，放开鼠标左键，即可完成视口的创建。此时，在该视口中会显示

当前图形，如图 8.13 所示。

图 8.12 框选视图范围

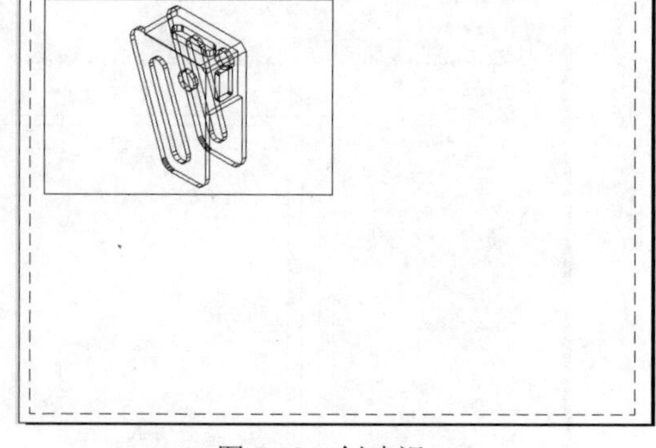

图 8.13 创建视口

⑤ 再次执行“矩形”命令，完成其他视口的绘制，如图 8.14、图 8.15 所示。

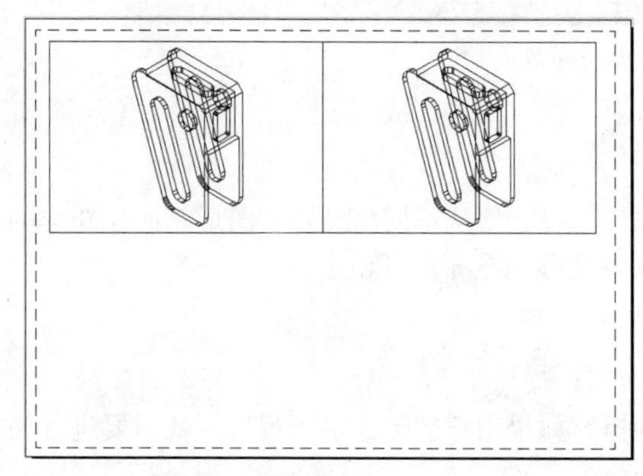

图 8.14 创建第二个视口

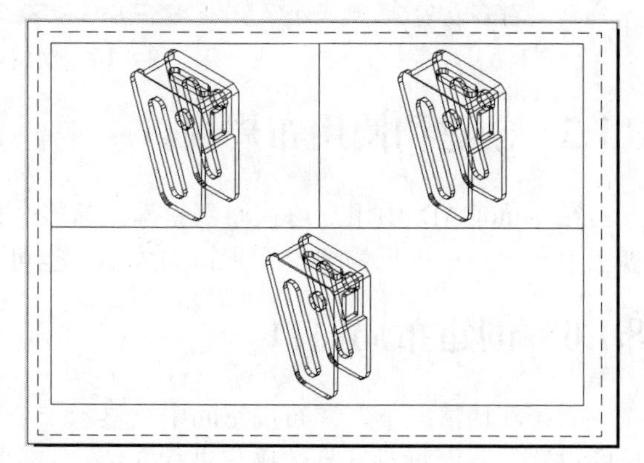

图 8.15 创建第三个视口

8.1.7 设置布局窗口

布局视口创建完成后，用户可根据需要对该视口进行一系列的设置操作，例如视口的锁定、剪裁、显示等。但对布局视口进行设置和编辑时，需要在“图纸”模式下进行，否则将无法设置。

1．视口对象的锁定

如果想要对布局空间中某个视口对象进行锁定，可按照如下操作进行。

① 在状态栏中单击“图纸”按钮，启动图纸模式，此时在布局中被选中的视口边框会加粗显示，如图 8.16 所示。

② 执行“布局-布局视口-锁定”命令，选择要锁定的视口边框，被选中的边框用虚线表示，如图 8.17 所示。

③ 选择完成后，按回车键即可锁定该视口。

若想取消锁定，只需执行“布局-布局视口-锁定-解锁”命令，选中要解锁的视口边框，按回车键即可。

2．视口对象的显示

如果想在多个视口中显示不同的视图角度，可按照以下操作进行设置。

① 启动“图纸”模式，并在布局空间中选中所需要更换显示的视口，如图 8.18 所示。

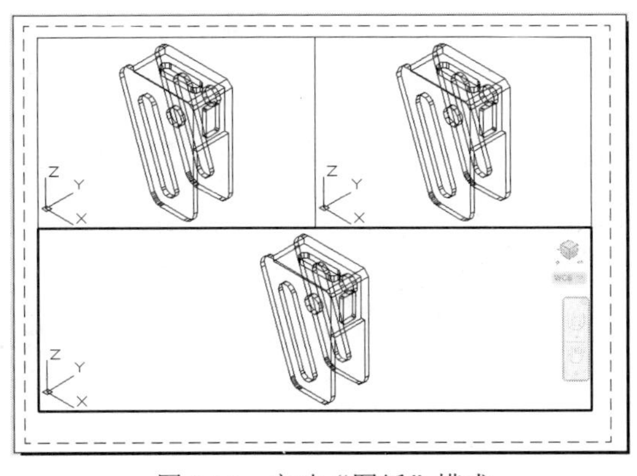

图 8.16 启动“图纸”模式

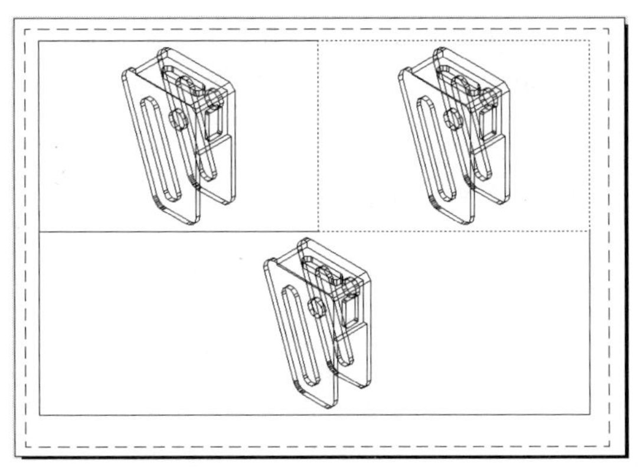

图 8.17 选择锁定的视口

② 执行“视图”命令，在视图列表中选择所需更换的视图角度选项，这里选择“仰视”，选择完成后，被选中的视口已发生相应的变化，如图 8.19 所示。

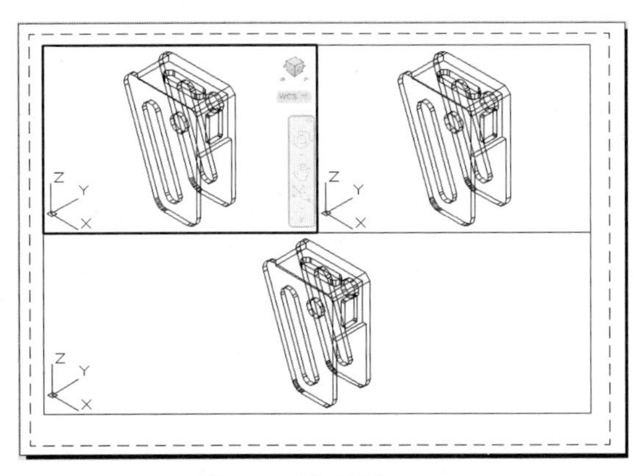

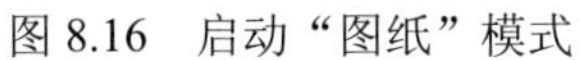

图 8.18 选择视口

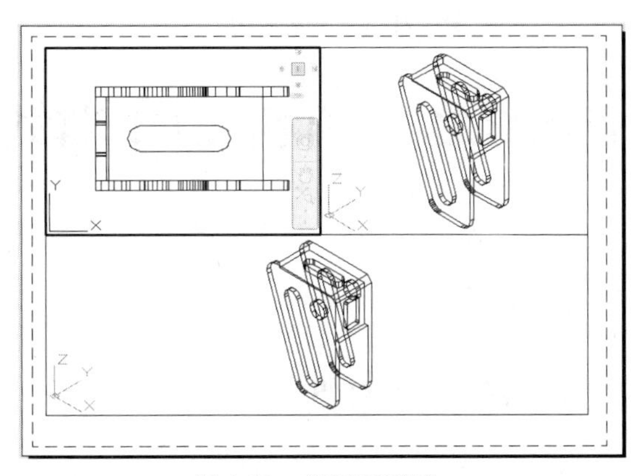

图 8.19 俯视图显示

③ 选择其他所需更换的视口，再次执行“视图”命令，选择其他视图角度，完成剩余视口视角的更换，如图 8.20 所示。

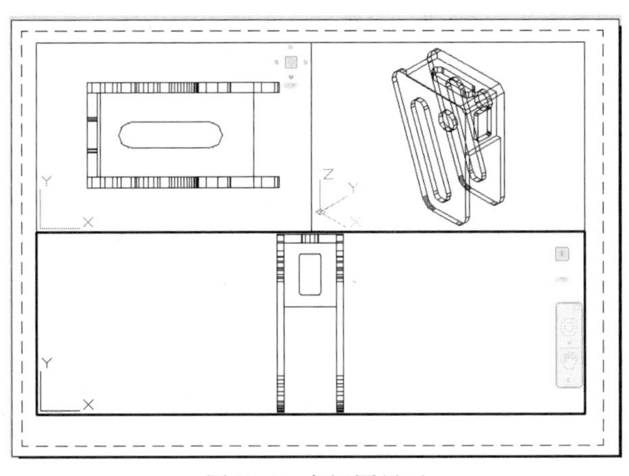

图 8.20 左视图显示

3．视口边界的裁剪

执行“布局视口剪裁”命令，选中需要剪裁的视口边框，并根据需要绘制剪裁的边线，完成后按回车键即可。此时在剪裁界限之外的图形对象会隐藏，如图 8.21 所示。裁剪完成之后效果如图 8.22 所示。

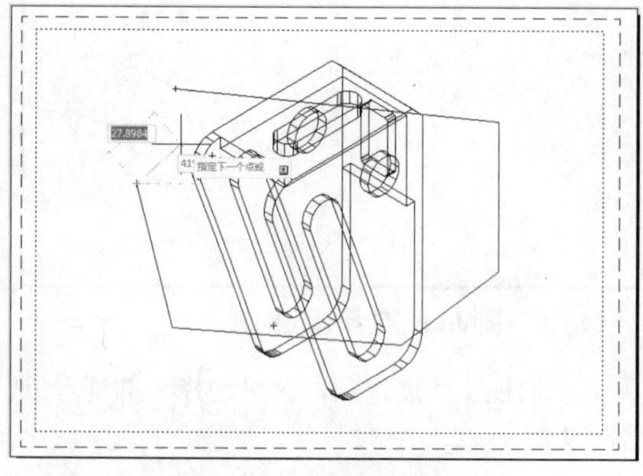

图 8.21 绘制裁剪边界

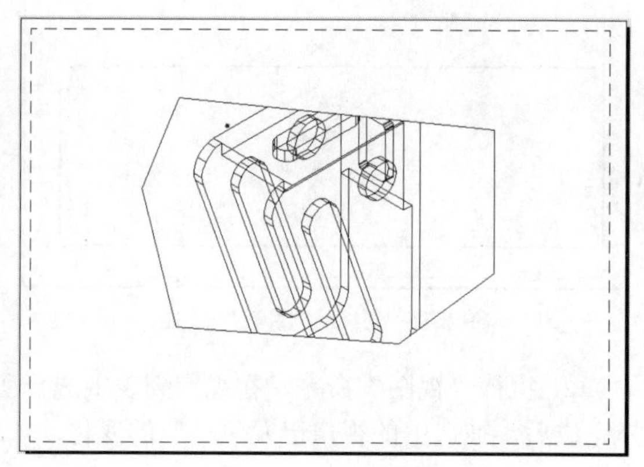

图 8.22 完成裁剪

任务 8.2 打印机和打印样式管理

在图纸设计完成后，就需要通过打印机将图形输出到图纸上。在 AutoCAD 2014 中，可以通过图纸空间或布局空间打印输出设计好的图形。本章主要向读者介绍添加打印机的方法以及打印的操作方法。

8.2.1 添加打印机

为了获得更好的打印效果，在打印之前，用户需要对打印设备有一定的基本了解，根据图纸的输出需求，添加合适的打印设备。

用户可以根据以下步骤来实现添加打印机的功能。

执行菜单栏中的“工具-向导-添加绘图仪”命令，单击打开，弹出“添加绘图仪向导”对话框，双击图标，弹出“添加绘图仪-简介”对话框，单击“下一步”，如图 8.23 所示。

如果本地电脑连接了打印机，选“我的电脑”单选钮，单击“下一步”。如图 8.24、图 8.25 所示。

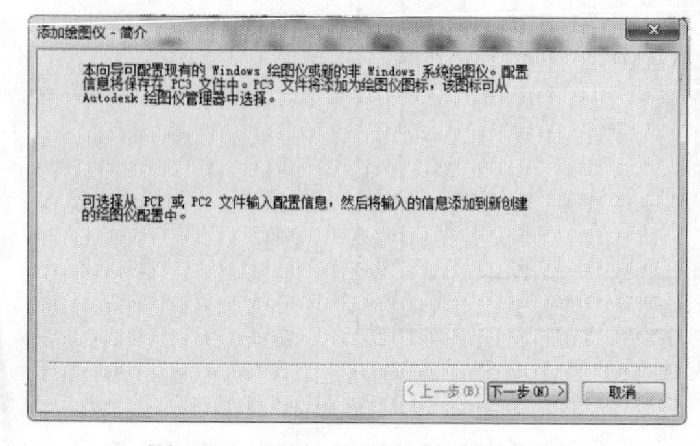

图 8.23 添加绘图仪简介对话框

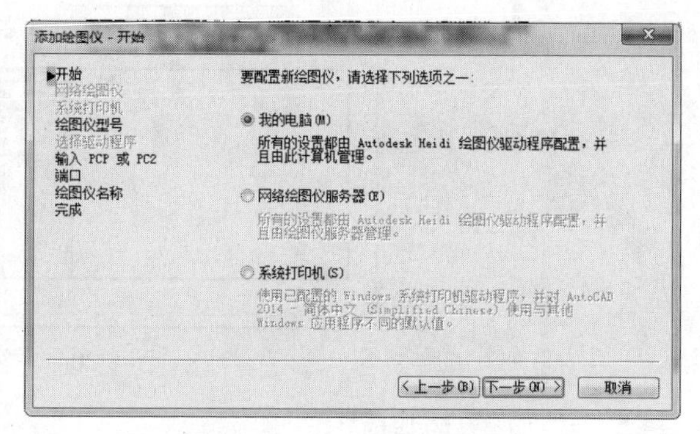

图 8.24 选择“我的电脑”

如果需要使用网络中共享的打印机，选“网络绘图仪服务器”单选钮，单击“下一步”。如图 8.26 所示。

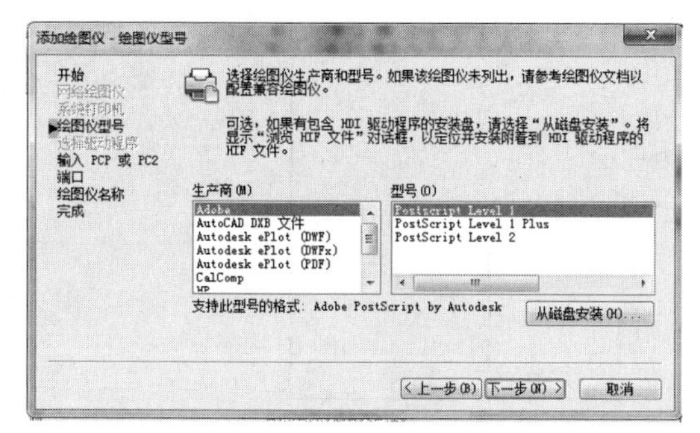

图 8.25　选择“绘图仪型号”

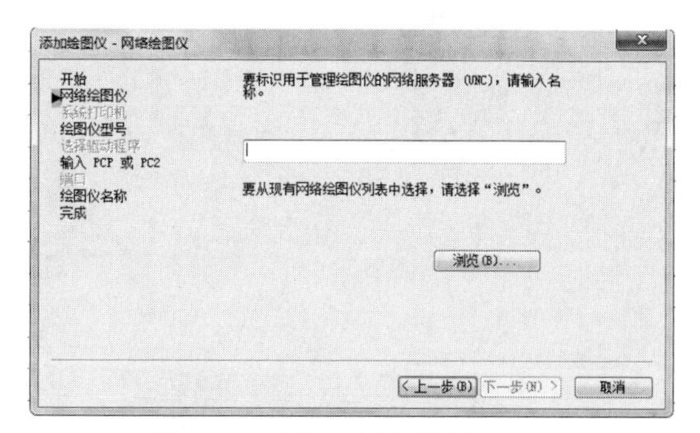

图 8.26　选择“网络绘图仪”

如果使用系统中已经安装的打印机，选“系统打印机”单选钮，单击“下一步”。如图 8.27 所示。

按照下面的提示选择连接在电脑上的打印机型号，即可以完成打印机的添加。

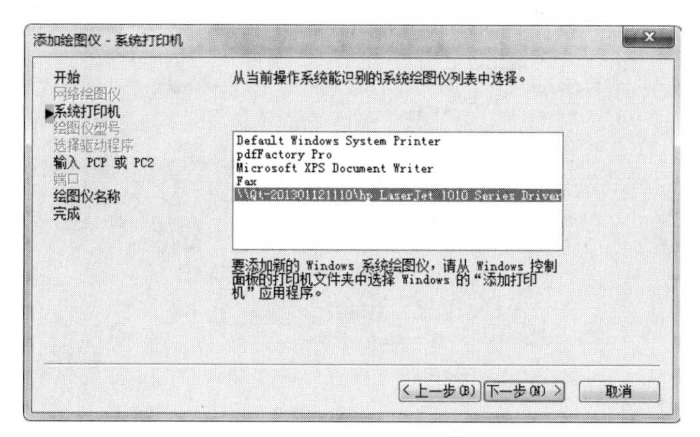

图 8.27　选择系统打印机

8.2.2　打印图纸文件

在 AutoCAD 2014 中，用户可以通过模型空间和布局空间打印输出绘制好的图形，模型空间用于在草图和设计环境中创建二维图形和三维图形。

如果图样采用不同的绘制比例，可以使用在布局空间打印图形，在布局空间的虚拟图纸上，用户可以采用不同的缩放比例布置多个图形，然后按 1∶1 的比例输出图形。

① 按【Ctrl+O】组合键，打开文件，单击状态栏上在弹开的缩略图中，选择“布局 2”选项，如图 8.28 所示。

② 按【Ctrl+P】组合键，弹出“打印-布局 2”对话框，设置打印设备以及相应的打印参数，如图 8.29 所示。

③ 单击“预览”按钮，即可预览在图纸空间中的打印效果，如图 8.30 所示。

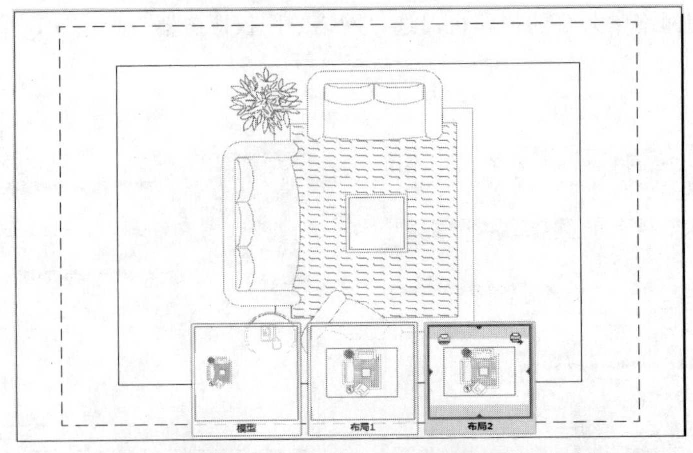

图 8.28　选择“布局 2”选项

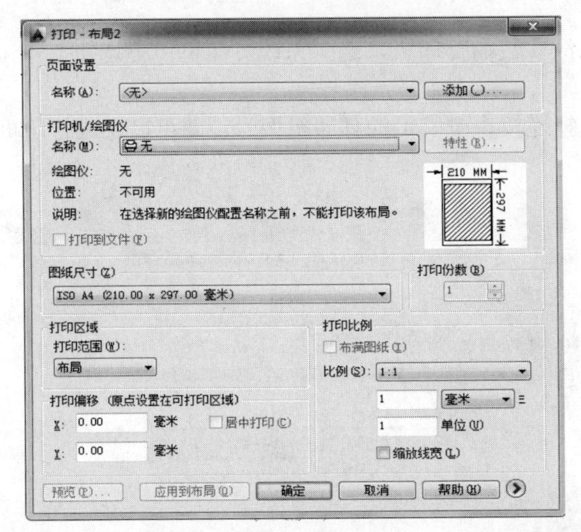

图 8.29　设置打印参数

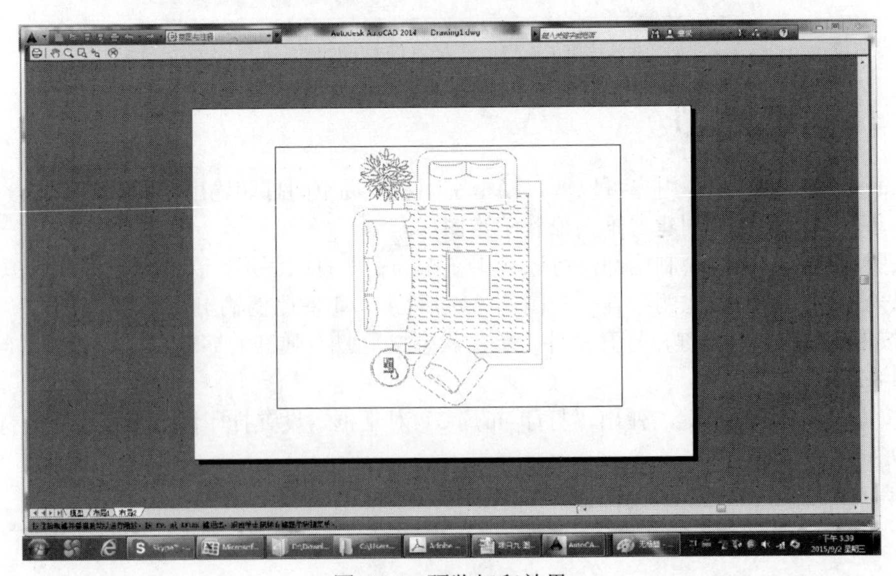

图 8.30　预览打印效果

8.2.3　打印样式管理

创建打印样式表：

打印样式通过确定打印特性来控制对象或布局的打印方式。打印样式表中收集了多组打印样式。打印样式管理器是一个窗口，其中显示了所有可用的打印样式表。

1．创建打印样式表

① 在菜单栏中，单击“工具-向导-添加打印样式表”命令，弹出“添加打印样式表”对话框，单击“下一步”按钮，如图 8.31 所示。

② 弹出“添加打印样式表-开始”对话框，选中“创建新打印样式表”单选按钮，单击“下一步”按钮，如图 8.32 所示。

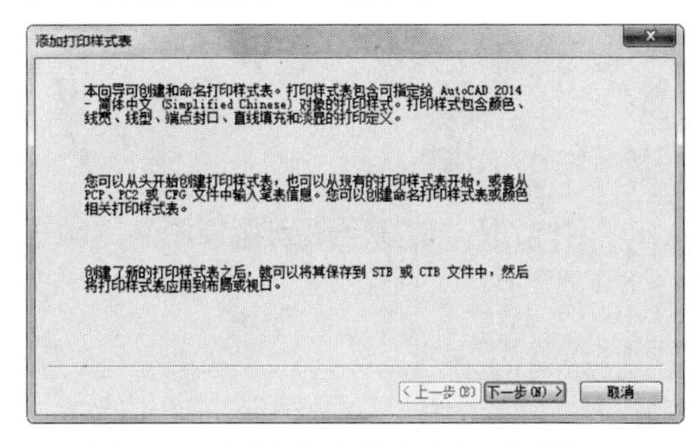

图 8.31　“添加打印样式表”对话框

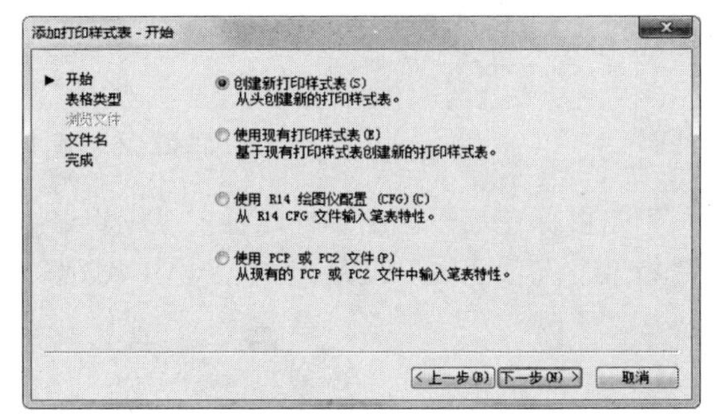

图 8.32　“添加打印样式表-开始”对话框

③ 弹出“添加打印样式表-选择打印样式表”对话框，选中“命名打印样式表”单选按钮，如图 8.33 所示。

④ 单击“下一步”按钮，弹出“添加打印样式表-文件名”对话框，设置文件名为“CAD 样式表”，如图 8.34 所示。

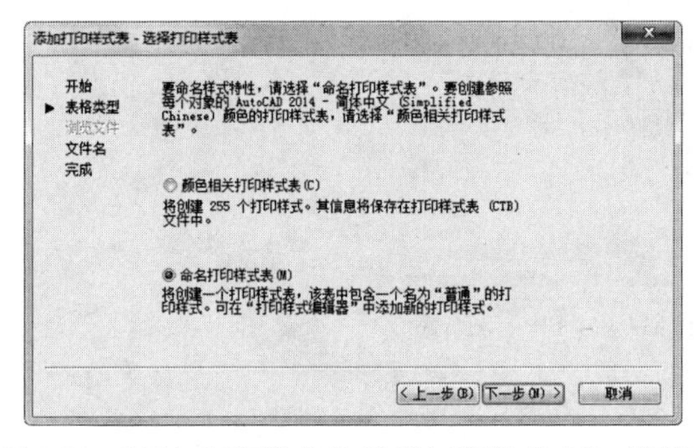

图 8.33　“添加打印样式表-选择打印样式表”对话框

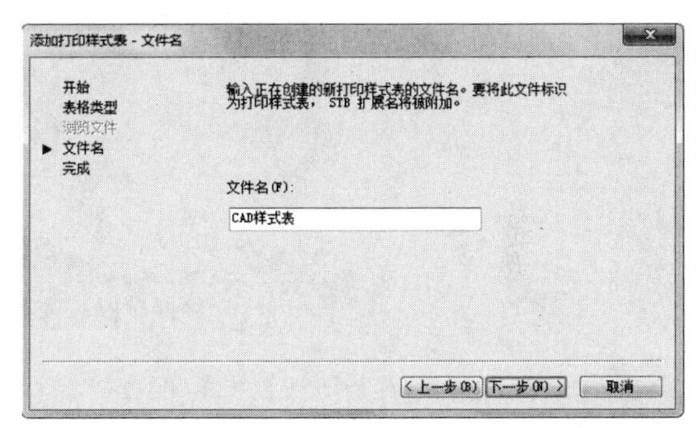

图 8.34　“添加打印样式表-文件名”对话框

⑤ 单击“下一步”按钮，弹出“完成”界面，单击“完成”按钮，如图 8.35 所示，即可创建打印样式表。

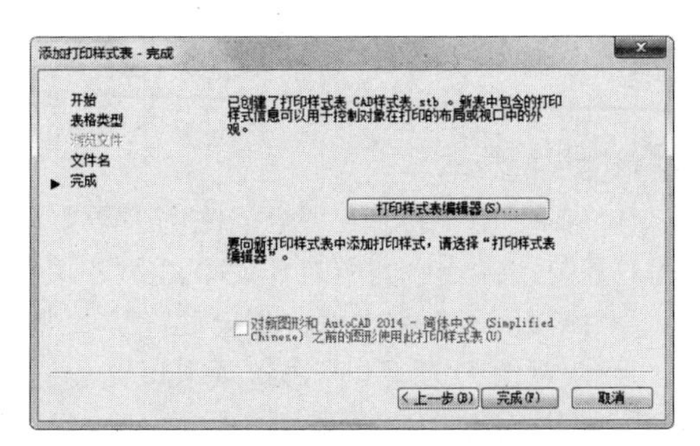

图 8.35　创建打印样式表

2．编辑打印样式

在 AutoCAD 2014 中，可以使用打印样式是管理器添加、删除、重命名、复制和编辑打印样式表。

单击“菜单浏览器”按钮，在弹出的程序菜单中，单击“文件-打印-管理打印样式”命令，在弹出的窗口中，选择相应的选项，如图 8.36 所示。

图 8.36　管理打印样式窗口

双击鼠标左键，弹出“打印样式表编辑器-acad.ctb”对话框，切换至“表格视图”选项卡，在“特性”选项区中，设置颜色，线型，线宽。如图 8.37 所示。

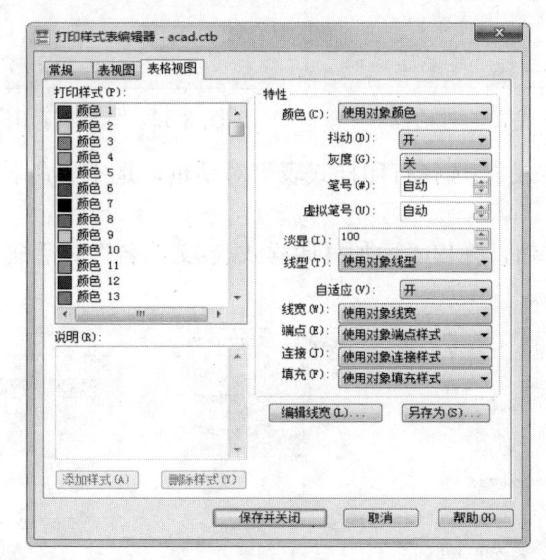

图 8.37　“打印样式表编辑器-acad.ctb”对话框

单击“保存并关闭”按钮，即可保存打印样式表。

在“打印样式表管理器”对话框中，各选项的含义如下：

“打印样式表文件名”显示区：显示正在编辑的打印样式表文件的名称。

“说明”文本框：为打印样式表提供说明区域。

“文件信息”显示区：显示有关的打印样式表信息，如打印样式编号、路径和“打印样式表编辑器”的版本号。

“向非 ISO 线型应用全局比例因子”复选框：选中该复选框，可以缩放由该打印样式表控制的对象打印样式中的所有非 ISO 线型和填充图案。

“比例因子”文本框：指定要缩放的非 ISO 线型和填充图案的数量。

“表视图”选项卡：该选项卡以列表的形式列出了打印样式表中全部打印样式的设置参数。

“表格视图”选项卡：该选项卡是对打印样式表中的打印样式进行管理的另一种界面。

附录1 AutoCAD 2014 常用命令一览表

范围	命令名称	快捷键	范围	命令名称	快捷键
绘图命令	ARC（圆弧）	A	修改命令	COPY（复制）	CO
	BLOCK（块定义）	B		MIRROR（镜像）	MI
	CIRCLE（圆）	C		ARRAY（阵列）	AR
	FILLET（倒圆角）	F		ROTATE（旋转）	RO
	BHATCH（填充）	H		TRIM （修剪）	TR
	INSERT（插入块）	I		EXTEND（延伸）	EX
	LINE（直线）	L		SCALE（比例缩放）	SC
	MTEXT（多行文本）	T		BREAK（打断）	BK
	WBLOCK（定义块文件）	W		PEDIT（多段线编辑）	PE
	DIVIDE（等分）	DIV		DDEDIT（修改文本）	ED
	ELLIPSE（椭圆）	EL		LENGTHEN（直线拉长）	LEN
	PLINE（多段线）	PL		CHAMFER（倒角）	CHA
	XLINE（射线）	XL	尺寸标注命令	DIMSTYLE（标注样式）	D
	POINT（点）	PO		DIMLINEAR（直线标注）	DLI
	MLINE（多线）	ML		DIMALIGNED（对齐标注）	DAL
	POLYGON（正多边形）	POL		DIMRADIUS（半径标注）	DRA
	RECTANGLE（矩形）	REC		DIMDIAMETER（直径标注）	DDI
	SPLINE（样条曲线）	SPL		DIMANGULAR（角度标注）	DAN
修改命令	ERASE（删除）	E		DIMCENTER（中心标注）	DCE
	MOVE（移动）	M		DIMORDINATE（点标注）	DOR
	OFFSET（偏移）	O		TOLERANCE（标注形位公差）	TOL
	STRETCH（拉伸）	S		OLEADER（快速引出标注）	LE
	EXPLODE（分解）	X		DIMBASELINE（基线标注）	DBA

续表

范围	命令名称	快捷键	范围	命令名称	快捷键
尺寸标注命令	DIMCONTINUE 连续标注()	DCO	修改特性	EXPORT（输出其他格式文件）	EXP
	DIMEDIT（编辑标注）	DED		IMPORT（输入文件）	IMP
修改特性	ADCENTER（设计中心）	ADC		OPTIONS（自定义 CAD 设置）	OP
	PROPERTIES（修改特性）	CH		PLOT（打印）	PRINT
	MATCHPROP（属性匹配）	MA		PURGE（清除垃圾）	PU
	STYLE（文字样式）	ST		REDRAW（重新生成）	R
	COLOR（设置颜色）	COL		RENAME（重命名）	REN
	LAYER（图层操作）	LA		SNAP（捕捉栅格）	SN
	LINETYPE（线形）	LT		DSETTINGS（设置极轴追踪）	DS
	LTSCALE（线形比例）	LTS		OSNAP（设置捕捉模式）	OS
	UNITS（图形单位）	UN		PREVIEW（打印预览）	PRE
	ATTDEF（属性定义）	ATT	三维命令	3DARRAY（三维阵列）	3A
	ATTEDIT（编辑属性）	ATE		3DORBIT 三维动态观察器（）	3DO
	BOUNDARY（边界创建）	BO		3DFACE（三维表面）	3F
	ALIGN（对齐）	AL		3DPOLY（三维多义线）	3P
	QUIT（退出）	EXIT		SUBTRACT（差集运算）	SU

附录2 AutoCAD 2014 键盘功能键速查

F1	获取帮助
F2	实现作图窗和文本窗口的切换
F3	控制是否实现对象自动捕捉
F4	数字化仪控制
F5	等轴侧平面切换
F6	控制状态行上坐标的显示方式
F7	栅格显示模式控制
F8	正交模式控制
F9	栅格捕捉模式控制
F10	极轴模式控制
F11	对象追踪式控制
Ctrl+1	打开特性对话框
Ctrl+2	打开图像资源管理器
Ctrl+6	打开图像数据源子
Ctrl+B	栅格捕捉模式控制
Ctrl+C	将选择的对象复制到粘贴板上
Ctrl+F	控制是否实现对象自动捕捉
Ctrl+G	栅格显示模式控制
Ctrl+J	重复执行上一步命令
Ctrl+K	超级链接
Ctrl+N	新建图形文件
Ctrl+M	打开选项对话框
Ctrl+O	打开图像文件
Ctrl+P	打开打印对话框
Ctrl+S	保存文件
Ctrl+U	极轴模式控制
Ctrl+V	粘贴剪切板上的内容
Ctrl+W	对象追踪式控制
Ctrl+X	剪切所选择的内容
Ctrl+Y	重做
Ctrl+Z	取消前一步操作

附录3 建筑图练习案例

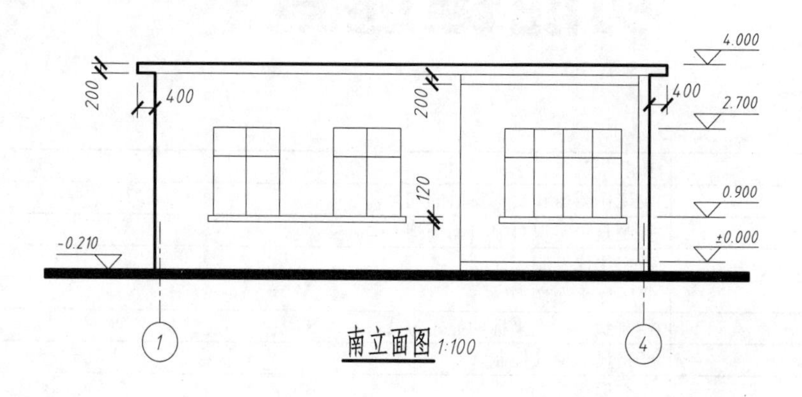

南立面图 1:100

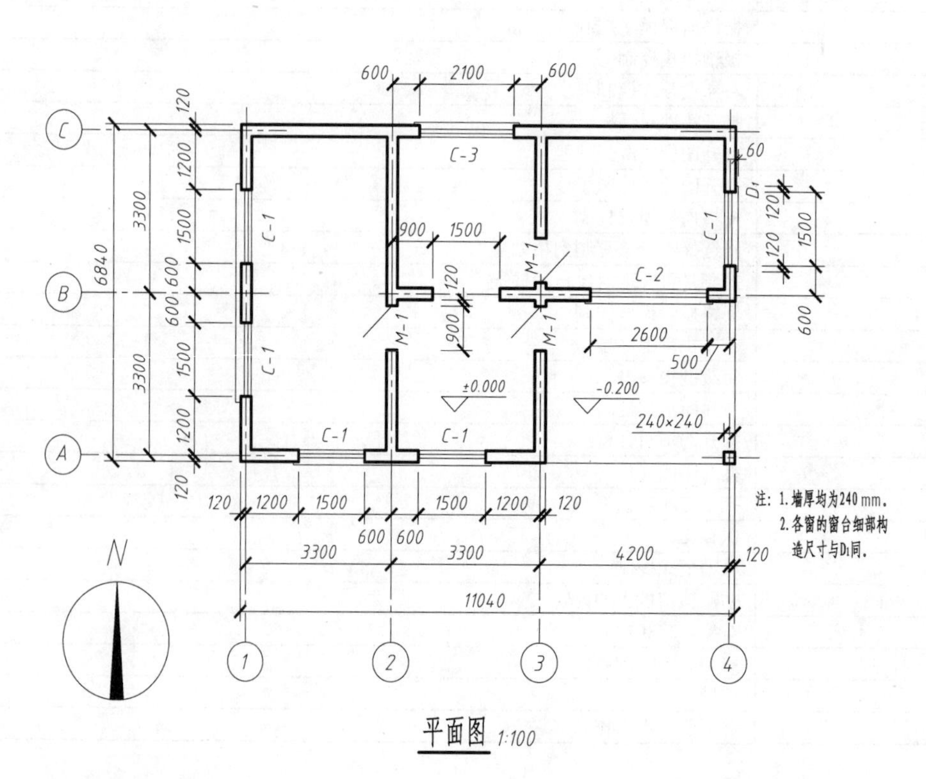

平面图 1:100

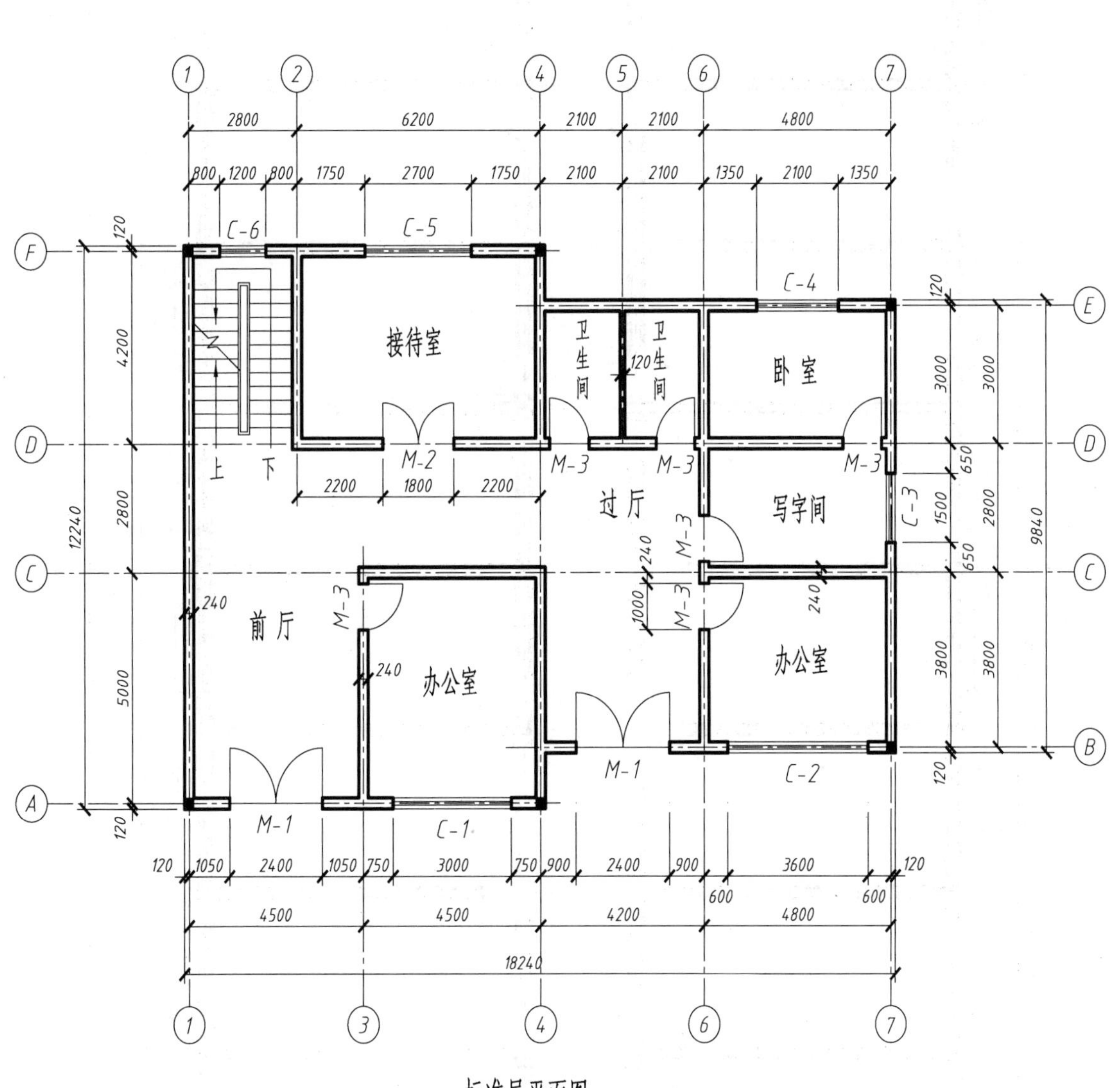
接待室
卫生间
卫生间
卧 室
写字间
过 厅
前 厅
办公室
办公室
上
下
C-1
C-2
C-3
C-4
C-5
C-6
M-1
M-1
M-2
M-3
18240
12240
9840

标准层平面图 1:100

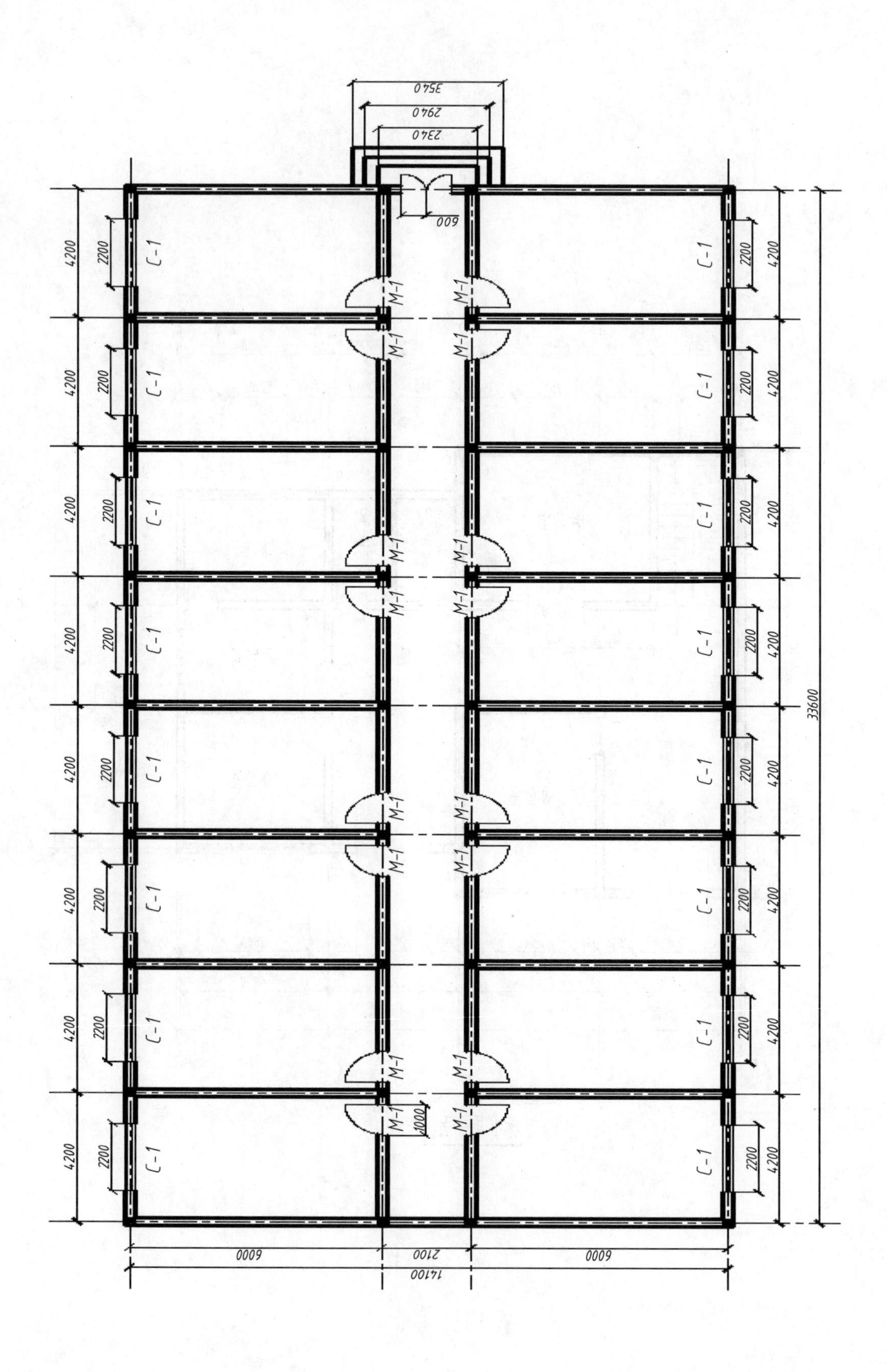
3540
2940
2340
600
4200
2200
C-1
M-1
1000
33600
6000
2100
14100

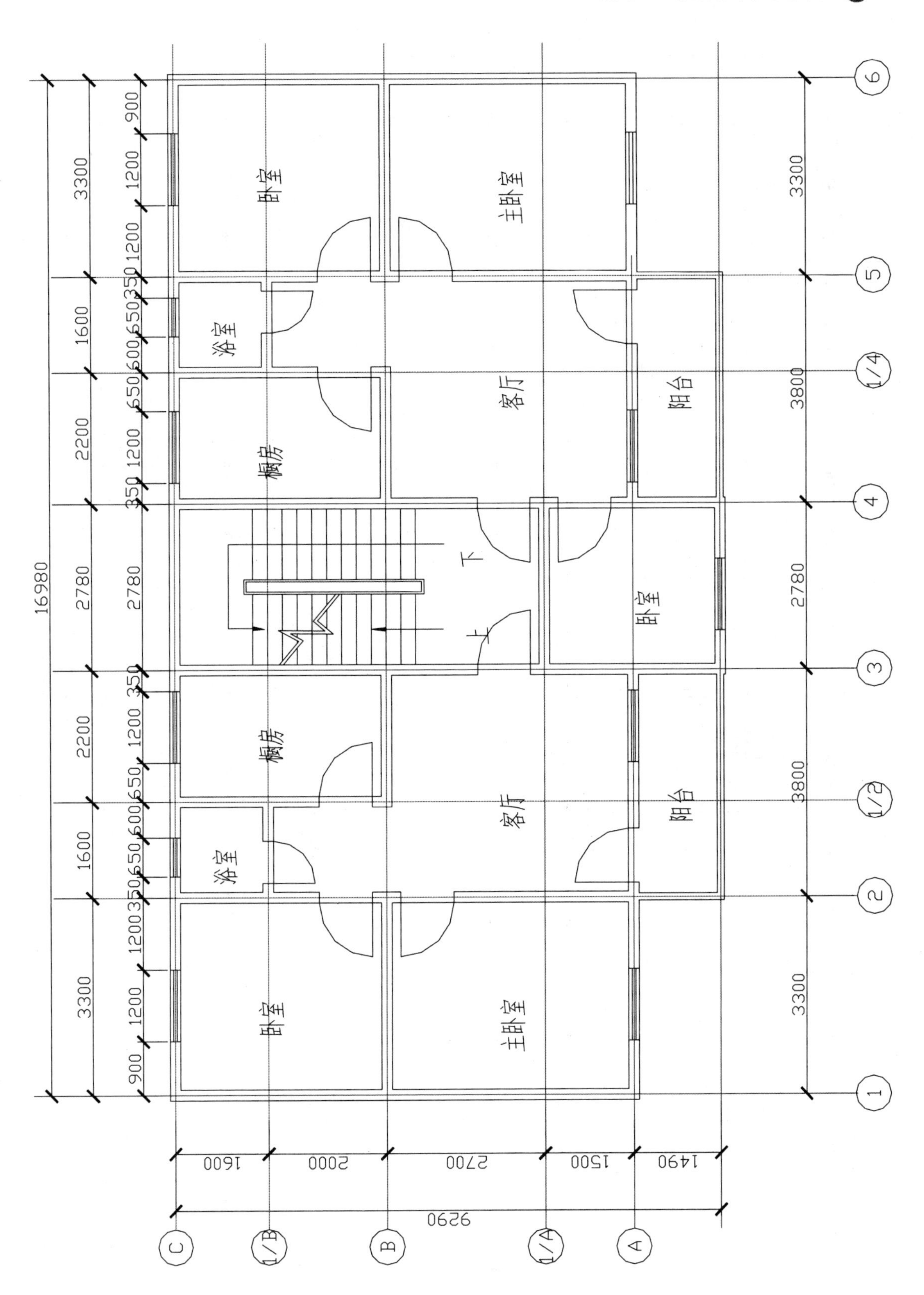
卧室
主卧室
浴室
客厅
阳台
厨房
卧室
下
上
厨房
客厅
阳台
浴室
卧室
主卧室
16980
3300
1600
2200
2780
2200
1600
3300
900
1200
1200
350
650
600
650
1200
350
2780
3800
2780
3800
3300
1600
2000
2700
1500
1490
9290
C
1/B
B
1/A
A
1
2
1/2
3
4
1/4
5
6

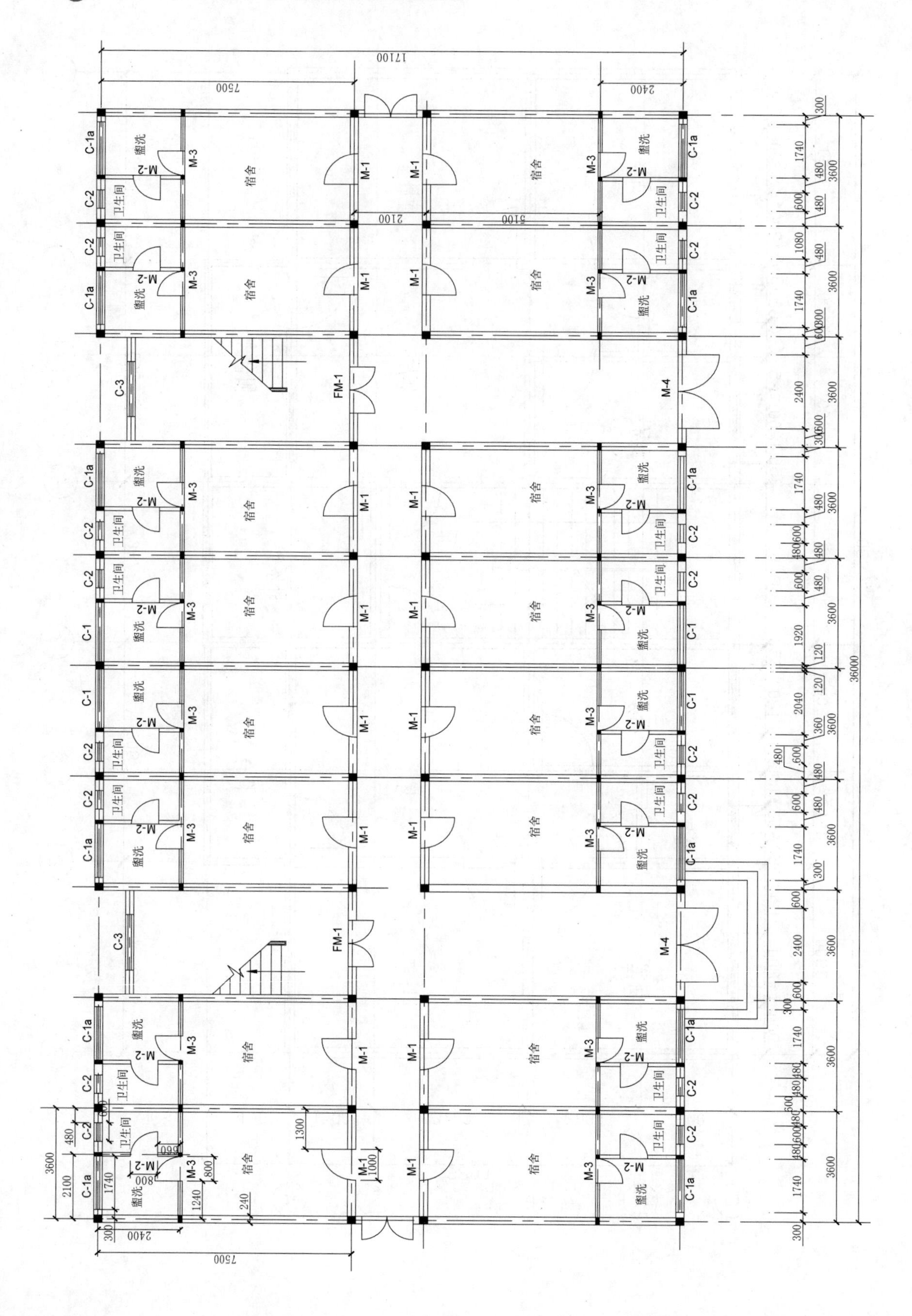
17100
7500
2400
2100
5100
36000
3600
1740
480
600
1080
2400
1920
120
2040
360
300
1300
1000
800
1240
240
宿舍
卫生间
盥洗
M-1
M-2
M-3
M-4
FM-1
C-1
C-1a
C-2
C-3

参考文献

[1] 张莹，贺子奇，安雪，邱志茹. AutoCAD 2014 中文版从入门到精通. 北京：中国青年出版社，2014

[2] 罗昊. 完全掌握 AutoCAD 2014 白金手册. 北京：清华大学出版社，2014

[3] 周勇光. AutoCAD 2014 中文版工程制图实用教程. 北京：机械工业出版社，2014

[4] 王博. AutoCAD 2012 机械制图入门与实例教程. 北京：机械工业出版社，2012

[5] 曾令宜，丁燕.AutoCAD 2012 工程绘图技能训练教程. 北京：高等教育出版社，2014

[6] 徐文胜. AutoCAD 2010 实训教程. 北京：机械工业出版社，2011

[7] 刘哲，刘宏丽. 中文版 AutoCAD 2006 实例教程. 辽宁：大连理工大学出版社，2006

[8] 朱凤艳，周铁军. AutoCAD 实例精编. 北京：化学工业出版社，2010

[9] 张海鹏. Auto CAD 机械绘图项目教程. 北京：北京大学出版社，2010

[10] 武水鑫. Auto CAD 机械制图实训教程. 北京：北京邮电大学出版社，2012

[11] 张卫东. AutoCAD 2014 中文版从入门到精通. 北京：机械工业出版社，2013

[12] 程绪琦，王建华，刘志峰. AutoCAD 2014 中文版标准教程. 北京：电子工业出版社，2014

[13] 郭建华，季玲. AutoCAD 2008（中文版）实用教程习题集. 北京：北京理工大学出版社，2009

[14] 冯纪良. AutoCAD 简明教程暨习题集. 辽宁：大连理工大学出版社，2009